用于国家职业技能鉴定
国家职业资格培训教程

YONGYU GUOJIA ZHIYE JINENG JIANDING

GUOJIA ZHIYE ZIGE PEIXUN JIAOCHENG

维修电工

（中级）

第2版

编审委员会

主　任　刘　康
副主任　张亚男
委　员　仇朝东　顾卫东　孙兴旺　陈　蕾　张　伟

编审人员

主　编　仲葆文
编　者　王照清　张　霓　沈倪勇　马　丹
主　审　张玉龙

中国劳动社会保障出版社

图书在版编目(CIP)数据

维修电工:中级/中国就业培训技术指导中心组织编写. —2版. —北京:中国劳动社会保障出版社,2012

国家职业资格培训教程

ISBN 978-7-5167-0022-8

Ⅰ.①维… Ⅱ.①中… Ⅲ.①电工-维修-技术培训-教材 Ⅳ.①TM07

中国版本图书馆CIP数据核字(2012)第273546号

中国劳动社会保障出版社出版发行

(北京市惠新东街1号 邮政编码:100029)

出 版 人:张梦欣

*

三河市华骏印务包装有限公司印刷装订 新华书店经销
787毫米×1092毫米 16开本 21.75印张 378千字
2012年11月第2版 2023年12月第18次印刷

定价:40.00元

营销中心电话:400-606-6496

出版社网址:http://www.class.com.cn

版权专有 侵权必究

如有印装差错,请与本社联系调换:(010)81211666
我社将与版权执法机关配合,大力打击盗印、销售和使用盗版
图书活动,敬请广大读者协助举报,经查实将给予举报者奖励。

举报电话:(010)64954652

前 言

为推动维修电工职业培训和职业技能鉴定工作的开展，在维修电工从业人员中推行国家职业资格证书制度，中国就业培训技术指导中心在完成《国家职业技能标准·维修电工》（2009年修订）（以下简称《标准》）制定工作的基础上，组织参加《标准》编写和审定的专家及其他有关专家，编写了维修电工国家职业资格培训系列教程（第2版）。

维修电工国家职业资格培训系列教程（第2版）紧贴《标准》要求，内容上体现"以职业活动为导向、以职业能力为核心"的指导思想，突出职业资格培训特色；结构上针对维修电工职业活动领域，按照职业功能模块分级别编写。

维修电工国家职业资格培训系列教程（第2版）共包括《维修电工（基础知识）（第2版）》《维修电工（初级）（第2版）》《维修电工（中级）（第2版）》《维修电工（高级）（第2版）》《维修电工（技师　高级技师）（第2版）（上册）》《维修电工（技师　高级技师）（第2版）（下册）》6本。《维修电工（基础知识）（第2版）》内容涵盖《标准》的"基本要求"，是各级别维修电工均需掌握的基础知识；其他各级别教程的章对应于《标准》的"职业功能"，节对应于《标准》的"工作内容"，节中阐述的内容对应于《标准》的"技能要求"和"相关知识"。

本书是维修电工国家职业资格培训系列教程（第2版）中的一本，适用于对中级维修电工的职业资格培训，是国家职业技能鉴定推荐辅导用书，也是中级维修电工职业技能鉴定国家题库命题的直接依据。

本书在编写过程中得到上海市职业技能鉴定中心、上海电气自动化设计研究所有限公司等单位的大力支持与协助，在此一并表示衷心的感谢。

中国就业培训技术指导中心

目 录

CONTENTS 国家职业资格培训教程

第1章 继电控制电路装调维修 …………………………… (1)
第1节 低压电器选用 …………………………………… (1)
第2节 继电器、接触器控制线路装调 ………………… (36)
第3节 机床电气控制电路维修 ………………………… (71)

第2章 自动控制电路装调维修 …………………………… (104)
第1节 传感器装调 ……………………………………… (104)
第2节 三菱可编程控制器控制电路装调 ……………… (147)
第3节 松下可编程控制器控制电路装调 ……………… (195)
第4节 变频器、软启动器的认识和维护 ……………… (225)

第3章 基本电子电路装调维修 …………………………… (272)
第1节 仪表仪器选用 …………………………………… (272)
第2节 三端稳压电路装调维修 ………………………… (287)
第3节 RC阻容放大电路装调维修 ……………………… (295)
第4节 单相晶闸管整流电路装调维修 ………………… (310)

第1章 继电控制电路装调维修

第1节　低压电器选用

学习单元1　低压断路器、熔断器等器件的选用

 学习目标

1. 掌握低压断路器、熔断器等器件的选用知识。
2. 掌握接触器、热继电器、中间继电器等器件的选用知识。
3. 掌握按钮、指示灯、行程开关及控制变压器等器件的选用知识。

 知识要求

一、低压断路器

低压断路器又称自动空气开关,是低压配电网络和电气传动系统中非常重要的一种电器,它集控制和多种保护功能于一身。除了能完成接通和分断电路外,尚能对电路或电气设备发生的短路、严重过载及欠电压等故障进行保护,同时也可

以用于不频繁地启动电动机。

低压断路器具有操作安全、使用方便、工作可靠、安装简单、动作值可调、分断能力强、兼顾多种保护功能、动作后不需要更换元件等特点，所以，在工业供配电和住宅供配电等方面均获得广泛的应用。

目前我国在电气传动和自动控制线路中常用的低压断路器为塑料外壳式，如DZ47系列（见图1—1）、DZ5系列（见图1—2）、DZ10系列等。其中，DZ47系列为小型断路器，结构紧凑、安装方便，其额定电流为1～61 A；DZ5系列为小电流系列，其额定电流为10～50 A；DZ10系列为大电流系列，其额定电流等级有100 A、250 A和600 A三种。

低压断路器在电气原理图中的符号如图1—3所示。

  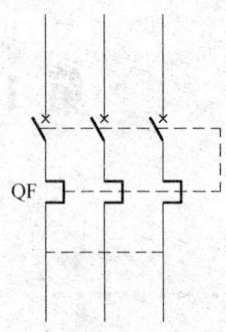

图1—1 DZ47系列　　图1—2 DZ5系列　　图1—3 低压断路
小型断路器　　　　　断路器　　　　　　器电气符号

1. 低压断路器的类型

低压断路器的分类方法有以下几种：

（1）按极数可分为单极、两极、三极和四极。

（2）按保护形式可分为电磁脱扣器式、热脱扣器式、欠电压脱扣器、复式脱扣器式和无脱扣器式。

（3）按分断时间可分为一般分断式和快速分断式（先于脱扣机构动作，脱扣时间在0.02 s以内）。

（4）按结构形式可分为塑壳式和框架式。

1）塑壳式断路器又称装置式断路器，具有绝缘塑料外壳，内装触头系统、灭弧室及脱扣器等，可手动或电动（对大容量断路器而言）合闸。有较高的分断能力和动稳定性，有较完善的选择性保护功能，广泛用于配电线路。目前常用的有DZ15、DZ20、DZX19和C65N等系列产品。其中C65N断路器具有体积小，分断能力强、限流性能好、操作轻便、型号规格齐全、可以方便地在单极结构基础上组合成二极、三极、四极断路器的优点,广泛使用在 60A 及以下的民用照明支干线及支路中(多用于住宅用户的进线开关及商场照明支路开关)。

2) 框架式断路器一般容量较大,具有较强的短路分断能力和较高的动稳定性。适用于交流 50 Hz,额定电压 380 V 的配电网络中作为配电干线的主保护。框架式断路器主要由触头系统、操作机构、过电流脱扣器、分励脱扣器及欠压脱扣器、附件及框架等部分组成,全部组件进行绝缘后装于框架结构底座中。目前我国常用的有 DW15、ME、AE、AH 等系列的框架式低压断路器。其中,DW15 系列断路器是我国自行研制生产的,全系列具有 1 000 A、1 500 A、2 500 A 和 4 000 A 等几个型号。ME、AE、AH 等系列断路器是利用引进技术生产的。它们的规格型号较为齐全(如 ME 开关电流等级从 630~5 000 A 共 13 个等级),额定分断能力较 DW15 更强,常用于低压配电干线的主保护。

(5) 按用途可分为导线保护用断路器、配电用断路器、电动机保护用断路器和漏电保护断路器。

1) 导线保护用断路器主要用于照明线路保护和家用电器保护,额定电流在 6~125 A 范围内。

2) 配电用断路器在低压配电系统中作过载、短路、欠电压保护之用,也可用作电路的不频繁操作,额定电流一般为 200~4 000 A。

3) 电动机保护用断路器在不频繁操作场合下,用于操作和保护电动机,额定电流一般为 6~63 A。

4) 漏电保护用断路器主要用于防止漏电,保护人身安全,额定电流多在 63 A 以下。

(6) 按性能可分为普通式和限流式。其中,限流式断路器一般具有特殊结构的触头系统,当短路电流通过时,触头在电动力作用下分开而提前呈现电弧,利用电弧电阻来快速限制短路电流的增长。限流式断路器比普通断路器有较大的开断能力,并能快速限制短路电流对被保护线路的电动力和热效应的作用。

2. 低压断路器的功能

低压断路器应用的场合不同,所需要的功能自然不同。低压断路器的使用分为三种情况,即配线电路、电动机电路和家用照明电路,这三种情况下断路器的保护性质和保护特点是不同的,因此使用者首先要根据自己的使用情况,来确定低压断路器的类型。

低压断路器中具有过载长延时、短路短延时动作和短路瞬时动作功能的是选择型低压断路器,而不具备以上功能的是非选择型低压断路器。配线电路应使用选择型低压断路器,而电动机电路和家用照明电路只要使用非选择型低压断路器就行了。

3. 低压断路器的附件

低压断路器可以配合多种附件使用。低压断路器常见的附件有辅助开关、报警开关、欠电压脱扣器、分励脱扣器和电动操作机构等。低压断路器的附件功能众多,购买时要考虑各个附件的特定功能,而无须全套购买。

4. 低压断路器的短路分断能力

低压断路器的短路分断能力是其选择的最主要因素。低压断路器的短路分断能力是指它的极限短路分断能力,在选择断路器时要保证产品的短路分断能力在线路预期短路电流之上,也就是在电路短路时,低压断路器能顺利切断电路。

5. 低压断路器的电压、电流等技术参数的选择

(1) 低压断路器的额定电压大于或等于线路的额定电压。

(2) 低压断路器的额定电流大于或等于线路的计算负载电流。

(3) 热脱扣器的整定电流等于所控制负载的额定电流。

(4) 电磁脱扣器的瞬时脱扣整定电流大于负载电路正常工作时的峰值电流。

对单台电动机来说,瞬时脱扣整定电流 I_Z 可按下式计算

$$I_Z \geqslant K \cdot I_{ST}$$

式中 K——安全系数,可取 1.5~1.7;

I_{ST}——电动机的启动电流。

对多台电动机来说,可按下式计算

$$I_Z \geqslant K(I_{ST\,max} + \sum I_N)$$

式中 K——安全系数,可取 1.5~1.7;

$I_{ST\,max}$——最大容量的一台电动机的启动电流;

$\sum I_N$——其余电动机额定电流的总和。

(5) 欠电压脱扣器的额定电压等于线路的额定电压。

(6) 分励脱扣器额定电压等于控制电源电压。

二、熔断器

熔断器是低压配电系统和电气传动系统中的保护电器。使用时将其串联在所要保护的电路中,当电路发生短路或严重过载时,其熔体熔断自动切断电路,从而达到保护的目的。

熔断器主要由熔体、安装熔体的熔管和基座三部分组成。

熔体是熔断器的主要组成部分，常做成丝状、片状或栅状。所谓熔体的额定电流是指长时间通过熔体而不熔断的最大电流值。熔管是熔断器的另一个主要组成部分，它是熔体的外壳，用耐热绝缘材料制成，在熔体熔断时兼有灭弧作用，熔管中可装入不同电流等级的熔体，但装入的熔体额定电流不能大于熔管的额定电流值；所谓熔管的额定电流是由熔管长期工作所允许温升决定的电流值。基座的作用是固定熔管和外接引出线。

1. **熔断器的类型**

常用熔断器的类型有瓷插式熔断器、螺旋式熔断器、无填料封闭管式熔断器、有填料封闭管式熔断器、快速熔断器、自复式熔断器等。几种熔断器的外形结构如图1—4a所示。熔断器在电气原理图中的符号如图1—4b所示。

图1—4 熔断器的外形和图形符号
a) 熔断器的外形　b) 熔断器的图形符号和文字符号

(1) RC1A系列瓷插式熔断器

RC1A系列瓷插式熔断器是在RC1系列的基础上改进设计的，可取代RC1系列老产品，属半封闭插入式。

RC1A系列瓷插式熔断器结构简单，更换方便、价格低廉。一般在交流50 Hz、额定电压380 V、额定电流200 A以下的低压线路末端或分支电路中，作为电气设备的短路保护及一定程度上的过载保护之用。

型号意义：

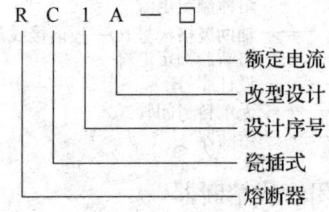

(2) RL1 系列螺旋式熔断器

RL1 系列螺旋式熔断器，属有填料封闭管式。主要由瓷帽、熔断管、瓷套、上接线座、下接线座及瓷座等部分组成。在装接使用时，电源线应接在下接线座，负载线应接在上接线座，这样在更换熔断管时（旋出瓷帽），金属螺纹壳的上接线座便不会带电，保证维修者安全。

RL1 系列螺旋式熔断器的分断能力较强，结构紧凑、体积小，安装面积小，更换熔体方便，安全可靠，熔丝熔断后有明显信号指示。故广泛应用于控制箱、配电屏、机床设备及振动较大的场所，作为短路及过载保护元件。

型号意义：

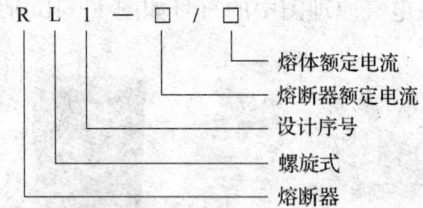

(3) RM10 系列无填料封闭管式熔断器

RM10 系列无填料封闭管式熔断器，主要由熔断管、熔体、夹头及夹座等部分组成。该熔断器的特点有：一是采用钢纸管作熔管，这样当熔体熔断产生电弧时，电弧热量能使钢纸管局部分解出一种混合气体，这种气体有助于冷却电弧，促使电弧迅速熄灭。二是采用变截面锌片作熔体，锌质熔体熔点较低，便于同钢纸管配合；为了兼顾到短路保护和过载保护两者的需要，熔体采用变截面，这样宽部能将窄部的热量传开，以免在额定电流下窄部出现高温，把钢纸管内壁烤焦。当有大电流通过时，窄部温度上升较宽部快，首先达到熔化温度而熔断。

RM10 系列无填料封闭管式熔断器，多用于低压电力网和成套配电装置中，作为导线、电缆及较大容量电气设备的短路或连续过载保护。

型号意义：

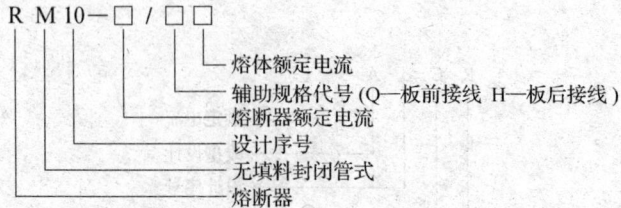

(4) RT0 系列有填料封闭管式熔断器

RT0 系列有填料封闭管式熔断器，是一种大分断能力的熔断器。广泛用于短路电路很大的电力网络或低压配电装置中。

RT0系列的熔管用高频电工瓷制成。熔体是两片网状紫铜片，中间用锡把它焊接起来，构成为"锡桥"，用以降低熔体熔化温度，然后围成笼状，焊接在刀型夹头上，装入管内用金属板封闭，管内充填石英砂，在熔体熔断时起迅速灭弧作用。熔断指示器为一机械信号装置，指示器与同熔体并联的细康铜丝相连接。在正常情况下，由于康铜丝电阻较大，电流大都经过锡桥熔体流过，只有在锡桥熔断后，电流才转移到康铜丝上，使其立即熔断，指示器便在弹簧作用下弹出，显示醒目的红色信号。熔断器的刀型夹头插在双刀型夹座内，为了保证良好的接触，双刀型夹座上装有开口弹簧圈，以增加夹座的接触压力。夹座固定在高频电工瓷制成的底座上。当熔体熔断后，需要把熔断管从熔座上取下，可使用配备的专用绝缘手柄，装取方便，安全可靠。

型号意义：

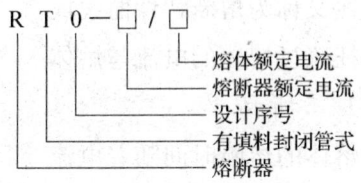

(5) 快速熔断器

自20世纪50年代以来，硅半导体元件已日益广泛地应用于工业电力变换和电气传动装置中，但是硅元件有个比较突出的弱点，就是它承受过电流和过电压的能力很差，只允许在一个较短的时间内承受一定的过载电流，否则可能造成元件的损坏，为此，必须采用各种适当的保护措施，防止元件烧坏。常采用的过电流保护措施为快速熔断器。由于快速熔断器具有结构简单、动作灵敏和使用方便等特点，因而得到广泛应用。

快速熔断器是有填料封闭式熔断器，它具有发热时间常数小、熔断时间短、动作迅速等特点。目前常用的有RLS、RS0、RS3等系列。RLS系列主要用于小容量硅元件及其成套装置的短路保护和某些适合的电路过载保护。RS0系列主要用于大容量晶闸管元件的短路保护和某些不允许过电流的电路保护。

(6) 自复式熔断器

前面介绍的几种熔断器，虽能起到短路保护作用，但是熔体一旦熔断以后就不能再继续使用，而必须更换新的熔体，这样就给使用带来不方便，而且延缓了供电时间。为解决这一矛盾，一种新型熔断器在我国已研制成功，它就是自复式熔断器。主要用于电力网络的输配电线路中，作不需要分断电路的短路保护及限制过载电流用。

自复式熔断器的基本工作原理是其熔体应用非线性电阻元件制成（如金属钠、特殊合金等），在特大短路电流产生的高温、高压下，熔体电阻值会发生突变，即瞬间呈现高阻状态，从而能将短路电流限制在很小的数值范围内。

自复式熔断器的优点是：限流作用显著，动作时间短，能反复使用，无须备用熔体。缺点是它只能利用高阻来闭塞电路，而不能真正分断电路，故常与断路器串联使用，这种组合电器有广阔的应用前景。

2. 熔断器的技术参数

每一种系列及型号的熔断器都有安秒特性和分断能力两个主要技术参数，这两个参数都体现了在保护方面对熔断器提出的要求。

（1）安秒特性

熔断器的安秒特性曲线又称为熔断特性曲线或称保护特性曲线，用来表征流过熔体的电流与熔体的熔断时间的关系。如图1—5所示。

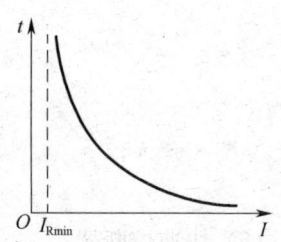

图1—5 熔断器的安秒特性曲线

安秒特性曲线说明了熔体的熔断时间随着电流的增大而缩短，是反时限特性。因为熔断器是以过载时的发热现象作为动作的基础，而在电流发热过程中总是存在 $I^2 \cdot t$ 为常数的规律，即熔体在熔化和汽化过程中，所需要的热量是一定的，因此，熔体的熔化电流与熔化时间的关系表征熔断器的熔化特性，见表1—1。

表1—1　　　熔体的熔化电流与熔化时间的关系

熔化电流/A	$1.25 I_e$	$1.6 I_e$	$2 I_e$	$2.5 I_e$	$3 I_e$	$4 I_e$
熔化时间/s	∞	3 600	40	8	4.5	2.5

熔断器的安秒特性曲线主要是为过载保护服务的，过载动作的物理过程主要是熔体热熔化过程，体现了过载延时保护特性。

另外，在安秒特性曲线中有一个熔断电流的分界线，与此相对应的电流称为最小熔化电流或临界电流 I_{Rmin}，往往以在1~2 h内能熔断的最小电流值作为最小熔化电流。根据对熔断器的要求，熔体在额定电流下绝对不应该熔断，所以最小熔化电流必须大于额定电流。

为了描述熔体的保护特性，定义熔体的最小熔化电流 I_{Rmin} 与熔体额定电流 I_{RN}

之比称为最小熔化系数，用 β 表示，表征熔断器保护小倍数过载时的灵敏度的指标，一般 $\beta \geqslant 1.25$，β 值小对小倍数过载保护有利。

(2) 分断能力

熔断器的分断能力通常是指它在额定电压及一定功率因数下切断短路电流的极限能力，所以常用极限断开电流值来表示。

实际运行中，短路一般是突发性的，这时的电流变化并不是逐渐增大而是突然的增大，同时短路电流的持续时间很短，往往不到 1 s，体现了短路瞬时保护特性。因此熔断器分断能力主要是为短路保护服务的。短路时熔体的熔断时间不随电流的变化而变化，是一常数，这就是定时限保护特性。由前述熔断器的安秒特性曲线可知，熔断器对过载反应是很不灵敏的，当系统电气设备发生轻度过载时，熔断器将持续很长时间才熔断，有时甚至不熔断。因此，熔断器一般不宜作为过载保护，主要用做短路保护。

3. 熔断器的选择方法

(1) 根据使用环境和负载性质选择适当类型的熔断器。例如对于容量较小的照明线路或电动机的简易保护，可采用 RC1A 系列半封闭式熔断器；在开关柜或配电屏中可采用 RM 系列无填料封闭式熔断器；对于短路电流相当大或有易燃气体的地方，应采用 RT0 系列有填料封闭式熔断器；机床控制线路中，可采用 RL1 系列螺旋式熔断器；用于硅整流元件及晶闸管保护的，则应采用 RLS 或 RS0 系列的快速熔断器等。

(2) 熔断器的额定电压必须等于或大于线路的额定电压。

(3) 熔断器的额定电流须等于或大于所装熔体的额定电流。一般情况应按上述选择熔断器的额定电流，但是有时熔断器的额定电流可选大一级的。例如 60 A 的熔体，即可选 60 A 的熔断器，也可选用 100 A 的熔断器。

(4) 熔断器的分断能力应大于电路可能出现的最大短路电流值。

(5) 熔断器在电路中上、下两级的配合应有利于实现选择性保护。

为实现选择性保护，并且考虑到熔断器保护特性的误差，在通过相同电流时，电路中上一级熔断器的熔断时间，应为下一级熔断器的 3 倍以上。当上、下级采用同一型号熔断器时，其电流等级以相差两级为宜。如果采用不同型号的熔断器时，则应根据保护特性曲线上给出的熔断时间选取。

三、接触器

接触器是用来频繁地遥控接通或断开交、直流主电路及大容量控制电路的自动控制电器。接触器在电气传动和自动控制系统中,主要控制对象是电动机,也可用于控制设备、电焊机、电容器组等其他负载。接触器不仅仅能遥控通断电路,还具有欠电压、零电压保护、操作频率高、工作可靠、性能稳定、使用寿命长、维护方便等优点。图1—6所示为常用交流接触器之一的3TB系列交流接触器,图1—7为接触器在电气原理图中的图形符号。

 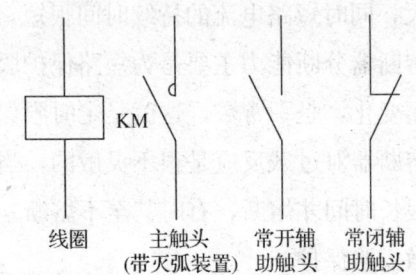

图1—6 3TB系列交流接触器　　　图1—7 接触器的图形符号和文字符号

1. 接触器的类型

接触器按主触头通过电流的种类,可分为交流接触器和直流接触器两种。

(1) 交流接触器

交流接触器是电气回路很重要的电器,作为远距离频繁地接通或分断交流电路用。交流接触器的种类很多,其分类方法也不尽相同。按照一般的分类方法,大致有以下几种:

1) 按主触点极数分可分为单极、双极、三极、四极和五极接触器。单极接触器主要用于单相负荷,如照明负荷、焊机等,在电动机能耗制动中也可采用;双极接触器用于绕线转子异步电动机的转子回路中,启动时用做短接各级启动电阻器;三极接触器用于三相负荷,例如在电动机的控制及其他场合,使用最为广泛;四极接触器主要用于三相四线制的照明线路,也可用来控制双回路电动机负载;五极交流接触器用来组成自耦补偿启动器或控制双笼形异步电动机,以变换绕组接法。

2) 按灭弧介质分可分为空气式接触器、真空式接触器等。依靠空气绝缘的接触器用于一般负载,而采用真空绝缘的接触器常用在煤矿、石油、化工企业及电压在660 V和1 140 V等一些特殊的场合。

3) 按有无触头分可分为有触头接触器和无触头接触器。常见的接触器多为有触头接触器,而无触头接触器属于电子技术应用的产物,一般采用晶闸管作为回路的通断元件。由于晶闸管导通时所需的触发电压很小,而且回路通断时无火花产生，因而可用于高操作频率的设备和易燃、易爆、无噪声的场合。

(2) 直流接触器

直流接触器用于主回路接通、分断直流负载。控制线圈可以有交、直流两种操作电源。其动作原理与交流接触器相似，但直流分断时感性负载时，由于存储的磁场能量瞬时释放，断点处产生高能电弧，因此要求直流接触器具有较好的灭弧性能。中/大容量直流接触器常采用单断点平面布置整体结构，其特点是分断时电弧距离长，灭弧罩内含灭弧栅。小容量直流接触器采用双断点立体布置结构。

2. 接触器的选择方法

随使用场合及控制对象不同，接触器的操作条件与工作繁重程度也不同，为了尽可能经济、正确地选用接触器，必须对控制对象的工作状况及接触器性能有比较全面的了解，不能仅看产品的铭牌数据。因为接触器铭牌上所规定的电压、电流、控制功率等参数，为某一使用条件下的额定值，选用时应根据使用条件正确选择。

(1) 接触器类型的选择

先根据接触器所控制的电动机及负载电流类别来选择相应的接触器类型，即交流负载应使用交流接触器，直流负载应使用直流接触器；如果控制系统中主要是交流电动机而直流电动机或直流负载的容量比较小时，也可全用交流接触器进行控制，但是触点的额定电流应适当选择大一些。

(2) 接触器主触头的额定电压选择

通常选择接触器主触头的额定电压应大于或等于负载回路的额定电压。

(3) 接触器主触头的额定电流选择

接触器控制电阻性负载（如电热设备）时，主触头的额定电流应等于负载的工作电流。接触器控制电动机时，主触点的额定电流应大于或稍大于电动机的额定电流。

接触器如使用在频繁启动、制动和频繁正反转的场合时，容量应按增大一倍以上去选择接触器。

(4) 接触器吸引线圈的电压选择

交流线圈电压规格有：36 V、110 V、127 V、220 V、380 V；直流线圈电压规格有：24 V、48 V、110 V、220 V、440 V。

选用时一般交流负载用交流吸引线圈的接触器，直流负载用直流吸引线圈的接触器，但交流负载频繁动作时，可采用直流吸引线圈的接触器。接触器吸引线圈电压若从人身和设备安全角度考虑，可选择低一些；但当控制线路简单、线圈功率较小时，为了节省变压器，则可选用 220 V 或 380 V。

(5) 接触器的触点数量及触点类型的选择

通常接触器的触头数量的选择应满足控制支路数的要求；触头的类型应满足控制线路的功能要求。

四、热继电器

热继电器是利用电流的热效应来推动动作机构使触点系统闭合或分断的保护电器。主要用于电动机的过载保护、断相保护、电流不平衡运行的保护及其他电气设备发热状态的控制。热继电器的形式有许多种，其中以双金属片式用得最多。

双金属片式热继电器的基本结构由加热元件、主双金属片、动作机构、触点系统、电流整定装置、复位机构和温度补偿元件等组成。

热继电器的双金属片加热方式有三种：直接加热式、间接加热式和复合加热式。其中，间接加热式应用最普遍。

图1—8所示为常用热继电器的外形，图1—9所示为热继电器的图形符号和文字符号。

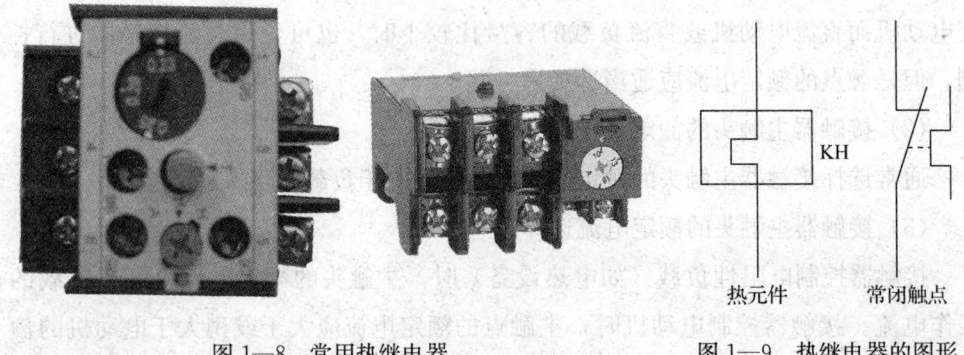

图1—8　常用热继电器　　　　图1—9　热继电器的图形
　　　　　　　　　　　　　　　　　　符号和文字符号

1. 热继电器的选择方法

(1) 电动机为长期工作制或间断长期工作制时热继电器的选用

1) 根据电动机的启动时间，选取 $6I_N$ 下具有相应可返回时间的热继电器。一般取可返回时间为（0.5～0.7）的继电器动作时间。

2) 一般情况下，按电动机的额定电流选取，使热继电器的整定值为（0.95～1.05）I_N（I_N 为电动机的额定工作电流），或选取整定电流范围的中间值为电动机的额定工作电流。使用时，应先将热继电器的电流整定旋钮调到该额定值，否则将不能起到保护作用。

3) 用热继电器作断相保护时的选用。对于Y联结电动机，一相断线后，流过热继电器的电流与流过电动机未断相绕组的电流增加比例是一致的。在选用正确、调整合理的情况下，使用一般不带断相保护的两相或三相热继电器也能反应一相断线后的过载，对断相运行起保护作用。

对于△联结电动机，一相断线后，流过热继电器的电流与流过电动机绕组的电流增加比例是不同的，其中最严重的一相比其余串联的两相绕组电流要大一倍，增加的比例也最大。这种情况应该选用带有断相保护装置的热继电器。

4) 三相结构或两相结构热继电器的选用。在一般故障情况下，两相结构的热继电器或三相结构的热继电器具有相同的保护效果，但两相结构热继电器的制造成本低，调试也较简单，所以应优先选用两相结构热继电器。只有在电网的相电压均衡性较差、三相负载不平衡、多台电动机的功率差别比较显著、工作环境恶劣或较少有人照管的电动机运行等情况下，不宜选用两相结构热继电器。

（2）电动机为反复、短时工作制时热继电器的选用

当电动机运行于反复、短时工作状态时，由于连续启动过程的热积累，在多次启动后热继电器会产生动作，致使电动机无法重新启动。因此，热继电器用于保护反复、短时工作制的电动机时，仅有一定范围的适应性。只有在电动机启动电流倍数为6倍的额定工作电流，启动时间小于5 s，电动机满载工作，通电持续率为60%且每小时允许操作次数最高不超过40次，才可使用热继电器进行保护，但此时热继电器的整定值应为 $(1.15 \sim 1.5) I_N$。

（3）正、反转及频繁通、断工作制的电动机不宜采用热继电器来保护，可选用埋入电动机绕组的温度继电器或热敏电阻器来保护。

2. 热继电器的技术参数

热继电器主要用于保护电动机的过载，因此在选用时，必须了解被保护对象的工作环境、启动情况、负载性质、工作制以及电动机允许的过载能力，与此同时还应了解热继电器的某些基本特性和某些特殊要求。

（1）安秒特性

安秒特性即电流—时间特性，是表示热继电器的动作时间与通过电流之间的关系特性，也称动作特性或保护特性。JR20系列热继电器动作特性曲线如图1—10所示。

热继电器所保护的电动机，在正常工作中常会出现短时过载，只要过载电流导致的温升不超过电动机绕组绝缘的允许温升或短时接近允许温升都是允许的，但不能使电动机在接近允许最高温升条件下长期地过载工作，特别是超过允许温

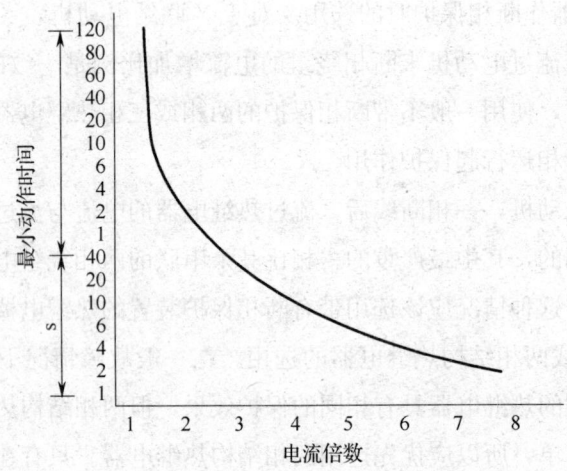

图 1—10　JR20 系列热继电器动作特性曲线

升的过载会使电动机的绝缘迅速老化或损伤，从而缩短电动机的寿命。保护应遵循的原则是：应使热继电器的保护特性位于电动机的过载特性之下，并尽可能地接近，甚至重合，以充分发挥电动机的能力，同时使电动机在短时过载和启动瞬间（$5\sim 6I_N$）时不受影响，热继电器与电动机特性匹配如图 1—11 所示。

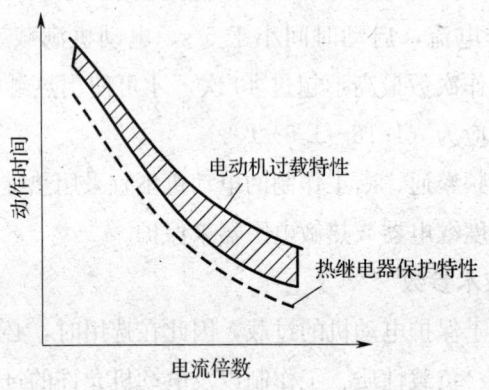

图 1—11　热继电器保护电动机特性匹配

（2）热稳定性

即耐受过载能力。热继电器热元件的热稳定性要求是：对热元件额定电流 100 A 及以下的，通 10 倍额定电流作为最大整定电流，对热元件额定电流 100 A 以上的，通 8 倍额定电流作为最大整定电流，热继电器应能可靠动作 5 次。

（3）控制触点寿命

热继电器的常开、常闭触点的长期工作电流为 3 A，并能操作视在功率为

510 VA的交流接触器线圈1 000次以上。

（4）复位时间

自动复位时间不大于5 min，手动复位时间不大于2 min。

（5）电流调节范围

范围为66%～100%，最大为50%～100%。

五、中间继电器

中间继电器是将一个输入信号变成一个或多个输出信号的继电器。中间继电器的输入信号为线圈的通电和断电，输出信号是触点的动作，不同动作状态的触点分别将信号传给几个元件或回路。

中间继电器的基本结构及工作原理与接触器完全相同，故称为接触器式继电器，所不同的是中间继电器的触点对数较多，并且没有主、辅之分，各对触点允许通过的电流大小是相同的，其额定电流约为5 A。如图1—12所示为几种常用中间继电器。图1—13为中间继电器在电气原理图中的图形符号。

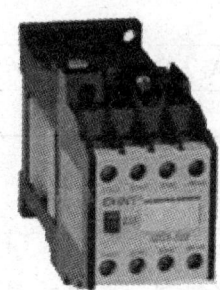

图1—12　几种常用中间继电器

1. 中间继电器的类型

中间继电器按照线圈电压不同可分为交流控制和直流控制两种，交流控制电压从6～240 VAC，直流控制电压从6～110 VDC；按照触点数量和类型可以分2常开/2常闭、4常开/4常闭、6常开/2常闭及8常开等。

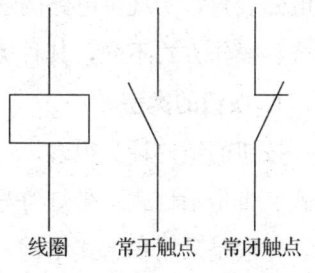

图1—13　中间继电器的图形符号

中间继电器的主要用途有两个：一是当电压或电流继电器触点容量不够时，可借助中间继电器来控制，用中间继电器作为执行元件，这时中间继电器可被看成是一级放大器；二是当其他继电器或接触器触点数量不够时，可利用中间继电器来切换多条电路。

2. 中间继电器的技术参数

常用的中间继电器品牌种类繁多，以欧姆龙 MYJ 系列中间继电器为例，其技术参数见表1—2、表1—3。可按实际需要加以选用。

表 1—2　　　　　　　　　　　　接点额定值

项目	双极		4极	
	阻性负载 ($\cos\phi = 1$)	感性负载 ($\cos\phi = 0.4$, $L/R = 7$ ms)	阻性负载 ($\cos\phi = 1$)	感性负载 ($\cos\phi = 0.4$, $L/R = 7$ ms)
额定负载	5 A, 220 VAC 5 A, 24 VDC	2 A, 220 VAC 2A, 24 VDC	3 A, 220 VAC 3 A, 24 VDC	0.8 A, 220 VAC 1.5 A, 24 VDC
负载电流	5 A		3 A	
最大开关电压	250 VAC, 125 VDC		250 VAC, 125 VDC	
最大开关电流	5 A		3 A	
最大开关容量	1.100 VA 120 W	440 VA 48 W	660 VA 72 W	176 VA 36 W
最小容许负载	1 mA, 5 VDC		1 mA, 1 VDC	
接点材质	银		银+镀金	

注：P 水平：$\lambda = 0.1 \times 10^6$ 操作，参考值。

六、按钮

按钮是一种手动操作接通或分断小电流控制电路的主令电器。一般情况下它不直接控制主电路的通断，主要利用按钮远距离发出手动信号去控制接触器、继电器等电磁装置，实现主电路的通、断功能转换或电气联锁。按钮根据使用要求、安装形式、操作方式不同，其种类异常繁多。

1. 按钮的类型

按钮的结构种类很多，可分为普通揿钮式、蘑菇头式、自锁式、自复位式、旋柄式、带指示灯式、带灯符号式及钥匙式等，有单钮、双钮、三钮及不同组合形式，一般是采用积木式结构，由按钮帽、复位弹簧、桥式触点和外壳等组成，通常做成复合式，有一对常闭触点和常开触点，有的产品可通过多个元件的串联增加触点对数。还有一种自持式按钮，按下后即可自动保持闭合位置，断电后才能打开。按钮的结构、符号如图1—14所示。

表1-3 线圈额定值

额定电压		额定电流/mA		线圈电阻/Ω	电感(参考值)		动作电压/V	复位电压/V	最大容许电压/V	消耗功率(约)
		50 Hz	60 Hz		Amn. OFF	Amn. ON		额定电压的%		
AC	6 V	214.1 mA	183 mA	12.2 Ω	0.04 H	0.08 H	80%max	30%min	额定值电压的110%	1.0~1.2 V·A (60 Hz)
	12 V	106.5 mA	91 mA	46 Ω	0.17 H	0.33 H				
	24 V	53.8 mA	46 mA	180 Ω	0.69 H	1.30 H				
	50 V	25.7 mA	22 mA	788 Ω	3.22 H	5.66 H				
	100/110 V	11.7/12.9 mA	10/11 mA	3 750 Ω	14.5 H	24.6 H				0.9~1.1 V·A (60 Hz)
	110/120 V	9.9/10.8 mA	8.4/9.2 mA	4 430 Ω	19.2 H	32.1 H				
	200/220 V	6.2/6.8 mA	5.3/5.8 mA	12 950 Ω	54.8 H	94.1 H				
	220/240 V	4.8/5.3 mA	4.2/4.6 mA	18 790 Ω	83.5 H	136 H				
DC	6 V	150 mA		40 Ω	0.17 H	0.33 H		10%min		0.9 W
	12 V	75 mA		160 Ω	0.73 H	1.37 H				
	24 V	36.9 mA		650 Ω	3.20 H	5.72 H				
	48 V	18.5 mA		2 600 Ω	10.6 H	21.0 H				
	100/110 V	9.1 mA/10 mA		11 000 Ω	45.6 H	86.2 H				

注: 1. 额定值电流、线圈电阻是线圈温度在+23℃时的值。
2. 动作特性是线圈温度在+23℃时的值。
3. AC线圈电阻、电感为参考值(60 Hz时)。
4. 根据上述值测定了功率消耗点,当晶体管驱动时,请确认漏电流并根据需要连接泄放电阻。AC额定值电流+15%,+20%,DC线圈电阻+15%,分差为AC额定值电流+15%。

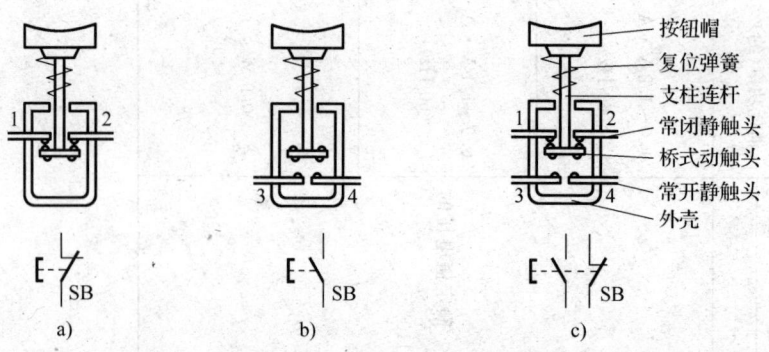

图1—14 按钮的结构、图形符号及文字符号
a) 常闭按钮 b) 常开按钮 c) 复合按钮

按钮一般按操作方式、防护方式进行分类。

(1) 开启式

适用于嵌装固定在开关板、控制柜或控制台的面板上。代号为K。

(2) 保护式

带保护外壳，可以防止内部的按钮零件受机械损伤或人触及带电部分，代号为H。

(3) 防水式

带密封的外壳，可防止雨水侵入。代号为S。

(4) 防腐式

能防止化工腐蚀性气体的侵入。代号为F。

(5) 防爆式

能用于含有爆炸性气体与尘埃的地方而不引起传爆，如煤矿等场所。代号为B。

(6) 旋钮式

用手把旋转操作触点，有二位置、三位置和自复位式三种，前两种在旋到某一位置后，即锁住定位；后一种在旋到某一位置而撤去外力后，则自动恢复到原始位置。旋钮式按钮的各个位置之间的角度又分90°、60°和45°三种，可根据实际需要进行选择。一般为面板安装式。代号为X。

(7) 钥匙式

用出厂随附的钥匙插入旋转进行操作，可防止误操作或供专人操作，和旋钮式按钮一样也分二位置、三位置和自复位式三种，在各位置钥匙是否可拔出、相邻两个位置的角度均可由用户选定。代号为Y。

(8) 紧急式

有红色大蘑菇钮头突出于外,作紧急时切断电源用。代号为 J 或 M。

(9) 自持按钮

按钮内装有自持用电磁机构,主要用于发电厂、变电站或试验设备中,操作人员互通信号及发出指令等,一般为面板操作。代号为 Z。

(10) 带灯按钮

按钮内装有信号灯,除用于发布操作命令外,兼作信号指示,多用于控制柜、控制台的面板上。代号为 D。

(11) 组合式

多个按钮组合。代号为 E。

(12) 联锁式

多个触点互相联锁。代号为 C。

图 1—15 所示为各种类型的按钮外貌。

2. 按钮的技术参数

按钮的类别型号见表 1—4。

表 1—4　　　　　　　　按钮的类别型号

电流种类	使用类别	典型用途
AC	AC—12	控制电阻性负载和光电耦合隔离的固态负载
	AC—13	控制具有变压器隔离的固态负载
	AC—14	控制小容量电磁铁负载（≤72 V·A）
	AC—15	控制交流电磁铁负载（>72 V·A）
DC	DC—12	控制电阻性负载和光电耦合隔离的固态负载
	DC—13	控制直流电磁铁
	DC—14	控制电路中具有经济电阻的直流电磁铁

常用按钮的类别型号为 AC—15 和 DC—13。

(1) 触点类型

按钮的触点类型有常开式、常闭式和复合式三种,常开触点在按钮未动作时处于断开状态,一旦按钮被操作,按下或改变旋钮位置,常开触点就会闭合;常闭触点正好与常开触点相反,常态下为闭合状态,一旦按钮被操作则立即断开;复合式是结合了常开和常闭两种触点,按钮被操作时首先断开常闭触点,随后接通常开触点。

图1—15 各种常用按钮

a) 一般按钮　b) 高位按钮　c) 带灯按钮　d) 短柄选择按钮
e) 长柄选择按钮　f) 双位按钮　g) 钥匙式按钮　h) 紧停按钮

(2) 触点数量

通常按钮的设计采用积木式拼装结构,触点的数量可以根据用户要求添加。一般常用的普通按钮最多常开与常闭触点总和小于或等于6对,有些多位置旋钮的触点数量可以叠加，以满足用户要求。

（3）触点额定电压、电流

根据按钮的使用类别，其额定电压、电流参数见表1—5。

表1—5　　　　　　　　按钮的额定电压、电流参数

使用类别	额定绝缘电压 U_i/V	额定工作电压 U_e/V	额定工作电流 I_e/A	约定发热电流 I_{th}/A
AC—15	600	220 380	6 4	10
DC—13	600	110 220	1 0.6	10

（4）使用寿命

通常情况下，普通按钮和带灯式按钮的机械寿命在100万次左右，操作频率为1 200次/h；旋钮式和自锁式按钮的机械寿命在10万次左右，操作频率为120次/h。对于使用类别为AC—15的按钮来说，它的电寿命在60万次左右，操作频率为1 200次/h；对于使用类别为DC—13的按钮来说，它的电寿命在25万次左右，操作频率为1 200次/h。

（5）使用条件

在选择按钮时还需要关注其使用的条件，一般情况下需考虑使用环境、安装方法、防护等级等条件。

3. 按钮的颜色

为了保障操作者的人身安全，便于操作和维护，对按钮颜色的使用意义进行了统一规定。按钮中可使用的颜色有：红色、黄色、绿色、蓝色、黑色、白色和灰色。

（1）"停止""断电"或"事故"使用红色按钮。

（2）"启动"或"通电"优先使用绿色按钮，也允许使用黑色、白色或灰色按钮。

（3）一钮双用的"启动"与"停止"或"通电"与"断电"，交替按压后改变功能的，既不能用红色按钮，也不能用绿色按钮，而应使用黑色、白色或灰色按钮。

（4）按下时运动，抬起时停止运动（如点动、微动），应使用黑色、白色、灰色或绿色按钮，最好使用黑色按钮，而不能使用红色按钮。

（5）"复位"单一功能的时候，用蓝色、黑色、白色或灰色按钮，同时有"停

止"或"断电"功能的,可以使用红色按钮。

按钮颜色的使用意义见表1—6。

表1—6　　　　　　　　按钮颜色的使用意义

颜色	含义	举例
红色	处理事故	紧急停机 扑灭燃烧
红色	"停止"或"断电"	正常停机 停止一台或多台的电动机 装置的局部停机 切断一个开关 带有"停止"或"断电"功能的复位
黄色	参与	防止意外情况 参与抑制反常的状态 避免不需要的变化(事故)
绿色	"启动"或"通电"	正常启动 启动一台或多台电动机 装置的局部启动 接通一个开关装置(投入运行)
蓝色	上列颜色未包含的任何指定用意	凡红色、黄色和绿色未包含的用意,皆可采用蓝色
黑色、白色、灰色	无特定用意	除单功能的"停止"或"断电"按钮外的任何功能

4. 按钮的选择方法

按钮可根据下列要求进行选择:

(1) 根据使用场合,选择按钮的种类。如开启式、保护式和防水式等。

(2) 根据用途选用合适的形式。如一般式、旋钮式和紧急式等。

(3) 根据控制回路的需要,确定不同的按钮数。如单联钮、双联钮和三联钮等。

(4) 按工作状态指示和工作情况要求,选择按钮和指示灯的颜色。

七、指示灯

指示灯在电气控制回路中起到指示的作用,用来引起操作者的注意,或指示操作者应做的某种操作，从而反映某个指令、某种状态、某些条件或某个过程正在执行或已被执行。

常用指示灯外形如图1—16a所示，图中从左向右依次为$\mathcal{C}$16 mm圆形指示灯、$\mathcal{C}$16 mm方形指示灯、$\mathcal{C}$22 mm圆形指示灯和$\mathcal{C}$22 mm位置指示灯。指示灯在电气原理图中的图形符号如图1—16b所示。

图1—16 常用指示灯及图形符号

a) 常用指示灯 b) 指示灯的图形符号

1. 指示灯的技术参数

（1）电压类型和等级

指示灯的电压类型有三种，交流AC型、直流DC型和交直流AC－DC通用型。电压等级对交流型有6 V、12 V、24 V、36 V、48 V、110 V、127 V、220 V和380 V，对直流型有6 V、12 V、24 V、36 V、48 V、110 V、127 V和220 V，可根据控制电路设计的需要选择合适的电压等级。

（2）光亮度

常用指示灯的光亮度大于等于100 cd/m^2。

（3）防护等级

指示灯灯头的防护等级一般为IP65，在防护等级要求高的场合使用，用户可以定制IP66或更高的防护等级。

（4）工频耐压2.5 kV（交流有效值），1 min。

（5）交流指示灯允许电压波动±20%。

（6）连续工作寿命≥30 000 h。

2. 指示灯的颜色

指示灯通过不同的颜色提醒操作者，其允许的颜色有5种，它们是：红色、绿色、黄色、蓝色和白色，各种颜色的标准含义见表1—7。

表 1—7　　　　　　　　　　　指示灯颜色的标准含义

颜色	含义	说明	举例
红色	危险或告急	有危险或须立即采取行动	润滑系统失压 温度已超（安全）极限 因保护器件动作而停机 有触及带电或运动部件的危险
黄色	注意	情况有变化，或即将发生变化	温度（或压力）异常 当仅能承受允许的短时过载
绿色	安全	正常或允许进行	冷却通风正常 自动控制系统运行正常 机器准备启动
蓝色	按需要指定用意	除红、黄、绿三色之外的任何指定用意	遥控指示 选择开关在"设定"位置
白色	无特定用意	任何用意	例如：不能确切地用红、黄、绿时，以及用做"执行"时

八、行程开关

行程开关又称位置开关或限位开关。它的作用与按钮相同，但其触点的动作不是靠手按，而是利用生产机械中的运动部件的碰撞而动作，将机械信号变为电信号，接通、断开或变换某些控制电路的指令，借以实现对机械的电气控制要求。通常，这类开关被用来限制机械运动的位置或行程，使运动机械按一定位置或行程自动停止、反向运动、变速运动或自动往返运动等。

各种系列的位置开关其基本结构大体相同，都是由操作头、触点系统和外壳组成。操作头接受机械设备发出的动作指令或信号，并将其传递到触点系统。触头再将操作头传来的指令或信号，通过本身的结构功能变为电信号，输出到有关控制回路，使之作出必要的反应。

图 1—17 为各种常用行程开关的外形，图 1—18 为行程开关在电气原理图中的图形符号及文字符号。

1. 行程开关的类型

（1）按触点复位方式分为自动复位和非自动复位两种。

前者在机械运动挡块离开操作头后依靠本身的恢复弹簧实现复位；后者一般有两个滚轮（羊角式），当机械运动挡块碰压其中一个滚轮时，杠杆便转动一定角度，

图1—17 常用行程开关

使触点瞬间切换，挡块继续移动离开滚轮后，杠杆及触点不会自动复位，此时只有靠运动机械反向移动，挡块从原相反方向碰压另一个滚轮时，触点才能恢复原始位置。

（2）按触点动作方式分为蠕动式和瞬动式两种。

蠕动型位置开关的触点分合速度取决于生产机械挡块触动操作头的移动速度，其缺点是当移动速度低于0.4 m/min时，触点分合太慢易受电弧烧灼，从而降低触点使用寿命。图1—19为蠕动型行程开关结构图。

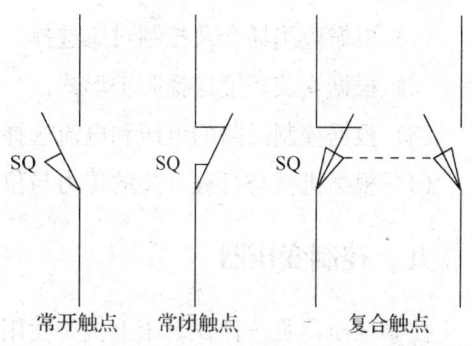

图1—18 行程开关的图形符号及文字符号

瞬动型位置开关的触点动作速度与操作速度无关，只要开关操作头被移动到一定位置，开关便发生接通或断开切换，此过程时间一般为弹簧跳动所需要时间，性能显然优于蠕动型。图1—20为瞬动型行程开关结构图。

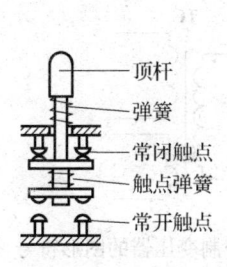 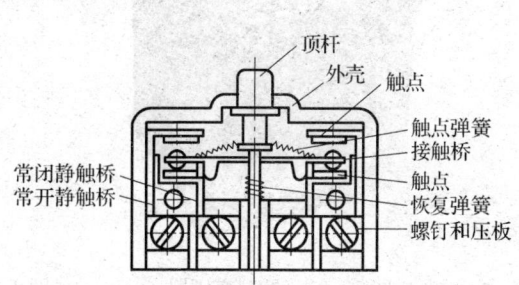

图1—19 直动式蠕动型行程开关结构图

图1—20 瞬动型行程开关结构图

对于下述情况的应用,应选用瞬动型行程开关:

1) 开关触点的接通和断开同时实现。

2) 当开关的触点分开一定距离时,设备便停止运转,这时应排除由于振动而使触点重新接通,导致设备运转的可能性(开关滞后效应)。

3) 当操动速度极为缓慢时。

4) 当直流电流被断开时,要求电流飞弧迅速消失。

(3) 按操作头类型分为直动柱塞型、直动滚轮型、滚动转臂型、滚动叉型、可调滚轮转臂型、万向型、侧压滚轮型、正压滚轮型、可调金属摆杆式和弹性摆杆式。可按照不同的应用场合、控制对象和安装环境进行选择。

2. 行程开关的选择方法

(1) 根据应用场合及控制对象选择。

(2) 根据安装环境选择防护形式。

(3) 根据控制回路的电压和电流选择开关系列。

(4) 根据机械与行程开关的传力与位移关系选择合适的头部形式。

九、控制变压器

控制变压器是一种在机床上主要使用的变压器,其作用是为机床电气设备提供控制电路的电源,即为接触器、继电器、电磁铁、电磁离合器、信号灯、指示灯以及机床低压照明等提供电源。图1—21为控制变压器的外形,图1—22是控制变压器的图形符号。

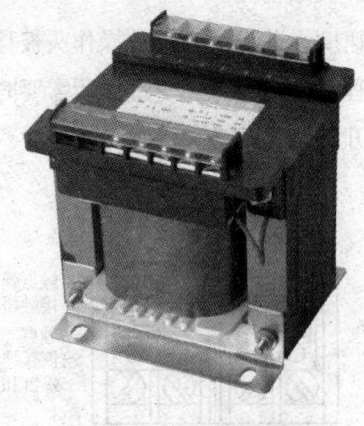
图1—21 控制变压器

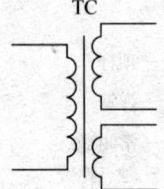
图1—22 控制变压器的图形符号

控制变压器主要由铁心和绕组组成,其中绕组由一次绕组和二次绕组组成,两侧绕组电压之比等于两侧绕组匝数之比,两侧绕组电流之比则与两侧绕组匝数成反比。控制变压器能降压也能升压。主要参数包括：

(1) 输入电压

输入电压指的是变压器一次侧的电压，控制变压器可以用在 50~60 Hz 电压 500 V 以下的电路中，一般一次侧的电压为 AC380 V 或 AC220 V。

(2) 输出电压

输出电压指的是变压器二次侧的电压，电压可以根据要求定制，一般二次侧电压有 AC220（127）V、AC110V、AC48V、AC36V、AC24V、AC12V 和 AC6V。

(3) 额定容量

额定容量指的是二次侧的输出能力，单位为 V·A，额定容量越大输出的电流越大，同时变压器的体积也就越大。常用的 BK-500 VA 的控制变压器其额定容量为 500 V·A，在忽略变压器损耗的情况下，若输出电压是 36 V，那么输出的电流为 500/36＝13.89 A。

由于变压器二次侧允许有多种等级的电压输出，用户可以为每个等级的电压分配容量，以满足控制电路的需求。

学习单元 2　计数器、速度继电器、时间继电器的选用

学习目标

能够正确地选用计数器、速度继电器、时间继电器。

知识要求

一、计数器

计数器是用来记录电脉冲信号次数的电子元器件，以实现测量、计数和控制的功能，广泛应用于印刷、纺织、印染、针织、电缆、电信、冶金、食品、军工、轻工、石油、化工、交通、矿山等行业及应用领域。

1. 计数器的类型

(1) 按结构原理分，有电磁式和电子式两种。

1) 电磁式计数器。电磁式计数器由字轮、棘轮装置和扇形齿轮组成，电信号

输入计数器后,在电磁铁中产生吸力,使衔铁带动擒纵机构,驱使数字轮转动进行十进制的计数。由于电磁式计数器机械结构复杂、易磨损,导致其使用寿命较短,同时其计数频率较低,无法满足高速计数的要求。随着电子技术的飞速发展,逐渐被电子式计数器所取代,但是在一些环境负载、电源电压不稳定的条件下,电磁式计数器还有着其生存空间。

2) 电子式计数器。电子式计数器是采用电子计数回路和 LED 或 LCD 显示单元组成的计数器,具有结构简单、计数频率高、使用寿命长等特点。同时,随着电子技术的不断发展,特别是单片机技术的应用,电子式计数器更向着智能化发展,越来越多的智能化电子式计数器逐步占领市场,它不仅仅具有单一的计数功能,同时可以预置数值、可逆计数、批量/总数分别计数、频率测量、周期测量等。

图 1—23 电磁式计数器　　　　图 1—24 电子式计数器

(2) 按计数范围分,计数的位数有 4 位 (0~9 999)、5 位 (0~99 999)、6 位 (0~999 999) 和 7 位 (0~9 999 999) 等。

(3) 按显示方式分,有字轮显示、LED 显示和 LCD 液晶显示。

(4) 按计数频率分,有低速和高速两种,一般低速为 10 次/s,高速可达 1 000 次/s。

(5) 按计数方式分,有加法计数器、减法计数器和可逆计数器。加法计数器在收到计数信号后数值加一;减法计数器在收到计数信号后数值减一;可逆计数器具有 2 个计数输入端,数值可增可减。

(6) 按性能分,有普通型和智能型。

2. 计数器的计数输入方式

计数器的计数端一般有三种输入方式,一是无电压接点输入,二是直流电压输入,三是交流电压输入。

(1) 无电压输入方式。无电压输入方式的计数器接线方式如图 1—25 所示,计数端不需要外加电源,只需用开关或晶体管(即图 1—25 中虚线框中器件)将计数输入端短接便可实现计数功能。

(2) 直流电压输入方式。直流电压输入方式的计数器可接受 DC4~30 V 的计数电压,接线方式如图 1—26 所示;有的计数器内部提供直流电源,计数输入端可直接连接传感器的输出,使计数器的计数应用更加灵活,其接线方式如图 1—27 所示。

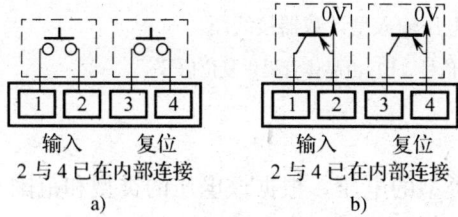

图 1—25 无电压输入型计数器接线图

a) 外接开关作计数输入 b) 外接晶体管作计数输入

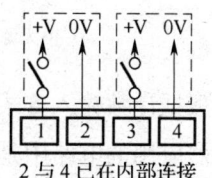

图 1—26 直流电压输入型计数器接线图

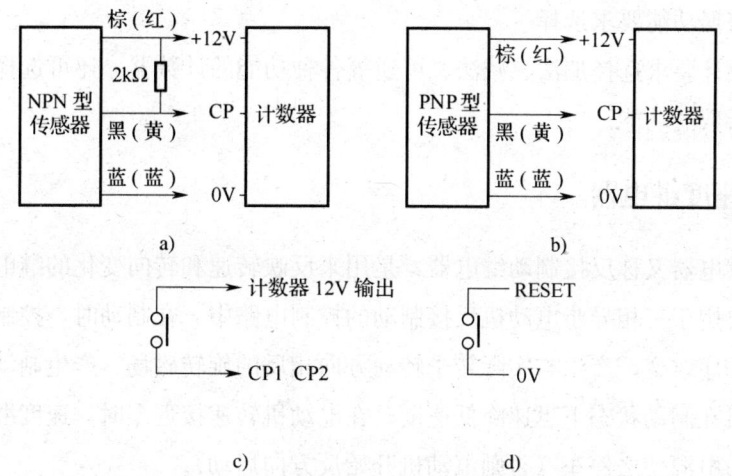

图 1—27 带内部电源的计数器接线图

a) 与 NPN 型传感器连接 b) 与 PNP 型传感器连接
c) 用无源触点作计数信号 d) 复位信号触点输入

(3) 交流电压输入方式。交流电压输入方式的计数器可接受 AC24~240 V 的计数电压,接线方式如图 1—28 所示。需要注意的是,该计数器的复位端只可输入接点信号,不可输入电压信号,否则会使计数器烧毁甚至引起内部锂电池爆炸。

3. 计数器的选用方法

(1) 根据计数范围选择

根据实际应用的计数范围来选择计数器的位数。

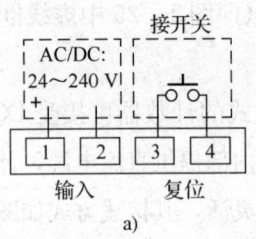 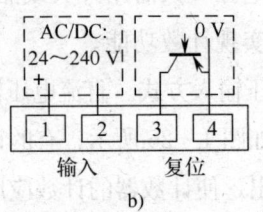

图1—28 交流电压输入型计数器接线图
a) 由无源触点提供复位信号 b) 由晶体管提供复位信号

(2) 根据计数输入方式选择

计数器应用的电路中是使用哪种类型的电压,根据该电压的类型和范围来选择计数器。

(3) 根据计数频率选择

所选用的计数器的脉冲输入频率要高于被检测脉冲的频率。

(4) 根据功能要求选择

根据设计要求选择加法、减法、可逆等各种功能的计数器,还可选择智能型计数器扩展计数的功能。

二、速度继电器

速度继电器又称反接制动继电器,是用来反映转速和转向变化的继电器。速度继电器主要用于三相异步电动机反接制动的控制电路中。在制动时,控制电路将三相电源的相序改变,产生与实际转子转动方向相反的旋转磁场,产生制动力矩,从而使电动机在制动状态下迅速降低速度。在电动机转速接近零时,速度继电器发出信号,切断电源使之停车(否则电动机开始反方向启动)。

速度继电器应用广泛,可以用来监测船舶、火车的内燃机引擎,以及监测气体、水和风力涡轮机,还可以用于造纸业、箔的生产和纺织业生产上。在船用柴油机以及很多柴油发电机组的应用中,速度继电器作为一个二次安全回路,当紧急情况产生时,迅速关闭引擎。

图1—29为JY—1速度继电器外形,图1—30为速度继电器的图形符号。

1. 速度继电器的结构和原理

速度继电器的基本工作方式和主要作用是依靠旋转速度的快慢为指令信号,通过触点的分合传递给接触器,从而实现对电动机反接制动控制。速度继电器的外形及结构如图1—31所示。速度继电器主要由定子、转子、端盖、可动支架、触点系统等组成。

图1—29　JY—1速度继电器的外形

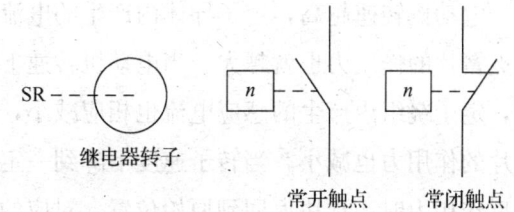

图1—30　速度继电器的图形符号

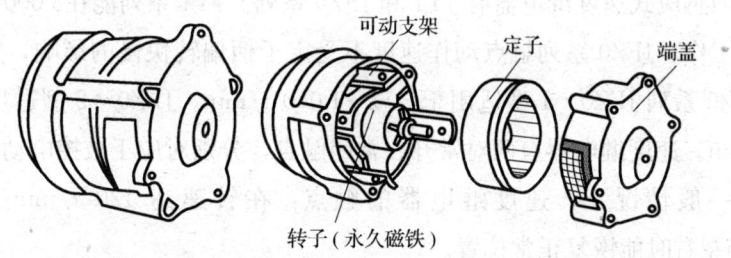

图1—31　速度继电器外形结构图

图1—32所示为速度继电器的动作机构示意图，由图可以看出，定子由硅钢片叠成并装有笼形的短路绕组（同笼形转子绕组相似），定子与转轴同心，定、转子间有一很小气隙，并能独自偏摆，转子是用一块永久磁铁制成，固定在转轴上；支架的一端固定在定子上，可随定子偏摆，顶块与支架的另一端由小轴连接在一起，转轴与小轴分别固定，顶块可随支架偏转而动作。

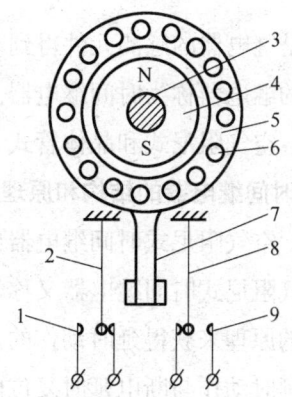

图1—32　速度继电器动作机构示意图
1—正向偏转静触点　2—正向偏转动触点弹簧片
3—转轴　4—永久磁铁转子　5—定子　6—短路
绕组　7—支架和顶块　8—反向偏转动触点
弹簧片　9—反向偏转静触点

速度继电器的工作原理是：当电动机旋转时，与电动机同轴连接的速度继电器转子也转动，这样，由永久磁铁制成的转子就由静止磁场变为在空间移动的旋转磁场。此时，定子内的短路绕组（导体）因切割磁力线而产生感应电势和电流，载流短路绕组与磁场相互作用便产生一定电磁转矩，于是定子便顺着转轴的转动方向而偏转。定子的偏转带动支架和顶块，当定子偏转到一定程度时，顶块推动动触点弹簧片或（反向偏转时），使常闭触点断开，继而常开触点闭合。当常开触点闭合后，可产生一定的反作用力，阻止定子继续偏转。电动机转速越高，定子导体内产生的电流越大，因而电磁转矩越大，顶块对动触点簧片的作用力也就越大。当电动机转速下降时，速度继电器转子速度也随之下降，定子绕组内产生的感应电流也相应减小，从而使电磁转矩减小，顶块对动触点簧片的作用力也减小。当转子速度下降到一定数值时，顶块的作用力小于触点簧片的反作用力时，顶块返回到原始位置，对应的触点也复位。

2. 速度继电器的选用方法

常用的感应式速度继电器有 JY1 和 JFZ0 系列。JY1 系列能在 3 000 r/min 的转速下可靠工作。JFZ0 系列触点动作速度不受定子柄偏转快慢的影响，触点改用微动开。JFZ0 系列 JFZ0－1 型适用于 300～1 000 r/min。JFZ0－2 型适用于 1 000～3 000 r/min。速度继电器有两对常开、常闭触点，分别对应于被控电动机的正、反转运行。一般情况下，速度继电器的触点，在转速达 120 r/min 时能动作，100 r/min 左右时能恢复正常位置。

三、时间继电器

凡是继电器的感测元件得到动作信号后，其执行元件（触点）要延迟一段时间才动作的继电器称为时间继电器。时间继电器的种类很多，常用的主要有电磁式、电动式、空气阻尼式和晶体管式等。

1. 时间继电器的结构和原理

（1）空气阻尼式时间继电器

空气阻尼式时间继电器又称气囊式时间继电器。它是利用气囊中的空气通过小孔节流的原理来获得延时动作的。常用的为 JS7－A 系列，根据触点延时特点可分为通电延时动作与断电延时复位两种。

1) JS7－A 系列时间继电器结构。JS7－A 系列时间继电器主要由以下几部分组成：

①电磁机构：由线圈、铁心和衔铁组成。

②触点系统：由两对瞬动触点（一常开一常闭）和两对延时触点（一常开一常闭）组成，瞬动触点和延时触点分别是两个微动开关。

③气室：气室为一空腔，内装一成型橡皮薄膜，随空气体积的增减而移动，气室顶部的调节螺钉可调节延时时间。

④传动机构：由推板、活塞杆、杠杆及各种类型的弹簧等组成。

⑤基座：金属钢板制成，用以固定电磁机构和气室。

2) JS7-A 系列时间继电器的动作原理。当线圈通电后，铁心产生吸力，衔铁克服反作用弹簧的阻力被吸合，推板随衔铁立即动作，并压合微动开关（也称为瞬动开关）、常闭触点瞬时断开，常开触点瞬时闭合。原被衔铁压缩的宝塔形弹簧力图使活塞杆快速恢复原位。但是，由于气室内套和橡皮膜贴合，空气室容积增大产生负压；另外，空气又只能通过直径很小的锥形气孔进入而推动活塞移动，所以活塞杆只能在依靠宝塔形弹簧克服气室内的阻力的情况下，带动杠杆缓慢移动，移动速度的快慢由进气口的节流程度而定，可通过调节螺钉和螺旋加以调整。经过一定时间后，活塞杆到达上部极限位置，通过杠杆将延时开关压动，其常闭触点断开，常开触点闭合，起到通电延时的作用。

当线圈断电时，衔铁在反力弹簧的作用下，通过活塞杆将活塞推向下端。这时橡皮膜下方气室内的空气都通过橡皮膜，弱弹簧和活塞的局部所形成的单向阀，很迅速地从橡皮膜上方的气室缝隙中排掉。使得瞬动开关和延时开关的各触点瞬时复位。

断电延时与通电延时两种时间继电器的组成元件是通用的，从结构上说，只要改变电磁机构的安装方向，便可获得两种不同的延时方式。当衔铁位于铁心和延时机构之间时为通电延时型（见图1—33），而当铁心位于衔铁和延时机构之间时为断电延时型（见图1—34）。

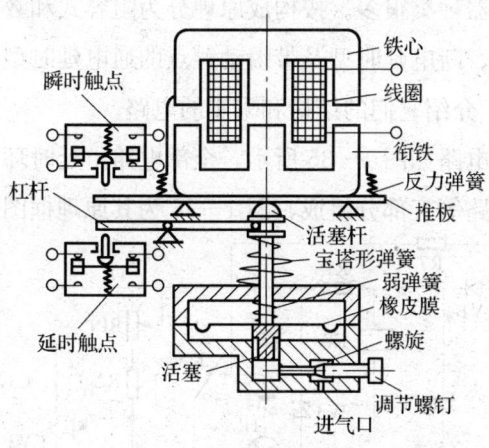

图1—33 通电延时型时间继电器动作原理

3) 空气阻尼式时间继电器的优点是延时范围较大（0.4～180 s），且不受电压和频率波动的影响；可以做成通电及断电两种延时型式；结构较简单、寿命长、价格低廉。其缺点是延时误差大（±10%～20%）；无调节刻度指示，难以精确地整

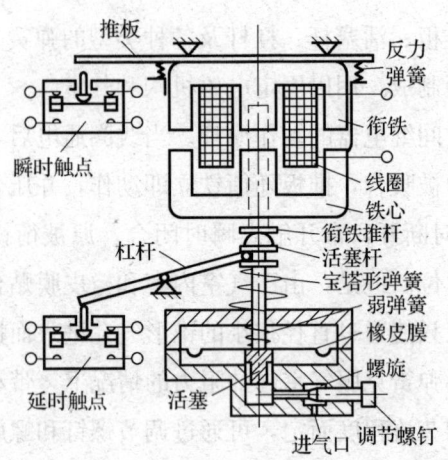

图1—34 断电延时型时间继电器动作原理

定延时值；延时值易受周围环境温度、尘埃及安装方向的影响。在对延时精度要求较高的场合，不宜采用这种时间继电器。

(2) 晶体管时间继电器

晶体管时间继电器也称为半导体时间继电器或电子式时间继电器，是自动控制系统中的重要元件。晶体管时间继电器具有机械结构简单、延时范围广、精度高、返回时间短、消耗功率小、耐冲击、调节方便和寿命长等优点，所以发展很快，正日益得到推广和应用。

晶体管时间继电器种类很多。按构成原理分为阻容式和数字式两类；按延时的方式分为通电延时型、断电延时型及带瞬动触点的通电延时型；这里仅以具有代表性的JS20系列为例，介绍它们的结构和采用的电路。

单结晶体管延时电路如图1—35所示，全部电路由延时环节、鉴幅器、输出电路、电源和指示灯电路等五部分组成，图1—36为其原理框图。

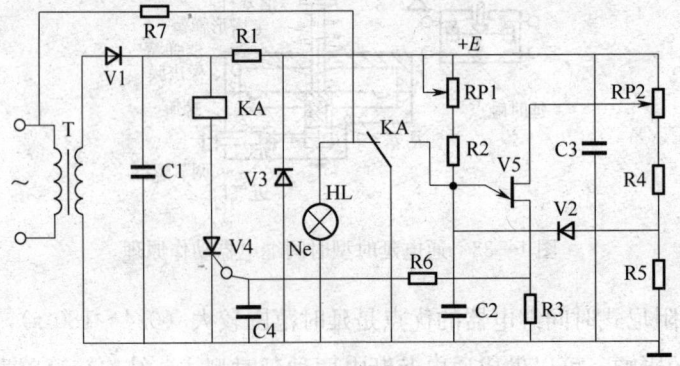

图1—35 单结晶体管延时电路图

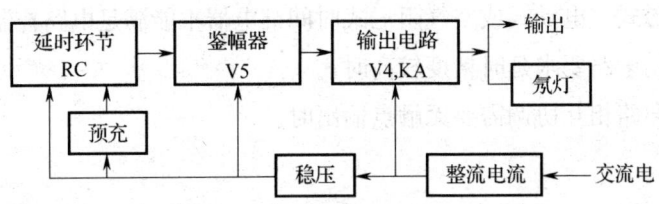

图1—36 单结晶体管延时电路原理框图

电源的稳压部分由电阻 R1 和稳压管 V3 构成，可供电给延时环节和鉴幅器，输出电路中的 V4 和 KA 则由整流电源直接供电。电容器 C2 的充电回路有两条，一条是通过充电电阻 RP1+R2，另一条是通过由低阻值电阻 RP2、R4、R5 组成的分压器经二极管 V2 向电容器 C2 提供的预充电电路。

电路的工作原理如下：当接通电源后，经二极管 V1 整流、电容器 C1 滤波以及稳压管 V3 稳压的直流电压，即通过 RP2、R4、V2 向电容 C2 以极小的时间常数快速充电。电容 C2 上电压在 R5 分压的基础上经 RP1 继续充电，电压按指数规律逐渐升高。当此电压大于单结晶体管的峰点电压 U_P 时，单结晶体管导通，输出电压脉冲触发小型晶闸管 V4。V4 导通后使继电器 KA 吸合。KA 的触点除用来接通或分断外电路外，并利用其另一对常开触点将 C2 短路，使之迅速放电。同时氖指示灯泡 HL 起辉。当切断电源时，继电器 KA 释放，电路恢复原始状态，等待下次动作。只要调节 RP1 和 RP2 便可调延时时间。

时间继电器在电气原理图中的图形符号及文字符号如图1—37所示。

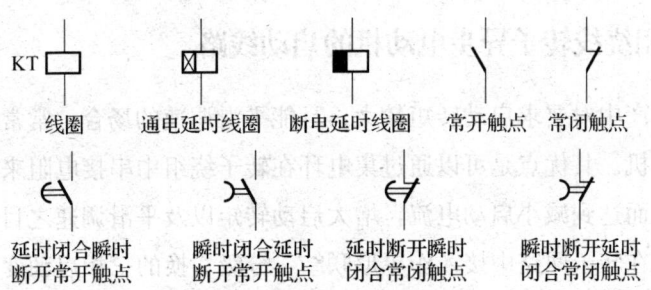

图1—37 时间继电器图形符号及文字符号

2. 时间继电器的选用方法

(1) 根据系统的延时范围选用适当的系列和类型。

(2) 根据控制电路的功能特点选用相应的延时方式。

(3) 根据控制电压选择吸引线圈的电压等级。

(4) 在下列情况下可选用晶体管时间继电器：

1) 当电磁式、电动式或空气阻尼式时间继电器不能满足电路控制要求时;
2) 当控制电路要求延时精度较高时;
3) 控制回路相互协调需要无触点输出时。

第2节　继电器、接触器控制线路装调

学习单元1　三相绕线转子异步电动机启动线路装调

学习目标

1. 了解三相绕线转子异步电动机串电阻启动电路原理和调试方法。
2. 掌握三相绕线转子异步电动机串电阻启动电路的安装、接线和调试方法。

知识要求

一、三相绕线转子异步电动机的启动线路

在实际生产中对要求启动转矩较大、且能平滑调速的场合,常常采用三相绕线转子异步电动机。其优点是可以通过集电环在转子绕组中串接电阻来改善电动机的机械特性,从而达到减小启动电流,增大启动转矩以及平滑调速之目的。

启动时,在转子回路中接入作星形联结、分级切换的三相启动变阻器,并把可变电阻放到最大位置,以减小启动电流,获得较大启动转矩,随着电动机转速的升高,可变电阻逐渐减小。启动完毕,可变电阻减小到零,转子绕组被直接短接,电动机便在额定状态下运行。

二、转子串接电阻启动控制电路原理分析

转子绕组串电阻启动自动控制线路有两种,一种是使用时间继电器按照设定时间来逐个切除串在转子绕组中的外加电阻;另一种是使用电流继电器按照继电器不

同的线圈释放电阻来逐个切除串在转子绕组中的外加电阻。

1. 时间继电器自动控制线路

图 1—38 所示线路是用三个时间继电器 KT1、KT2、KT3 和三个接触器 KM1、KM2、KM3 的相互配合来依次自动切除转子绕组中的三级电阻的。

其工作原理如下：合上电源开关 QS，提供主回路和控制回路电源。按下 SB1→KM 线圈得电→KM 主触点闭合→电动机 M 串接全部 3 组电阻启动；KM 常开触点闭合→KT1 线圈得电→经 KT1 设定时间→KT1 常开触点闭合→KM1 线圈得电→KM1 主触点闭合，切除第一级电阻 R1，电动机 M 串接 2 级电阻继续启动；KM1 常开辅助触点闭合→KT2 线圈得电→经 KT2 设定时间→KT2 常开触点闭合→KM2 线圈得电→KM2 主触点闭合，切除第二级电阻 R2，电动机 M 串接 1 级电阻继续启动；KM2 常开辅助触点闭合→KT3 线圈得电→经 KT3 设定时间→KT3 常开触点闭合→KM3 线圈得电→KM3 主触点闭合，切除第三级电阻 R3，电动机 M 不串外接电阻器，达到稳定转速后进入正常运转状态；KM3 常开辅助触点闭合自锁，KM3 常闭辅助触点分断使 KT1、KM1、KT2、KM2、KT3 依次断电释放，触点复位。

停止时，按下 SB2 即可。

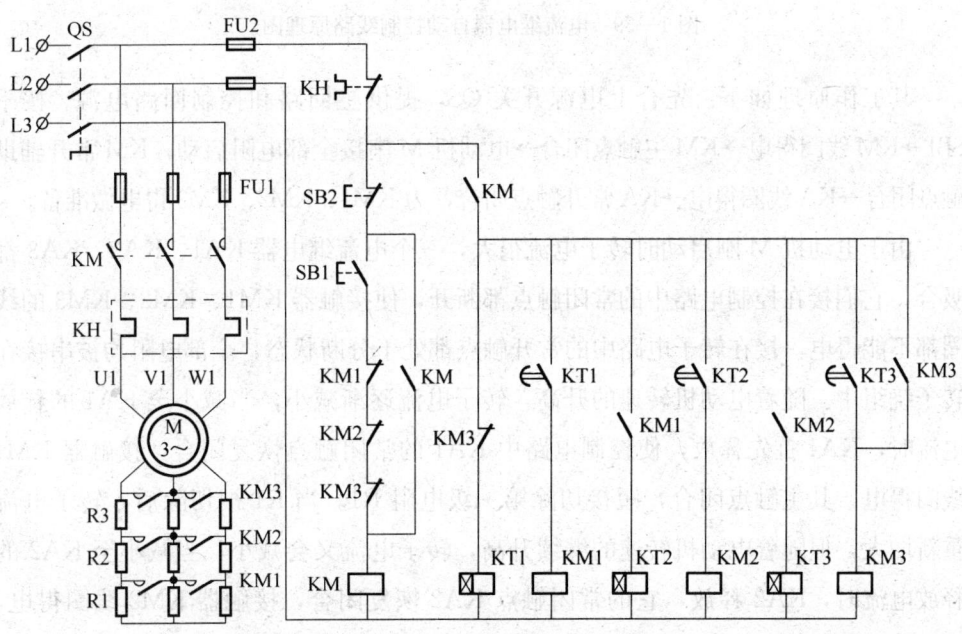

图 1—38 时间继电器自动控制绕线转子异步电动机转子回路串电阻启动控制线路

2. 电流继电器自动控制线路

如图 1—39 所示线路是用三个过电流继电器 KA1、KA2 和 KA3 根据电动机转子电流变化，控制接触器 KM1、KM2 和 KM3 依次得电动作，来逐级切除外加电阻的。三个电流继电器 KA1、KA2、KA3 的线圈串接在转子回路中，它们的吸合电流都一样，但释放电流不同，KA1 的释放电流最大，KA2 次之，KA3 最小。

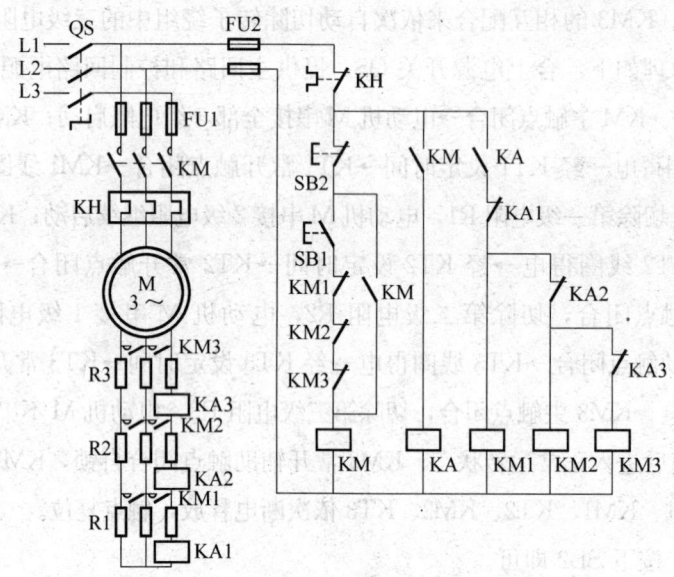

图 1—39 电流继电器自动控制线路原理图

其工作原理如下：先合上电源开关 QS，提供主回路和控制回路电源。按下 SB1→KM 线圈得电→KM 主触点闭合→电动机 M 串接全部电阻启动；KM 常开辅助触点闭合→KA 线圈得电→KA 常开触点闭合，为 KM1、KM2、KM3 得电做准备。

由于电动机 M 刚启动时转子电流很大，三个电流继电器 KA1、KA2、KA3 都吸合，它们接在控制电路中的常闭触点都断开，使接触器 KM1、KM2、KM3 的线圈都不能得电，接在转子电路中的常开触点都处于分断状态，全部电阻均被串接在转子绕组中。随着电动机转速的升高，转子电流逐渐减小，当减小至 KA1 的释放电流时，KA1 首先释放，使控制电路中 KA1 的常闭触点恢复闭合，接触器 KM1 线圈得电，其主触点闭合，短接切除第一级电阻 R1。当 R1 被切除后，转子电流重新增大，但随着电动机转速的继续升高，转子电流又会减小，当减小至 KA2 的释放电流时，KA2 释放，它的常闭触点 KA2 恢复闭合，接触器 KM2 线圈得电，主触点闭合，把第二级电阻 R2 短接切除；如此继续下去，直到全部电阻被切除，电动机启动完毕，进入正常运转状态。

中间继电器 KA 的作用是保证电动机在转子电路中接入全部电阻的情况下开始启动。因为电动机开始启动时，启动电流由零增大到最大值需一定的时间。这样就有可能出现 KA1、KA2、KA3 还未动作，KM1、KM2、KM3 的吸合而将把电阻 R1、R2、R3 短接，相当于电动机直接启动。采用 KA 后，无论 KA1、KA2、KA3 有无动作，开始启动时可由 KA 的常开触点切断 KM1、KM2、KM3 线圈的通电回路，保证了启动时串入全部电阻。

 技能要求

三相绕线转子异步电动机串电阻启动控制电路接线、调试

一、操作要求

1. 根据所学习的三相绕线转子异步电动机串电阻启动控制线路的知识，分析控制电路（见图1—38）的工作原理。

2. 根据原理图及所控制电动机的功率选择电气元件，并列出电气元件明细表，见表1—8。

3. 根据原理图绘制元器件布置图，如图1—40所示；在原理图上标上线号，如图1—41所示。

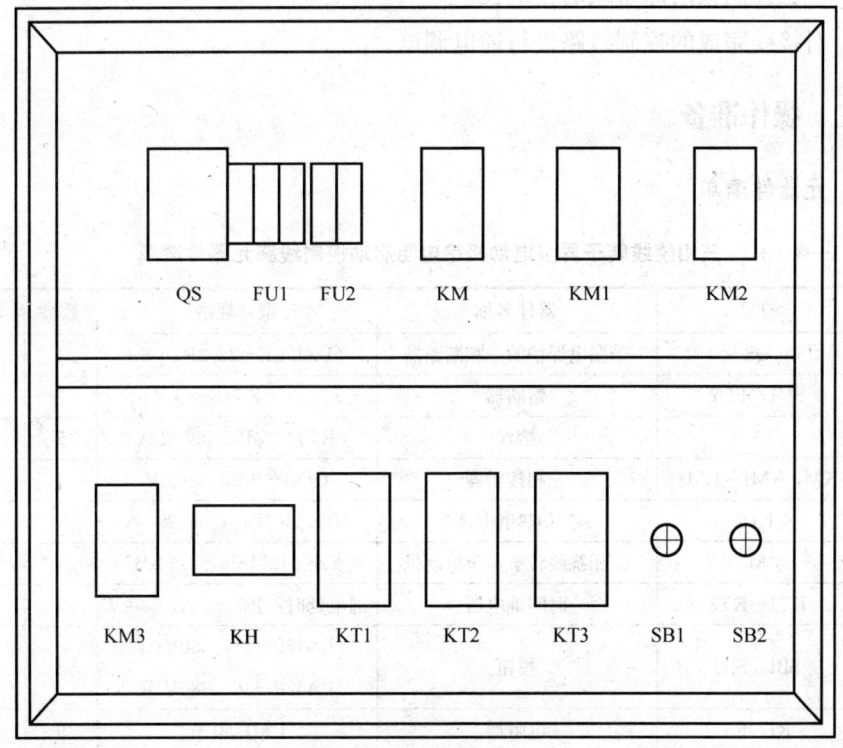

图1—40 安装布置图

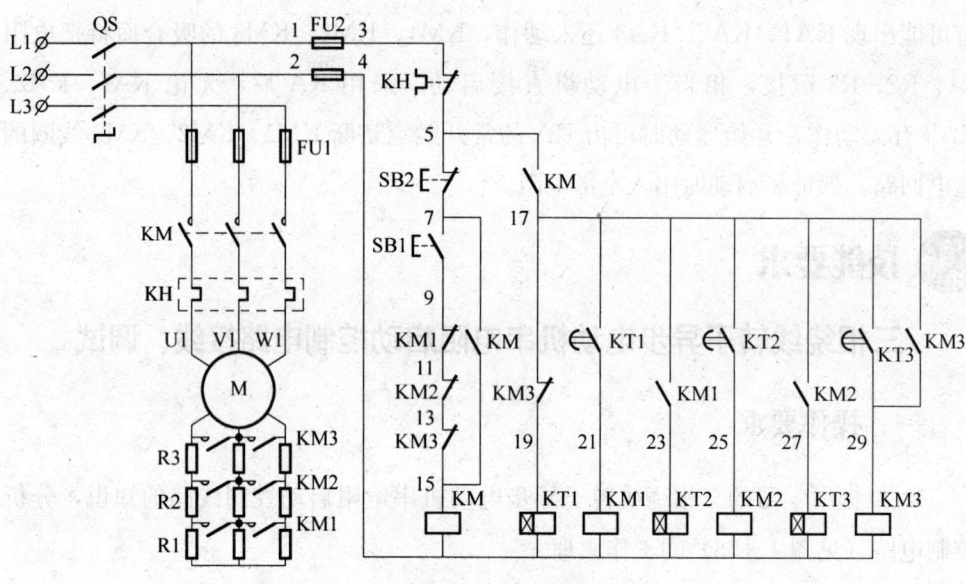

图 1—41 电气原理图

4. 在控制板上安装走线槽和所有电气元件。
5. 根据原理图完成线路接线。
6. 检验控制板内部布线的正确性。
7. 对接线完成的控制线路进行通电调试。

二、操作准备

1. 元器件清单

表 1—8　　三相绕线转子异步电动机串电阻启动控制线路元器件清单

序号	符号	器件名称	型号规格	数量	单位
1	QS	带漏电保护的三相断路器	DZ47LE-32/3P, C6	1	只
2	FU1, FU2	熔断器	RT18	5	只
3		熔丝	RT14 ϕ10×38　2 A	5	只
4	KM, KM1~KM3	三相接触器	CJX1-9/22, 380 V	4	只
5	KH	三相热继电器	JR3620/3D, 1.5~2.4 A	1	只
6	M	三相绕线转子异步电动机	YZ8 112M-6, 1.5 kW	1	台
7	KT1~KT3	时间继电器	通电延时：JS7-2 A, 380 V	3	只
8	SB1, SB2	按钮	LA42P-01, 380V/G LA42P-10, 380V/R	2	只
9	R1~R3	电阻器	1 kΩ/50 W	9	只
10		接线端子	WJT8-2.5	若干	只

2. 连接导线及接线附件

包括黄色、绿色、红色三种导线颜色、截面积为 0.75 mm² 的连接导线若干；冷轧端子若干；白色套管若干。

3. 电工常用工具

包括十字旋具、剥线钳、剪刀、压线钳等。

4. 万用表

三、操作步骤

1. 根据原理图对控制线路进行安装、接线。

步骤 1　元器件测量

接触器线圈直流电阻测量，动断触点测量，时间继电器线圈测量，延时点测量，按钮动合、动断触点测量，电动机三相绕组测量。

步骤 2　元器件安装

按布置图将元器件用紧固件安装在模拟配电板上，并在布线通道上安装上走线槽。

步骤 3　模拟配电板布线

按原理图采用多股软导线进行布线，布线时需按走线槽布线工艺规定进行。模拟板布完线后将电动机接入模拟板。

2. 接线完成后使用万用表仔细检查线路正确与否，确保线路中无短路或控制回路开路等故障现象。

步骤 1　使用万用表的欧姆挡，并连接在 L1 和 L2 端子上，闭合电源开关 QS，观察万用表阻值，如果阻值为 0 Ω 的话，说明电路有短路，必须认真检查电路。

步骤 2　按下按钮 SB1，观察万用表，阻值显示应为一个接触器线圈的直流电阻值。如果阻值显示为 0 Ω，则说明控制电路短路；如果阻值显示为无穷大，则说明控制电路开路，应认真检查控制电路。

步骤 3　用螺钉旋具按下接触器使其动合触点闭合，观察万用表，阻值显示应为一个接触器线圈的直流电阻值。如果阻值显示为无穷大，则说明自锁回路开路，应认真检查自锁回路，如果阻值显示为零，则说明主电路短路或自锁触点接错。

3. 调节时间继电器和热继电器的设定值，符合电动机启动的要求。

步骤 1　热继电器的电流设定值可设定为实际所配置电动机的额定电流值。

步骤 2　时间继电器的延时时间，要按照电动机启动时各段速度实际提升所需的时间来加以调整。3 个时间继电器中，KT1 所需的延时时间为最大，而 KT2、

KT3 的延时时间一般可设定为 KT1 延时时间的 0.5～0.7 s 之间。因电动机是处于轻载（接近于空载）状况下启动，电动机的转速上升较快，因此可暂按 KT1 延时 2～3 s，KT2 和 KT3 延时 1～2 s 进行设定。

4. 确保接线正确和参数整定值正确的情况下接通电源，进行调试。

步骤 1　合上电源开关 QS，按下按钮 SB1，首先 KM 线圈得电，接触器主触点闭合，电动机串接所有电阻启动。

步骤 2　电动机启动的同时 KT1 线圈得电，经过设定时间后延时触点闭合，KM1 线圈得电，KM1 主触点闭合切除第一级电阻 R1。

步骤 3　随着 KT2 和 KT3 的整定时间到，最终将 R2 和 R3 电阻全部切除，电动机启动完成，在额定状态下运行。

步骤 4　按下 SB2，电动机停止运行。

5. 观察电动机启动情况，对时间继电器的设定时间进行调整。

注意观察电动机的启动过程，并根据启动情况对时间继电器的设定时间进行调整。在使用时间继电器逐段切除启动电阻时，若减少设定时间即提早切除电阻，会引起启动电流过大的现象，如果是在重载启动时，甚至有可能发生切换后的电磁转矩小于负载转矩而不能启动的情况。若时间继电器的设定时间过大，则不能保证平均启动转矩大于负载转矩而造成启动时间延长，以及在某段特性上转速已达到稳定值而等待切换到下一段特性继续加速的现象。因此，如果在启动过程中发现因转子电流过大而引起断路器跳闸、熔断器熔体熔断或切换时启动转矩小于负载转矩造成电动机不能顺利启动的现象时，应将时间继电器的设定时间适当增大；而如果发现电动机启动过程不连贯、有等待现象时则可适当减少设定时间（注意：电动机空载时，这一步中所描述的现象不一定能观察得到，时间继电器的设定时间可不作调整）。

四、注意事项

1. 关于准备工作的注意事项

（1）时间继电器采用通电延时动作型。
（2）选用的元器件可参阅有关手册和教材。
（3）检验元件质量应在不通电的情况下进行。

2. 关于安装的注意事项

（1）安装时必须做到安装牢固、排列整齐、匀称、合理和便于走线及更换元件。

(2) 紧固元件时，要受力均匀，紧固程度适当，以防止损坏元件。

3. 关于接线的注意事项

(1) 导线与接线端子连接时，要求接触良好，应不压绝缘层、不反圈及不露铜过长。

(2) 一个电气元件接线端子上的连接导线不得超过两根，各节接线端子板上的连接导线一般只允许连接一根。

(3) 板面导线经线槽敷设，线槽内的导线要尽可能避免交叉，装线量不超过其容量的70%，以便装配和维修。

(4) 线槽外导线须平直，各节点必须紧密，接电源、电动机及按钮等的导线必须通过接线柱引出。

(5) 各电气元件与走线槽之间的外露导线，要尽可能做到横平竖直，变换走向要垂直。同一元件位置一致的端子和相同型号电气元件中位置一致的端子上引出或引入的导线，要敷设在同一平面上，并应做到高低一致或前后一致，不得交叉。

(6) 各电气元件接线端子上引出或引入的导线，除间距很小和元件机械强度很差，如时间继电器JS7－A型同一只微动开关的同一侧常开与常闭触点的连接导线，允许直接架空敷设外，其他导线必须经过走线槽进行连接。

(7) 各电气元件接线端子引出导线的走向，以元件的水平中心线为界限，水平中心线以上接线端子引出的导线，必须进入元件上面的走线槽；水平中心线以下接线端子引出的导线，必须进入元件下面的走线槽。任何导线都不允许从水平方向进入走线槽内。

(8) 所有导线与接线端子的连接，必须牢靠，不得松动。在任何情况下，接线端子必须与导线截面积和材料性质相适应。

(9) 所有导线的截面积在等于或大于 0.5 mm^2 时，必须采用软线。考虑机械强度的原因，所用导线的最小截面积作如下规定：在控制箱外为 1 mm^2，在控制箱内为 0.75 mm^2，但对控制箱内很小电流的电路连线，如电子逻辑电路，和类似低电平（信号）电路，可用 0.2 mm^2，并且可以采用硬线，但是必须使用在不能移动又无振动的场合。

(10) 控制板外部配线时，必须使导线有适当的机械保护，必须以确保安全为条件，如对电动机或可调整部件上电气设备的配线，可以采用多芯橡皮线或塑料护套软线来保证。

(11) 布线时，严禁损伤线芯和导线绝缘。

4. 关于调试的注意事项

（1）检验控制板内部布线的正确性，一般应在不通电的情况下进行，必要时，也可进行通电校验，但鉴于学员的操作条件和考虑安全等因素，一般不允许进行通电情况下检验。

（2）由于气囊式时间继电器的定时精度不高，需要在不断调试中得到准确的设定时间。

（3）与启动按钮 SB1 串接的接触器 KM1、KM2、和 KM3 的常闭辅助触点，其作用是保证电动机在转子绕组中接入全部外加电阻的条件下才能启动。如果接触器 KM1、KM2、和 KM3 中任何一个触点因熔焊或机械故障而没有释放时，启动电阻就没有被全部接入转子绕组中，从而使启动电流超过规定的值。把 KM1、KM2 和 KM3 的常闭触点与 SB1 串接在一起，就可避免这种现象的发生，因三个接触器中只要有一个触点没有恢复闭合，电动机就不可能接通电源直接启动。

学习单元 2　多台三相异步电动机顺序控制电路装调

学习目标

1. 熟悉三相异步电动机正反转控制电路原理。
2. 掌握三相异步电动机正反转控制电路调试方法。

知识要求

一、交流异步电动机顺序控制线路

在装有多台电动机的生产机械上，各电动机所起的作用是不相同的，有时需按一定的顺序启动，才能保证操作过程的合理性和工作的安全可靠。要求一台电动机启动后另一台电动机才能启动的控制方式，叫做电动机的顺序控制。常见的顺序控制线路有主电路实现顺序控制和控制电路实现顺序控制两种。

二、主电路实现顺序控制电路原理分析

图 1—42 所示的线路为二台电动机以主电路实现顺序控制的电路,图中电动机 M1 和 M2 分别通过接触器 KM1 和 KM2 来控制,其中接触器 KM2 的主触点接在接触器 KM1 的主触点的下面,这样在 KM1 没有闭合的情况下,即使 KM2 主触点闭合,电动机 M2 也不会运行,所以只能在 KM1 闭合电动机 M1 启动运转后,电动机 M2 才有可能接通电源运转,保证了 2 台电动机的运行顺序。

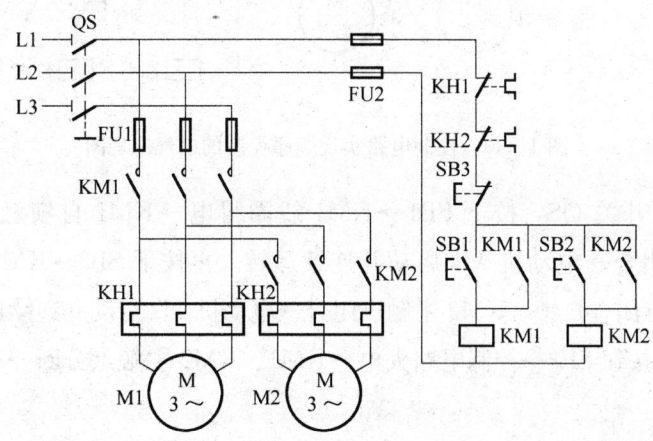

图 1—42 主电路实现顺序控制的电气原理图

其工作原理如下:

先合上电源开关 QS,按下 SB1→KM1 线圈得电→KM1 自锁触点闭合自锁、KM1 主触点闭合→电动机 M1 启动并连续运转。

按下 SB2→KM2 线圈得电→KM2 自锁触点闭合自锁、KM2 主触点闭合→电动机 M2 启动连续运转。

按下停止按钮 SB3→控制电路失电→KM1、KM2 主触点分断→M1、M2 失电停转。

三、控制电路实现顺序控制电路原理分析

图 1—43 所示的线路为以控制电路实现顺序控制的电路,图中电动机 M1 和 M2 分别通过接触器 KM1 和 KM2 来控制,KM2 线圈的控制回路上串联了 KM1 的自锁辅助触点,所以只有在 KM1 线圈得电,电动机 M1 启动后才能有可能启动 M2,从而保证 2 台电动机的顺序启动。

其工作原理如下:

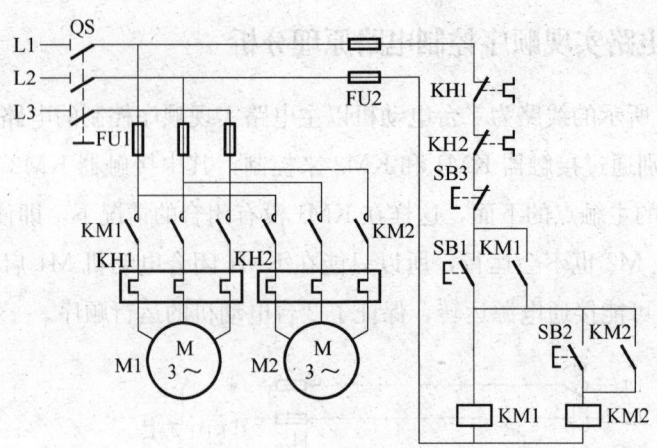

图 1—43　控制电路实现顺序控制的电气原理图

合上电源开关 QS，按下 SB1→KM1 线圈得电→KM1 自锁触点闭合自锁、KM1 主触点闭合→电动机 M1 启动并连续运转。再按下 SB2→KM2 线圈得电→KM2 自锁触点闭合自锁、KM2 主触点闭合→电动机 M2 启动并连续运转。

按下停止按钮 SB3→控制电路失电→KM1、KM2 主触点分断→M1、M2 失电停转。

 技能要求

三台三相异步电动机顺序启动调试

一、操作要求

1. 根据所学习的三相异步电动机顺序启动控制线路的知识，确定控制方案为主电路实现电动机顺序控制，设计、绘制控制线路原理图。

2. 据原理图及所控制电动机的功率选择电气元件，并列出电气元件明细表，见表 1—9。

3. 根据原理图绘制元器件布置图，如图 1—44 所示；在原理图上标上线号，如图 1—45 所示。

4. 在控制板上安装走线槽和所有电气元件。

5. 根据原理图完成线路接线。

6. 检验控制板内部布线的正确性。

7. 对接线完成的控制线路进行通电调试。

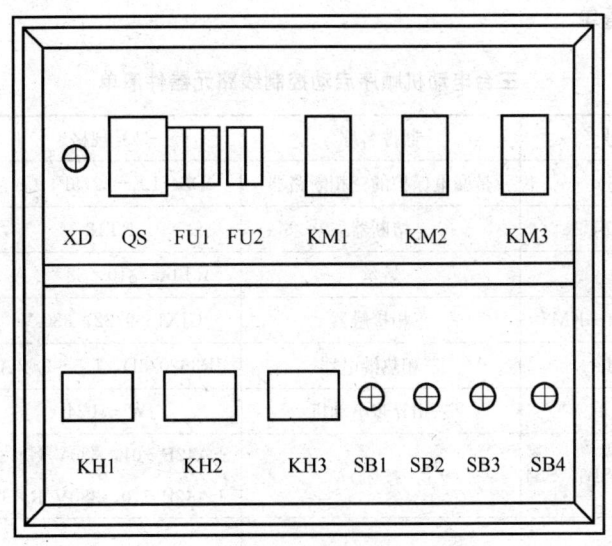

图1—44 三台电动机顺序启动控制线路安装布置图

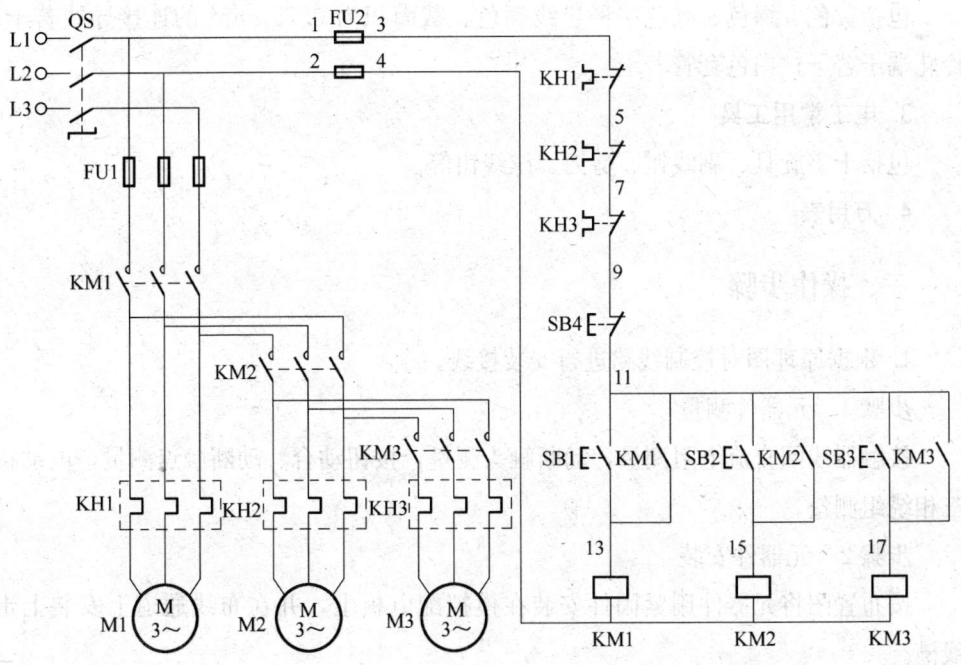

图1—45 三台电动机顺序启动控制线路原理图

二、操作准备

1. 元器件清单

表1—9　　　　　三台电动机顺序启动控制线路元器件清单

序号	符号	器件名称	型号规格	数量	单位
1	QS	带漏电保护的三相断路器	DZ47LE—32/3P，C6	1	只
2	FU1，FU2	熔断器	RT18	5	只
3		熔丝	RT14　$\phi 10 \times 38$　2 A	5	只
4	KM，KM1～KM3	三相接触器	CJX1—9/22，380 V	3	只
5	KH	三相热继电器	JR3620/3D，1.5～2.4 A	3	只
6	M	三相异步电动机	JW—5024	3	台
7	SB1，SB2，SB3，SB4	按钮	LA42P—01，380V/G×3 LA42P—10，380V/R×1	4	只
8		接线端子	WJT8—2.5	若干	只

2. 连接导线及接线附件

包括黄色、绿色、红色三种导线颜色、截面积为 0.75 mm² 的连接导线若干；冷轧端子若干；白色套管若干。

3. 电工常用工具

包括十字旋具、剥线钳、剪刀、压线钳等。

4. 万用表

三、操作步骤

1. 根据原理图对控制线路进行安装接线。

步骤1　元器件测量

接触器线圈直流电阻测量，动断触头测量，按钮动合、动断触点测量，电动机三相绕组测量。

步骤2　元器件安装

按布置图将元器件用紧固件安装在模拟配电板上，并在布线通道上安装上走线槽。

步骤3　模拟配电板布线

按原理图采用多股软导线进行布线，布线时需按走线槽布线工艺规定进行。模拟板布完线后将电动机接入模拟板。

2. 接线完成后使用万用表仔细检查线路正确与否，确保线路中无短路或控制回路开路等故障现象。

步骤1　使用万用表的欧姆挡，并连接在 L1 和 L2 端子上，闭合电源开关 QS，观察万用表阻值，如果阻值为 0 Ω 的话说明电路有短路，必须认真检查电路。

步骤2　按下按钮 SB1，观察万用表，阻值显示应为一个接触器线圈的电阻值；同时按下 SB1 和 SB2，阻值显示应为 KM1 和 KM2 线圈并联的电阻值；同时按下 SB1、SB2 和 SB3，阻值显示为 KM1、KM2 和 KM3 线圈并联的电阻值。如果阻值显示为 0 Ω，则说明控制电路短路；如果阻值显示为无穷大，则说明控制电路开路，应认真检查控制电路。

步骤3　用螺钉旋具依次按下接触器 KM1、KM2 和 KM3 使其动合触点闭合，观察万用表，阻值显示应为一个接触器线圈的直流电阻值。如果阻值显示为无穷大，则说明自锁回路开路，应认真检查自锁回路，如果阻值显示为零，则说明主电路短路或自锁触点接错。

3. 调节热继电器的设定值，符合电动机启动的要求。

4. 确保接线正确和参数整定值正确的情况下接通电源，进行调试。

步骤1　合上电源开关 QS，按下按钮 SB1，首先 KM1 线圈得电，接触器主触点闭合，电动机 M1 启动运转。

步骤2　再按下 SB2，KM2 线圈得电，接触器主触点闭合，电动机 M2 启动运转。

步骤3　再按下 SB3，KM3 线圈得电，接触器主触点闭合，电动机 M3 启动运转。

步骤4　按下 SB4，全部电动机停止运转。

5. 尝试先按下 SB2 或 SB3，观察到 KM2 或 KM3 接触器线圈得电且主触头闭合，由于 KM1 主触点断开，所以电动机 M2 或 M3 主回路无法得电，电动机无法启动运转，实现了顺序控制要求。

四、注意事项

1. 参见学习单元 1 的注意事项。

2. 通电运行前根据电动机的功率整定热继电器的参数，3 个热继电器中任何一个出现过热跳闸的现象均会使 3 台电动机同时停止运行。

学习单元3　三相异步电动机位置控制电路装调

学习目标

1. 熟悉三相异步电动机位置控制电路原理。
2. 掌握三相异步电动机位置控制电路调试方法。

知识要求

一、自动停止位置控制电路原理分析

在生产过程中，常遇到一些生产机械运动部件的行程或位置要受到限制，或者需要其运动部件在一定范围内自动往返运转等。如在万能铣床、镗床、桥式起重机及各种自动或半自动控制机床设备中就经常遇到这种控制要求。而实现这种控制要求所依靠的主要电器是位置开关（又称限位开关）。

图1—46所示的线路为电动机自动停止位置控制电路，由接触器KM的主触点来控制电动机主电源，在控制回路中设置位置开关SQ1，当电动机转到SQ1位置时，它的常闭触点断开，接触器KM的线圈失压后主触点断开，电动机停止运转。

其工作原理如下：

先合上电源开关QS，按下SB1→KM线圈得电→KM自锁触点闭合自锁、KM主触点闭合→电动机M启动并连续运转。

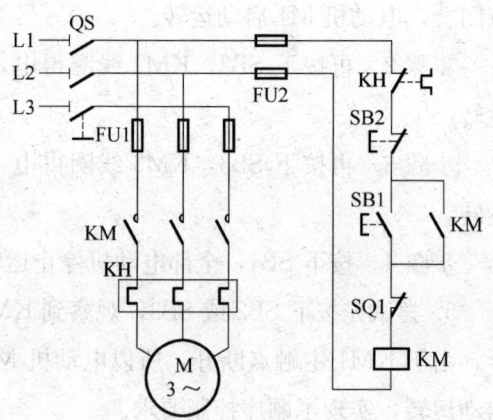

图1—46　电动机自动停止位置控制电路

当电动机转到SQ1位置时，其常闭触点断开→控制电路失电→KM主触点分断→M失电停转。

电动机运转时按停止按钮SB2→控制电路失电→KM主触点分断→M失电停转。

二、自动往返位置控制电路原理分析

图1—47所示为由位置开关控制的工作台自动往返运动示意图。

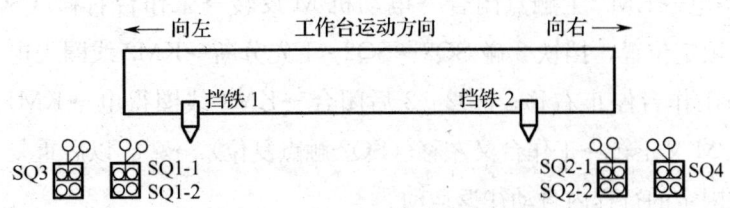

图1—47 工作台自动往返运动示意图

为了使电动机的正、反转控制与工作台的左、右运动相配合,在控制线路中设置了四个位置开关SQ1、SQ2、SQ3、SQ4,并把它们安装在工作台需限位的地方。图1—48所示是工作台自动往返行程控制线路。

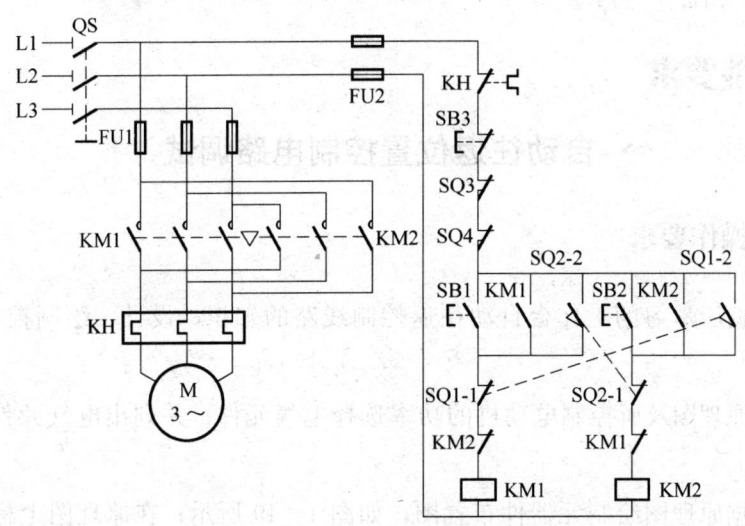

图1—48 工作台自动往返控制原理图

其中SQ1、SQ2被用来自动换接电动机正、反转控制电路,实现工作台的自动往返行程控制;SQ3、SQ4被用来作终端保护,以防止SQ1、SQ2失灵,工作台越过限定位置而造成事故。在工作台边的T形槽中装有两块挡铁,挡铁1只能和SQ1,SQ3相碰撞,挡铁2只能和SQ2,SQ4相碰撞。当工作台运动到所限位置时,挡铁碰撞位置开关,使其触点动作,自动换接电动机正、反转控制电路,通过机械传动机构使工作台自动往返运动。

其工作原理如下:

先合上电源开关 QS，按下 SB1→KM1 线圈得电→KM1 主触点闭合→电动机 M 正转→工作台左移→至限定位置，挡铁 1 碰 SQ1→SQ1—1 先分断→KM1 线圈失电→KM1 主触点分断→电动机停止正转，工作台停止左移；SQ1—2 后闭合→KM2 线圈得电→KM2 主触点闭合→电动机 M 反转→工作台右移（SQ1 触点复位）→到达限定位置，挡铁 2 碰 SQ2→SQ2—1 先分断→KM2 线圈失电→KM2 主触点分断→工作台停止右移；SQ2—2 后闭合→KM1 线圈得电→KM1 主触点闭合→电动机 M 又正转→工作台又左移（SQ2 触点复位）→…，以后重复上述过程，工作台就在限定的行程内自动往返运动。

停止时，按下 SB3→整个控制电路失电→KM1（或 KM2）主触点分断→电动机 M 失电停转→工作台停止运动。终端保护 SQ3 或 SQ4 被挡铁碰时与按 SB3 作用相同。

这里 SB1、SB2 分别作为正转启动按钮和反转启动按钮，若启动时工作台在左端，应按下 SB2 进行启动。

 技能要求

自动往返位置控制电路调试

一、操作要求

1. 根据所学习的工作台自动往返控制线路的知识，设计、绘制控制线路原理图。

2. 据原理图及所控制电动机的功率选择电气元件，并列出电气元件明细表，见表 1—10。

3. 根据原理图绘制元器件布置图，如图 1—49 所示；在原理图上标上线号，如图 1—50 所示。

4. 在控制板上安装走线槽和所有电气元件。

5. 根据原理图完成线路接线。

6. 检验控制板内部布线的正确性。

7. 对接线完成的控制线路进行通电调试。

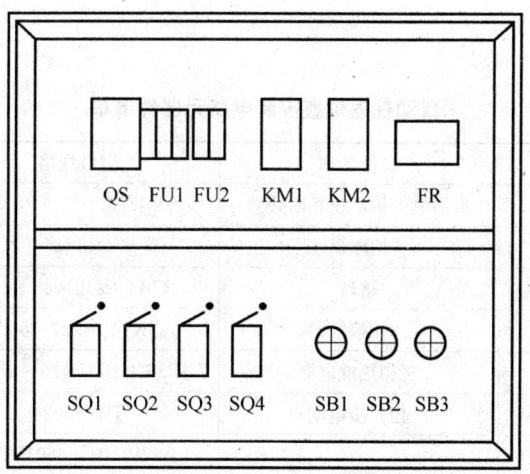

图1—49 自动往返位置控制电路安装布置图

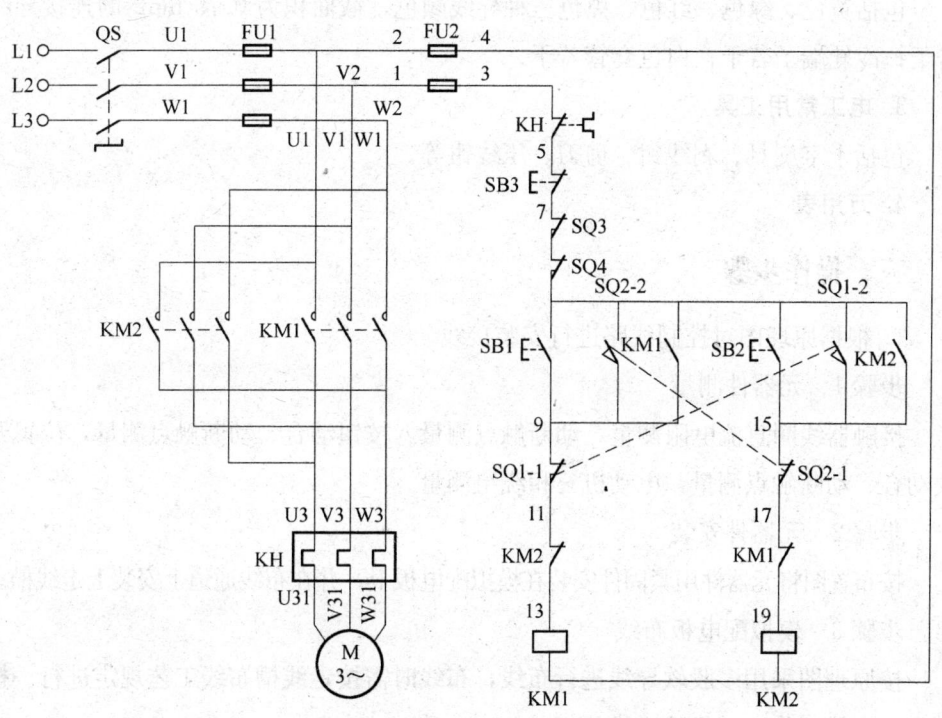

图1—50 自动往返位置控制电路原理图

二、操作准备

1. 元器件清单

表1—10　　　　　　　自动往返位置控制电路元器件清单

序号	符号	器件名称	型号规格	数量	单位
1	QS	带漏电保护的三相断路器	DZ47LE—32/3P，C6	1	只
2	FU1，FU2	熔断器	RT18	5	只
3		熔丝	RT14　$\phi10\times38$　2 A	5	只
4	KM1、KM2	三相接触器	CJX1—9/22，380 V	2	只
5	KH	三相热继电器	JR3620/3D，1.5～2.4 A	1	只
6	M1	三相异步电动机	JW—5024	1	台
7	SB1～SB3	按钮	LA42P—01，380V/G×2 LA42P—10，380V/R×1	3	只
8		接线端子	WJT8—2.5	80	只

2. 连接导线及接线附件

包括黄色、绿色、红色、黑色三种导线颜色，截面积为 0.75 mm² 的连接导线若干；冷轧端子若干；白色套管若干。

3. 电工常用工具

包括十字旋具、剥线钳、剪刀、压线钳等。

4. 万用表

三、操作步骤

1. 根据原理图对控制线路进行安装接线。

步骤1　元器件测量

接触器线圈直流电阻测量，动断触点测量，按钮动合、动断触点测量，位置开关动合、动断触点测量，电动机三相绕组测量。

步骤2　元器件安装

按布置图将元器件用紧固件安装在模拟配电板上，并在布线通道上安装上走线槽。

步骤3　模拟配电板布线

按原理图采用多股软导线进行布线，布线时需按走线槽布线工艺规定进行。模拟板布完线后将电动机接入模拟板。

2. 接线完成后使用万用表仔细检查线路正确与否，确保线路中无短路或控制回路开路等故障现象。

步骤1　使用万用表的欧姆挡，并连接在 L1 和 L2 端子上，闭合电源开关 QS，观察万用表阻值，如果阻值为 0 Ω 的话说明电路有短路，必须认真检查电路。

步骤2　按下按钮 SB1，观察万用表，阻值显示应为一个接触器线圈的直流电阻值。如果阻值显示为 0 Ω，则说明控制电路短路；如果阻值显示为无穷大，则说明控制电路开路，应认真检查控制电路。

步骤3　用螺钉旋具按下接触器 KM1 使其动合触点闭合，观察万用表，阻值显示应为一个接触器线圈的直流电阻值。如果阻值显示为无穷大，则说明 KM1 的自锁回路开路，应认真检查自锁回路；如果阻值显示为零，则说明主电路短路或自锁触点接错；如果阻值显示为一个接触器线圈直流电阻值的一半，则说明 KM1 的互锁触点接错。

步骤4　用螺钉旋具按下接触器 KM2，结果同步骤3。

步骤5　将位置开关 SQ1 的触头按下，观察万用表，阻值显示应为一个接触器的电阻值。如果阻值显示为无穷大，则说明 KM2 的控制回路开路；如果阻值显示为零，则说明 KM2 控制回路短路；如果阻值显示为一个接触器线圈直流电阻值的一半，则说明 SQ1 的常闭辅助触点未断开或该回路接线有误。

步骤6　将位置开关 SQ2 触头按下，结果同步骤5。

3. 调节热继电器的设定值，应符合电动机启动的要求。

4. 确保接线正确和参数整定值正确的情况下接通电源，进行调试。

步骤1　合上电源开关 QS，按下按钮 SB1，KM1 线圈得电，接触器主触点闭合，电动机 M1 得电正转，工作台左移。

步骤2　当工作台的挡铁碰到 SQ1 后，KM1 线圈失电工作台停止，然后 KM2 线圈得电，电动机开始反转，工作台右移。

步骤3　当工作台的挡铁碰到 SQ2 后，KM2 线圈失电工作台停止，然后 KM1 线圈得电，电动机开始正转，工作台左移，如此往复。

步骤4　按下 SB3 按钮，工作台停止。

5. 短接 SQ1－1 常闭触点，观察工作台运行情况。

步骤1　合上电源开关 QS，按下按钮 SB1，KM1 线圈得电，接触器主触点闭合，电动机 M1 得电正转，工作台左移。

步骤2　当工作台的挡铁碰到 SQ1 后，由于常闭触点 SQ1－1 被短接，KM1 线圈不会失电，导致电动机 M1 继续左移，直到挡块碰到 SQ3，控制回路断电，KM1 线圈失电，工作台停止。

四、注意事项

1. 参见学习单元1的注意事项。

2. 注意正、反转接触器 KM1 和 KM2 的主触点接线的电源相序。

3. 该电路中有 2 个启动按钮即 SB1 和 SB2, 若工作台在左端的时候需要启动, 如果按下 SB1 的话, 由于 SQ1 被压下, 常闭触点 SQ1—1 分断, 所以 KM1 的线圈不会得电, 其主触点不闭合, 电动机不会运转, 无法启动工作台, 这种情况下, SB2 为启动按钮。反之, 若工作台在右端, 那么 SB1 为启动按钮。

 相关链接

电动机正反转控制原理分析

电动机的正、反转控制是用 2 个接触器来控制的, 即正转用接触器 KM1, 反转用接触器 KM2, 这 2 个接触器的主触点所接通的电源相序不同, KM1 按 L1—L2—L3 相序接线, KM2 则对调了两相的相序, 按 L3—L2—L1 相序接线。在主电路中接触器 KM1 和 KM2 的主触点决不允许同时闭合, 否则, 将造成两相电源短路事故。为了保证一个接触器得电动作时, 另一个接触器不能得电动作, 以免电源相间短路, 就在正转控制电路中串接了正转接触器 KM1 的常闭辅助触点。这样, 当 KM1 得电动作时, 串在反转控制电路中的 KM1 的常闭触点分断, 切断了反转控制电路, 保证了 KM1 主触点闭合时, KM2 的主触点不能闭合, 同样, 当 KM2 得电动作时, 其常闭辅助触点分断, 切断了正转控制电路, 从而可靠的避免了两相电源短路事故的发生, 上述这种在一个接触器得电动作时, 通过其常闭辅助触点使另一个接触器不能得电动作的作用叫联锁（或叫互锁）。实现联锁作用的常闭辅助触点称为联锁触点（或互锁触点）。

 学习单元 4　三相异步电动机能耗制动控制电路装调

 学习目标

1. 熟悉三相异步电动机能耗制动控制原理。
2. 掌握三相异步电动机能耗制动控制电路的安装、接线和调试。

 **知识要求**

电机在正常运行中，为了迅速停车，不仅断开三相交流电源，还需在定子线圈中接入直流电源，形成恒定磁场。而转子由于惯性继续旋转切割磁力线，即在转子中形成感应电动势和电流，此电流产生的转矩方向与电动机的旋转方向相反，从而产生制动作用，最终使电动机停止。这种制动方式称为能耗制动。

能耗制动时，产生的制动力矩的大小与通入定子绕组中的直流电流的大小、电动机的转速及转子电路中的电阻有关。能耗制动具有制动准确、平稳，且能量消耗较小等优点。缺点是需附加直流电源装置、制动力较弱，低速时制动力矩小。因此能耗制动一般用于要求制动平稳、准确的场合，如磨床等精度较高的机床的制动。

一、电动机正、反向启动及无变压器半波整流能耗制动

图 1—51 所示为电动机双重联锁正、反向启动及能耗制动控制线路，能耗制动采用单只晶体管半波整流器作为直流电源，所用附加设备较少，线路简单，成本低，常用于 10 kW 以下小容量电动机，且对制动要求不高的场合。

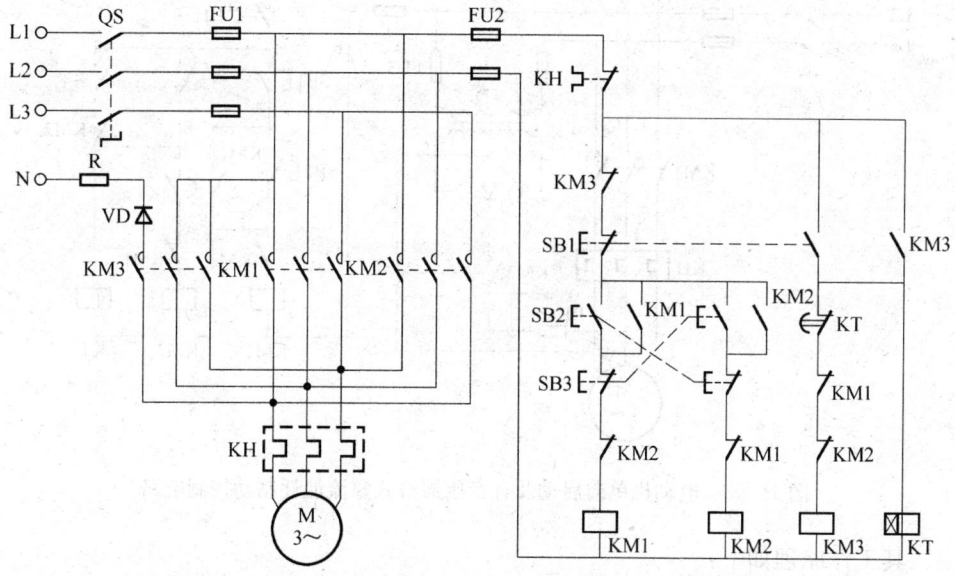

图 1—51 电动机双重联锁正、反向启动及能耗制动控制线路

其工作原理如下：

先合上电源开关 QS，正向启动运转时，按下 SB2→KM1 线圈得电→电动机 M 启

动正向运转。反向启动运转时,按下 SB3→KM2 线圈得电→电动机 M 启动反向运转。

正向运转能耗制动时,按下 SB1→KM1 线圈失电;KM3 线圈得电→KM3 主触头闭合→电动机 M 接入直流电开始能耗制动;KT 线圈得电→KT 常闭触头延时后分断→KM3 线圈失电→KM3 主触头分断→切断直流电源,电动机 M 停转,能耗制动结束。

反向运转能耗制动时,按下 SB1→KM2 线圈失电;KM3 线圈得电→KM3 主触头闭合→电动机 M 接入直流电开始能耗制动;KT 线圈得电→KT 常闭触头延时后分断→KM3 线圈失电→KM3 主触头分断→切断直流电源,电动机 M 停转,能耗制动结束。

二、电动机单向启动及有变压器桥式整流能耗制动

图 1—52 所示为电动机单向启动及能耗制动控制电路,对于 10 kW 以上的较大容量电动机,通常使用这种控制电路。控制电路中的直流电源由整流变压器经单相桥式整流器供给,可变电阻 RP 是用来调节直流电流的,从而调节制动强度。

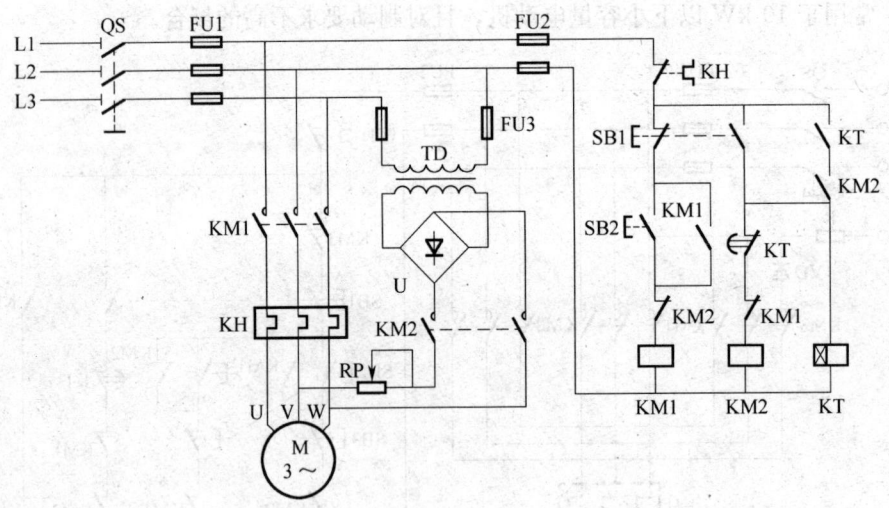

图 1—52 电动机单向启动及有变压器桥式整流能耗制动控制电路

其工作原理如下:

先合上电源开关 QS,启动时,按下 SB2→KM1 线圈得电并自锁→KM1 主触点吸合→电动机运转。

能耗制动时,将 SB1 按到底→按钮的常闭触点分断→KM1 线圈失电→KM1 主触点分断→电动机主电路失电→同时时间继电器 KT 线圈得电→KM1 常闭辅助触

点闭合→KM2 线圈得电→KM2 主触点闭合→定子绕组接入由变压器和桥式整流桥提供的直流电源→进行能耗制动→KT 的延时常闭触点在设定时间到后分断→KM2 线圈失电→KM2 主触点和辅助触点分断→KT 线圈失电→能耗制动结束。

**技能要求**

带桥式整流的三相交流异步电动机 正、反转能耗制动的控制线路装调

一、操作要求

1. 根据所学习的有变压器桥式整流能耗制动控制线路与电动机正、反转控制线路的知识,设计、绘制控制线路原理图。

2. 据原理图及所控制电动机的功率选择电气元件,并列出电气元件明细表,见表 1—11。

3. 根据原理图绘制元器件布置图,如图 1—53 所示;在原理图上标上线号,如图 1—54 所示。

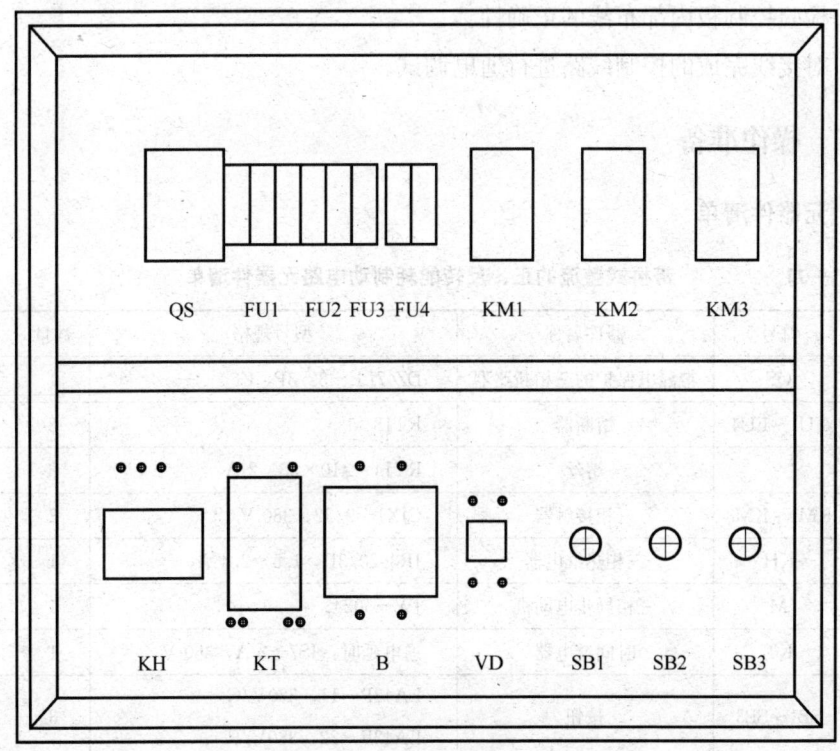

图 1—53 带桥式整流的正、反转能耗制动电路安装布置图

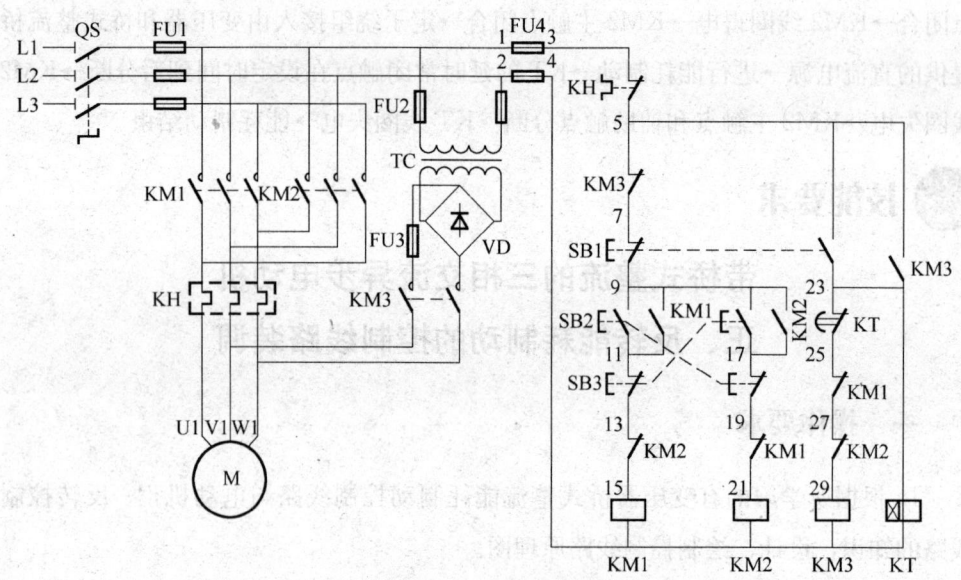

图 1—54 带桥式整流的正、反转能耗制动电路电气原理图

4. 在控制板上安装走线槽和所有电气元件。
5. 根据原理图完成线路接线。
6. 检验控制板内部布线的正确性。
7. 对接线完成的控制线路进行通电调试。

二、操作准备

1. 元器件清单

表 1—11　　带桥式整流的正、反转能耗制动电路元器件清单

序号	符号	器件名称	型号规格	数量	单位
1	QS	带漏电保护的三相断路器	DZ47LE−32/3P，C6	1	只
2	FU1～FU4	熔断器	RT18	8	只
3		熔丝	RT14 ϕ10×38 2 A	8	只
4	KM1～KM3	三相接触器	CJX1−9/22，380 V	3	只
5	KH	三相热继电器	JR3620/3D，1.5～2.4 A	1	只
6	M	三相异步电动机	JW−5024	1	台
7	KT	时间继电器	通电延时：JS7−2 A，380 V	1	只
8	SB1～SB3	按钮	LA42P−11，380V/G LA42P−22，380V/R	3	只

续表

序号	符号	器件名称	型号规格	数量	单位
9	TC	变压器	BK—25VA, 380 V/6.3 V, 12 V, 24 V, 36 V	1	只
10	VD	整流桥	KBPC10—10	1	只
11		接线端子	WJT8—2.5	若干	只

2. 连接导线及接线附件

包括黄色、绿色、红色、黑色四种导线颜色，截面积为 $0.75\ mm^2$ 的连接导线若干；冷轧端子若干；白色套管若干。

3. 电工常用工具

包括十字旋具、剥线钳、剪刀、压线钳等。

4. 万用表

三、操作步骤

1. 根据原理图对控制线路进行接线。

步骤1 元器件测量

接触器线圈直流电阻测量，动断触头测量，时间继电器线圈测量，延时点测量，按钮动合、动断触点测量，整流桥性能测量，电动机三相绕组测量。

步骤2 元器件安装

按布置图将元器件用紧固件安装在模拟配电板上，并在布线通道上安装上走线槽。

步骤3 模拟配电板布线

按原理图采用多股软导线进行布线，布线时需按走线槽布线工艺规定进行。模拟板布完线后将电动机接入模拟板。

2. 接线完成后使用万用表仔细检查线路正确与否，确保线路中无短路或控制回路开路等故障现象。

步骤1 使用万用表的欧姆挡，并连接在 L1 和 L2 端子上，断开 FU2 熔断器，闭合断路器 QS，观察万用表阻值，如果阻值为 $0\ \Omega$ 的话说明电路有短路，必须认真检查电路。

步骤2 按下按钮 SB2 或 SB3，观察万用表，阻值显示应为一个接触器线圈的直流电阻值。如果阻值显示为 $0\ \Omega$，则说明控制电路短路；如果阻值显示为无穷大，则说明控制电路开路，应认真检查控制电路；如果阻值显示为一个接触器线圈电阻值的一半，则说明 SB2 和 SB3 的互锁触点接线有误需认真检查。

步骤3　用螺钉旋具按下接触器 KM1 或 KM2 使其动合触点闭合，观察万用表，阻值显示应为一个接触器线圈的电阻值。如果阻值显示为无穷大，则说明自锁回路开路，应认真检查自锁回路；如果阻值显示为零，则说明主电路短路或自锁触点接错；如果阻值显示为一个接触器线圈的一半或三分之一，则说明接触器互锁触点接线有误需认真检查。

步骤4　用螺钉旋具同时按下接触器 KM1 和 KM2 使其动合触点闭合，观察万用表，阻值显示应为无穷大，则说明联锁回路正常。

步骤5　将 SB1 按到底，同时用螺钉旋具按下接触器 KM1 或 KM2，观察万用表，阻值显示应为一个时间继电器线圈的电阻值。

3. 调节时间继电器和热继电器的设定值，应符合电动机启动的要求。

步骤1　热继电器的电流设定值应按照电动机的额定电流来调整。

步骤2　时间继电器 KT 在本电路中的作用是控制能耗制动实施的时间，其延时时间应按照电动机从按下停止按钮开始能耗制动到停转为止所需的实际时间来整定。若整定时间太短，不能实现准确制动；但整定时间太长，电动机已经停转，而电路仍在向定子绕组通入直流电流，虽然不会影响电动机的停车，但时间长了会引起电动机过热。由于电动机所驱动的负载大小不同，故所需的停车时间是不同的，而且实际上电动机停转所需的时间也不容易精确测定，因此在实际整定时，时间继电器的延时时间是按照略大于电动机停转所需的时间来进行整定，一般整定为 3~4 s 即可。

4. 确保接线正确和参数整定值正确的情况下接通电源，进行调试

步骤1　合上断路器 QS，按下按钮 SB2，首先 KM1 线圈得电，接触器主触点闭合，电动机正向运转。

步骤2　将 SB1 按到底，首先 KM1 线圈失电，接触器主触点分断，电动机主回路失电；KM3 线圈得电，KM3 主触点闭合，电动机接入直流电进行能耗制动。

步骤3　KM3 线圈得电的同时，时间继电器 KT 线圈得电，待延时时间到后，KT 的常闭触点延时分断，KM3 线圈失电，主触点分断，切断直流电源，KT 线圈失电，能耗制动结束。

步骤4　按下按钮 SB3，使电动机反向运转，再按下 SB1 进行能耗制动。

四、注意事项

1. 参见学习单元 1 的注意事项。

2. 由于气囊式时间继电器的定时精度不高，需要在不断调试中得到准确的定时时间。

3. 注意能耗制动中直流电流的大小，过大容易烧坏定子绕组。

4. 在进行正反向切换时，必须先按下停止按钮 SB1，待电动机停转后，才能按 SB2 或 SB3 重新启动。否则在定子绕组中会瞬间产生很大的感应电流，可达额定电流的 10 倍左右。

 相关链接

能耗制动中直流电流和变压器容量的估算方法

能耗制动时产生的制动力矩大小，与通入定子绕组中的直流电流大小、电动机的转速及转子电路中的电阻有关。电流越大，产生的静止磁场就越强，而转速越高，转子切割磁力线的速度就越大，产生的制动力矩也就越大。但对笼形异步电动机而言，增大制动力矩只能通过增大通入电动机的直流电流来实现，而通入的直流电流又不能太大，过大会烧坏定子绕组。因此能耗制动所需的直流电源一般用以下方法进行估算。

以常用的单相桥式整流电路为例，其估算步骤如下：

1. 首先测量出电动机三根进线中任意两根之间的电阻 R（欧）。

2. 测量出电动机的进线空载电流 I_0（A）。

3. 能耗制动所需的直流电流 $I_z = K I_0$（A）

能耗制动所需的直流电压 $U_z = I_z R$（V）

其中 K 是系数，一般取 3.5～4。若考虑到电动机定子绕组的发热情况，为了达到比较满意的制动效果，对传动装置转速高、惯性大的可取其上限。

4. 单相桥式全波整流电源变压器二次绕组电压和电流有效值为

$$U_2 = \frac{U_z}{0.9} \quad (V)$$

$$I_2 = \frac{I_z}{0.9} \quad (A)$$

变压器计算容量为 $S = U_2 I_2$（V·A）

考虑到制动不频繁，可取变压器实际容量为

$$S' = \left(\frac{1}{3} \sim \frac{1}{4}\right) S \quad (V \cdot A)$$

5. 可调电阻 $R = 2\,\Omega$，电阻功率 $P_R = I_z^2 R$（W），实际选用时，电阻功率也可小些。

学习单元 5　三相异步电动机反接制动控制电路装调

 学习目标

1. 熟悉三相异步电动机反接制动控制原理。
2. 掌握三相异步电动机反接制动控制电路安装、接线和调试。

 知识要求

反接制动是将正在运行的电动机电源相序突然反接，使旋转磁场的旋转方向同转子实际旋转方向相反，此时的电磁转矩起到制动转矩的作用。反接制动的实质是使电动机欲反转而制动，因此当电动机的转速接近零时，应立即切断反接制动电源，否则电动机会反转。实际控制中采用速度继电器来自动切除制动电源。

反接制动制动力强、制动迅速、控制电路简单、设备投资少，但制动准确性差，制动过程中冲击力强烈，易损坏传动部件。因此一般用于 10 kW 以下小容量的电动机，适用于制动要求迅速、系统惯性大，不经常启动与制动的设备，如铣床、镗床、中型车床等主轴的制动控制。

反接制动控制电路如图 1—55 所示。其主电路和正、反转电路相同。由于反接制动时转子与旋转磁场的相对转速较高，约为启动时的 2 倍，致使定子、转子中的

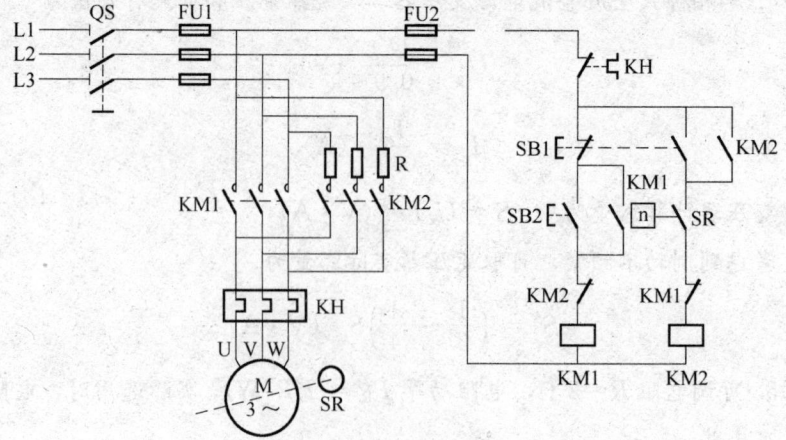

图 1—55　三相异步电动机反接制动控制电路原理图

电流会很大,大约是额定值的 10 倍。因此反接制动电路增加了限流电阻 R。KM1 为运转接触器,KM2 为反接制动接触器,SR 为速度继电器,其与电动机联轴,当电动机的转速上升到约为 120 r/min 的动作值时,SR 常开触头闭合为制动做好准备。

其工作原理如下:

合上电源开关 QS,按下起动按钮 SB2→KM1 线圈得电→KM1 主触头闭合、KM1 自锁触头闭合自锁、KM1 联锁触头分断对 KM2 联锁→电动机 M 启动运转→至电动机转速上升到一定值(120 r/min 左右)时→SR 常开触头闭合为制动作准备;

反接制动时,按下复合按钮 SB1→SB1 常闭触头先分断、SB1 常开触头后闭合→KM1 线圈失电→KM1 主触头分断、电动机 M 暂失电,KM1 自锁触头分断解除自锁、KM1 联锁触头闭合→KM2 线圈得电→KM2 主触头闭合、KM2 自锁触头闭合自锁、KM2 联锁触头分断对 KM1 联锁→电动机 M 串接 R 反接制动→至电动机转速下降到一定值(100 r/min 左右)时→SR 常开触头分断→KM2 线圈失电→KM2 主触头分断、KM2 联锁触头闭合解除联锁→电动机 M 脱离电源停转,制动结束。

技能要求

三相异步电动机减压启动、反接制动控制电路调试

一、操作要求

1. 根据所学习的反接制动控制线路与电动机减压启动控制线路的知识,设计、绘制控制线路原理图。

2. 根据原理图及所控制电动机的功率选择电气元件,并列出电气元件明细表,见表 1—12。

3. 根据原理图绘制元器件布置图,如图 1—56 所示;在原理图上标上线号,如图 1—57 所示。

4. 在控制板上安装走线槽和所有电气元件。

5. 根据原理图完成线路接线。

6. 检验控制板内部布线的正确性。

7. 对接线完成的控制线路进行通电调试。

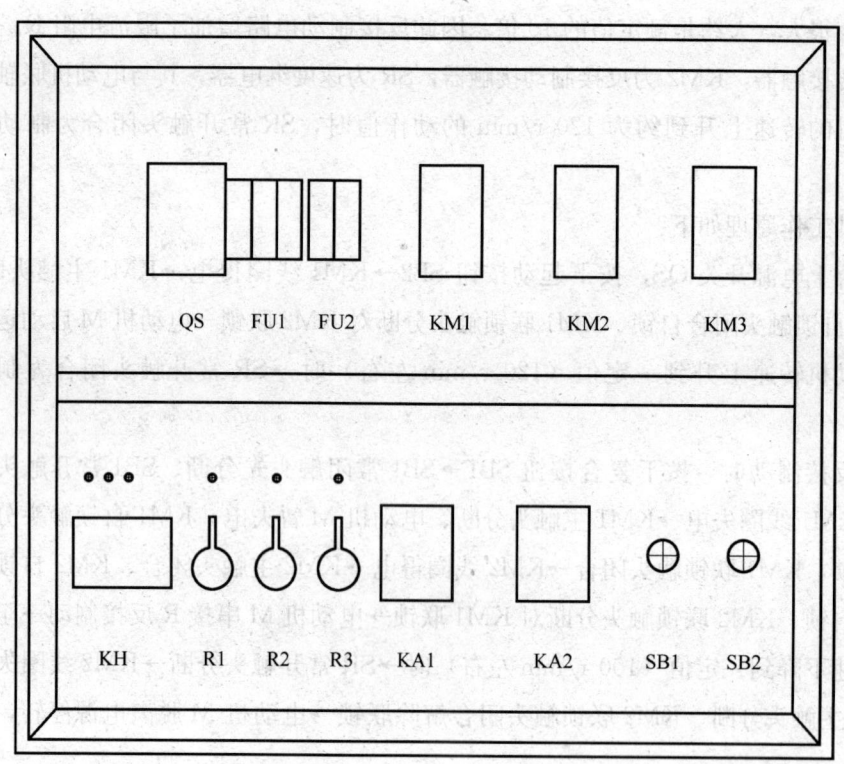

图1—56 三相异步电动机减压启动、反接制动控制电路安装布置图

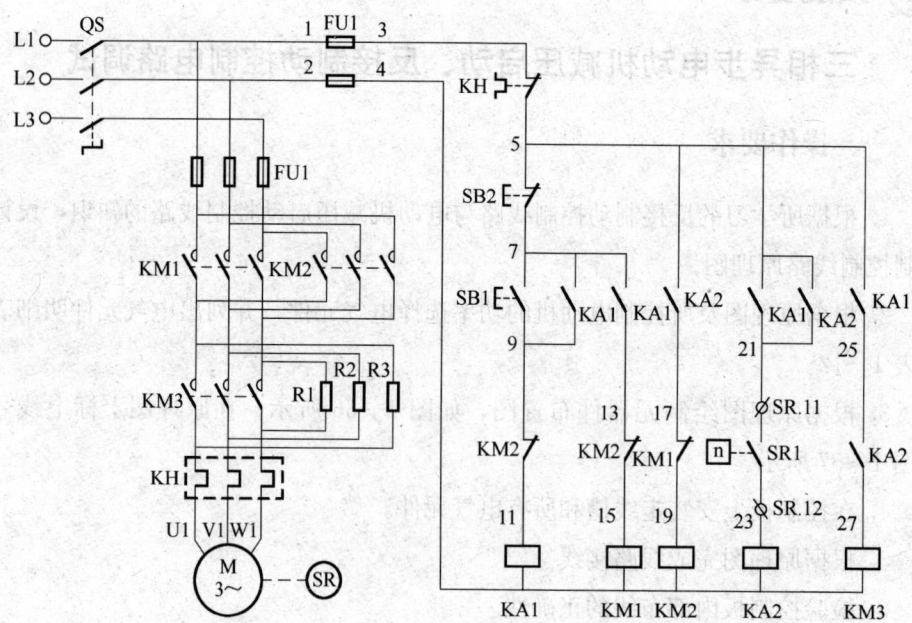

图1—57 三相异步电动机减压启动、反接制动控制电路电气原理图

二、操作准备

1. 元器件清单

表 1—12　　三相异步电动机减压启动、反接制动控制电路元器件清单

序号	符号	器件名称	型号规格	数量	单位
1	QS	带漏电保护的三相断路器	DZ47LE—32/3 P，C6	1	只
2	FU1，FU2	熔断器	RT18	5	只
3		熔丝	RT14　$\phi 10 \times 38$　2 A	5	只
4	KM1～KM3	三相接触器	CJX1—9/22，380 V	3	只
5	KH	三相热继电器	JR3620/3D，1.5～2.4 A	1	只
6	KA1，KA2	中间继电器	JZ7—44，380 V	2	只
7	M	三相异步电动机	JW—5024	1	台
8	SR	速度继电器	JY1—2 A　500 V	1	只
9	SB1，SB2	按钮	LA42P—01，380V/G LA42P—10，380V/R	2	只
10	R1～R3	电阻器	1 kΩ，50 W	3	只
11		接线端子	WJT8—2.5	若干	只

2. 连接导线及接线附件

包括黄色、绿色、红色、黑色四种导线颜色、截面积为 0.75 mm^2 的连接导线若干；冷轧端子若干；白色套管若干。

3. 电工常用工具

包括十字旋具、剥线钳、剪刀、压线钳等。

4. 万用表

三、操作步骤

1. 根据原理图对控制线路进行接线。

步骤 1　元器件测量

接触器线圈直流电阻测量，动断触点测量，时间继电器线圈测量，延时点测量，按钮动合、动断触点测量，减压电阻器的测量，电动机三相绕组测量。

步骤 2　元器件安装

按布置图将元器件用紧固件安装在模拟配电板上，并在布线通道上安装上走线槽。

步骤 3　模拟配电板布线

按原理图采用多股软导线进行布线，布线时需按走线槽布线工艺规定进行。模拟板布完线后将电动机接入模拟板。

2. 接线完成后，用万用表仔细检查线路正确与否，确保线路中无短路或控制回路开路等故障现象。

步骤 1　使用万用表的欧姆挡，并连接在 L1 和 L2 端子上，闭合电源开关 QS，观察万用表阻值，如果阻值为 0 Ω 的话说明电路有短路，必须认真检查电路。

步骤 2　按下按钮 SB1，观察万用表，阻值显示应为一个中间继电器线圈的电阻值。如果阻值显示为 0 Ω，则说明控制电路短路；如果阻值显示为无穷大，则说明控制电路开路，应认真检查控制电路。

步骤 3　用螺钉旋具按下 KA1 使其动合触点闭合，观察万用表，阻值显示应为 KA1 和 KM1 线圈的电阻值的并联值。如果显示阻值为 KA1 的线圈值，说明 KM1 线圈控制回路有开路问题，如果显示阻值为 KM1 的线圈值，说明 KA1 的自锁回路有误。

步骤 4　用螺钉旋具按下 KA2 使其动合触点闭合，观察万用表，阻值显示应为 KM2 线圈阻值。如果阻值显示为 0 Ω，则说明 KM2 线圈控制电路短路；如果阻值显示为无穷大，则说明 KM2 线圈控制电路开路，应认真检查控制电路。

步骤 5　用螺钉旋具同时按下 KA1 和 KA2 使其动合触点闭合，观察万用表，阻值显示应为 KA1、KA2、KM1、KM3 四个线圈阻值的并联值。如果阻值不正确，由于前几步已经检查了 KA1、KA2、KM1 的控制回路，目前要检查的是 KM3 线圈的控制回路。如果阻值显示为 0 Ω，说明 KM3 控制回路有短路，如果阻值显示为三个线圈阻值的并联值，说明 KM3 控制回路开路，检查该回路。

3. 确保接线正确和参数整定值正确的情况下接通电源，进行调试。

步骤 1　合上断路器 QS，按下按钮 SB1，首先 KA1 线圈得电并自锁，其常开触点使 KM1 线圈得电，接触器主触点闭合，电动机串接电阻减压启动；KA1 的另一常开触点闭合，为电动机切换到正常运行做准备。

步骤 2　当电动机转速大于一定值（120 r/min 左右），速度继电器常开触点闭合，使 KA2 线圈得电并自锁，其常开触点又使 KM3 线圈得电，KM3 的主触点闭合将串接电阻切除，电动机额定运转。

步骤 3　按下按钮 SB2，KA1 和 KM1 的线圈失电，KA1 触点分断使 KM3 线圈也失电，KM1 主触点分断使电动机主回路分断。同时 KM1 的常闭触点复位闭合，使 KM2 线圈得电，其主触点将电阻 R 串入定子绕组，电动机开始反接制动。

步骤 4 当电动机的转速下降到一定值（100 r/min 左右），速度继电器的常开触点分断，KM2 线圈失电，主触点分断，电动机脱离电源停转，制动结束。

4. 在某故障状态下运行。

速度继电器 SR 失灵：拆除 SR 常开触点的任意一根线，人为制造速度继电器失灵的故障。按下 SB1，电动机减压启动；由于 SR 失灵，其触点不会动作，导致 KA2 线圈无法得电，也使 KM3 线圈无法得电，那么电动机只能在低电压下运转，不能切除定子上串接的电阻；按下 SB2，KM1 线圈失电，主触点分断，电动机脱离电源；由于 SR 触点不能闭合，导致 KA2 线圈无法得电，也使 KM2 线圈无法得电，电动机不能进行反接制动，而是由惯性自由停车。

四、注意事项

1. 参见学习单元 1 的注意事项。
2. 速度继电器在整个控制电路中起着重要的作用，能不能切除电阻和能不能进行反接制动都需要速度继电器，所以要特别关注速度继电器触点的动作。

📌 相关链接

1. 反接制动中限流电阻的估算方法

反接制动时，由于旋转磁场与转子的相对转速 $(n_1 + n)$ 很高，故转子绕组中感生电流很大，致使定子绕组中的电流也很大，一般为电动机额定电流的 10 倍左右。因此反接制动适用于 10 kW 以下小容量电动机的制动，并且对 4.5 kW 以上的电动机进行反接制动时，需在定子回路中串入限流电阻 R，以限制反接制动电流。限流电阻 R 的大小可参考下述经验计算公式进行估算：

在电源电压为 380 V 时，若要使反接制动电流不大于电动机直接起动时的启动电流 I_{ST}，则三相电路每相应串入的电阻值可取为：$R = 1.5 \times \dfrac{220}{I_{ST}}$（Ω）

若使反接制动电流等于启动电流 I_{ST}，则每相串入的电阻 R' 值可取为：$R' = 1.3 \times \dfrac{220}{I_{ST}}$（Ω）

如果反接制动时只在电源两相中串接电阻，则电阻值应加大，分别取上述电阻值 1.5 倍。

2. 电动机减压启动控制电路原理分析

当控制线路启动时,加在电动机定子绕组上的电压就是电动机的额定电压,属于全压启动,也称直接启动。直接启动的优点是电气设备少、线路简单、维修量较小。但在电源变压器容量不够大的情况下,直接启动将导致电源变压器输出电压大幅度下降(因为异步电动机的启动电流比额定电流大很多),不仅会减小电动机本身的启动转矩,而且会影响同一供电线路中其他设备的正常工作。因此,较大容量的电动机需要采取减压启动。

常见的减压起动方法有四种:定子绕组中串接电阻减压启动,自耦变压器减压启动;星形—三角形减压启动;延边三角形减压启动。

定子绕组串接电阻减压启动是指在电动机启动时,把电阻串接在电动机定子绕组与电源之间,通过电阻的分压作用,来降低定子绕组上的启动电压,待启动后,再将电阻短接,使电动机在额定电压下正常运行。

自耦变压器减压启动是指电动机启动时利用自耦变压器来降低加在电动机定子绕组上的启动电压。待电动机启动后,再使电动机与自耦变压器脱离,从而在全压下正常运动。

Y—△减压启动是指电动机启动时,把定子绕组接成Y,以降低启动电压,限制启动电流,待电动机启动后,再把定子绕组改接成△,使电动机全压运行。凡是在正常运行时定子绕组作△联结的异步电动机,均可采用这种减压启动方法。

延边三角形减压启动是指电动机启动时,把定子绕组的一部分接成"△"形,另一部分接成"Y"形,使整个绕组接成延边三角形,待电动机启动后,再把定子绕组改接成三角形全压运行。延边三角形减压启动是在Y—△减压启动方法的基础上加以改进而形成的一种新的启动方法,它把星形和三角形两种接法结合起来,使电动机每相定子绕组承受的电压小于三角形联结时的相电压,而大于星形联结时的相电压,并且每相绕组电压的大小可随电动机绕组抽头(U3、V3、W3)位置的改变而调节,从而克服了Y—△减压启动时启动电压偏低,启动转矩太小的缺点。采用延边三角形启动的电动机需要有九个出线端,能适应这个要求的是JO3系列三相笼形异步电动机。

第3节 机床电气控制电路维修

学习单元1 M7130平面磨床电气控制电路维修

 学习目标

1. 熟悉 M7130 平面磨床电气控制电路的原理图读图分析。
2. 掌握 M7130 平面磨床常见故障的分析方法以及维修技能。

 知识要求

磨床是利用磨具对工件表面进行磨削加工的机床。大多数的磨床是使用高速旋转的砂轮进行磨削加工，少数的是使用油石、砂带等其他磨具和游离磨料进行加工，如珩磨机、超精加工机床、砂带磨床、研磨机和抛光机等。磨床能加工硬度较高的材料，如淬硬钢、硬质合金等；也能加工脆性材料，如玻璃、花岗石。磨床能作高精度和表面粗糙度很小的磨削，也能进行高效率的磨削，如强力磨削等。

磨床的种类很多，按其工作性质可分为外圆磨床、内圆磨床、平面磨床、工具磨床以及一些专用磨床（如螺纹磨床、齿轮磨床、导轨磨床等），其中平面磨床应用最为普遍。平面磨床可分为卧轴矩台磨床、立轴矩台平面磨床、卧轴圆台平面磨床及立轴圆台平面磨床等。平面磨床有的用砂轮圆周进行磨削加工，有的用砂轮端面磨削及用成型砂轮进行磨削加工。下面以 M7130 卧轴矩台平面磨床为例进行分析与讨论。

一、M7130 平面磨床的结构和控制要求

1. 主要结构

M7130 卧轴矩台平面磨床的外形如图 1—58 所示。

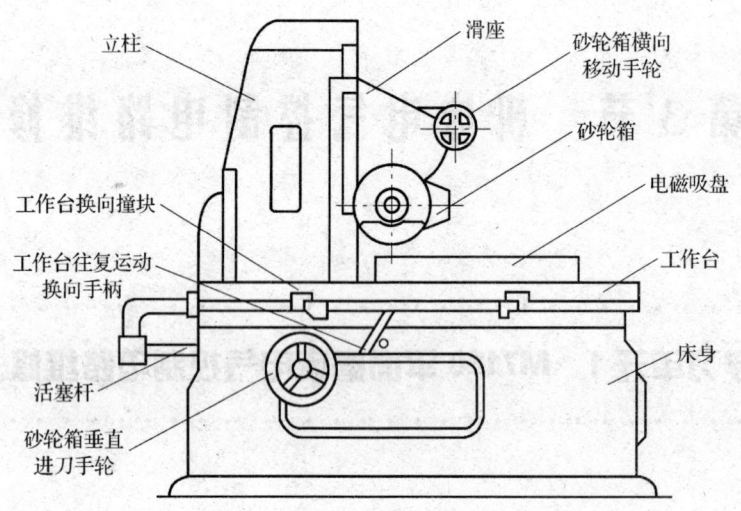

图 1—58 M7130 卧轴矩台平面磨床外形图

在箱形床身中，装有液压传动装置，工作台通过活塞杆由油压推动作往复运动，床身导轨有自动润滑装置进行润滑。工作台表面有 T 形槽，用以固定电磁吸盘，再由电磁吸盘来吸持加工工件。工作台的行程长度可通过调节装在工作台正面槽中的工作台换向撞块的位置来改变。工作台换向撞块是通过碰撞工作台往复运动换向手柄以改变油路来实现工作台的往复运动的。

在床身上固定有立柱，沿立柱的导轨上装有滑座，砂轮箱能沿其水平导轨移动。砂轮轴由装入式电动机直接拖动。在滑座内部往往也装有液压传动机构。

滑座可在立柱导轨上作上下移动，并可由砂轮箱垂直进刀手轮操作。砂轮箱的水平轴向移动可由砂轮箱横向移动手轮操作，也可由液压传动作连续或间接移动，前者用于调节运动或修整砂轮，后者用于进给。

M7130 卧轴矩台平面磨床砂轮的旋转运动是主运动。进给运动有垂直进给，即滑座在立柱上的上下运动；横向进给，即砂轮箱在滑座上的水平运动；纵向进给，即工作台沿床身的往复运动。工作台每完成一次往复运动时，砂轮箱作一次间断性的横向进给；当加工完整个平面后，砂轮箱作一次间断性的垂直进给。

2. 控制要求

M7130 卧轴矩台平面磨床采用多台电动机驱动，其中砂轮电动机驱动砂轮旋转；液压电动机驱动液压泵，泵出压力油，经液压传动机构来完成工作台往复纵向运动并实现砂轮的横向自动进给，并承担工作台导轨的润滑；冷却泵电动机驱动冷却泵，供给磨削加工时需要的切削液。这就使磨床具有最简单的机械传动。

平面磨床是一种精密机床，为保证加工精度，使其运动平稳，确保工作台往复运动换向时惯性小、无冲击，采用液压传动实现工作台往复运动及砂轮箱横向进给。

磨削加工时无调速要求，但要求高速，通常采用两极笼形异步电动机驱动。为提高砂轮主轴刚度，以提高加工精度，采用装入式笼形电动机直接驱动；为减小工件在磨削加工中的热变形，并冲走磨屑，以保证加工精度，需使用切削液；为适应磨削小工件的要求，也为工件在磨削过程中受热能自由伸缩，采用电磁吸盘来吸持工件。

为此，M7130卧轴矩台平面磨床由砂轮电动机、液压泵电动机、冷却泵电动机分别驱动，且只需单方向旋转。并且冷却泵电动机与砂轮电动机具有顺序联锁关系；在砂轮电动机启动后才可开动冷却泵电动机；无论电磁吸盘工作与否，可开动各电动机，以便进行磨床的调整运动；具有完善的保护环节和照明电路。

二、M7130平面磨床电路分析

图1—59所示为M7130平面磨床的电气原理图。

其电气设备安装在床身后部的壁龛内，控制按钮安装在床身前部的电气操纵盒上。电气控制电路图可分为主电路、控制电路、电磁吸盘控制电路及机床照明电路等几部分。

1. 主电路

主电路由砂轮电动机M1、液压泵电动机M3与冷却泵电动机M2组成，其中M1、M2由接触器KM1控制，再经插座X1供电给M2，电动机M3由接触器KM2控制。

三台电动机共用熔断器FU1作短路保护，M1、M2、M3分别由KH1、KH2作长期过载保护。

2. 控制电路

由控制按钮SB1、SB2与接触器KM1构成砂轮电动机M1单方向旋转启动或停止控制电路；由SB3、SB4与KM2构成液压泵电动机单方向启动或停止控制电路。但电动机的启动必须在电磁吸盘YH工作的状态才被允许，即欠电流继电器KA线圈得电，触点KA（3—4）闭合，或YH不工作，转换开关SA1置于"去磁"位置，触点SA1（3—4）闭合后可进行。

3. 电磁吸盘控制电路

（1）电磁吸盘的构造及原理

电磁吸盘外形有长方形和圆形两种。卧轴矩台平面磨床采用长方形电磁吸盘，圆台平面磨床用圆形电磁吸盘。电磁吸盘工作原理如图1—60所示。图中下部为钢

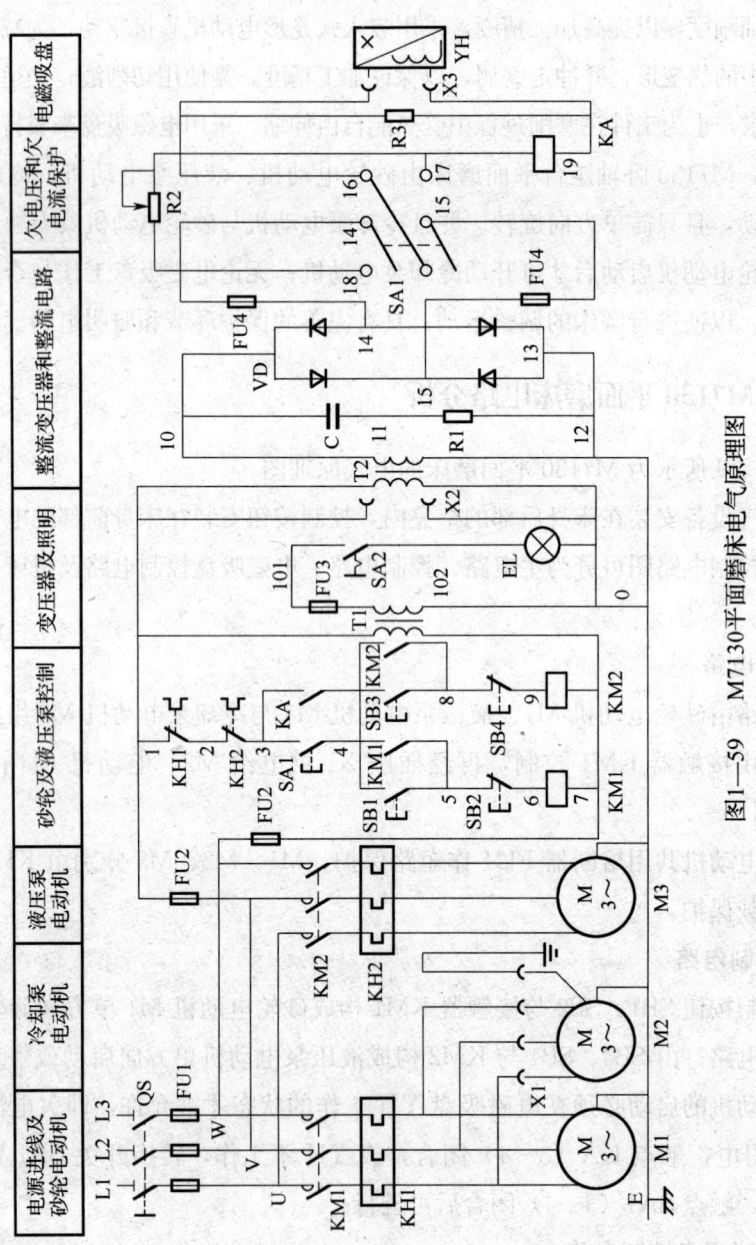

图1—59 M7130平面磨床电气原理图

制吸盘体,在它的中部凸起的芯体 A 上绕有线圈;钢制盖板被隔磁层隔开。在线圈中通以直流电流,芯体将被磁化,磁感线经由盖板、工件、盖板、吸盘体、芯体闭合,将工件牢牢吸住。盖板中的隔磁层由铅、铜、黄铜及巴氏合金等非磁性材料制成,其作用是使磁感线都通

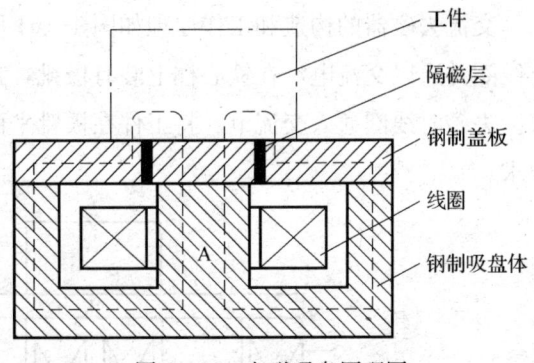

图 1—60 电磁吸盘原理图

过工件再回到吸盘体,不致直接通过盖板闭合,以增强对工件的吸持力。

电磁吸盘与机械夹紧装置相比,具有夹紧迅速,不损伤工件,工作效率高,能同时吸持多个小工件;在加工过程中,工件发热可自由伸延,加工精度高等优点。但也有夹紧力不及机械夹紧,调节不便;需用直流电源供电;不能吸持非磁性材料工件等缺点。

(2) 电磁吸盘控制电路

它由整流装置、控制装置及保护装置等部分组成。

电磁吸盘整流装置由整流变压器 T2 与桥式全波整流器 VD 组成,输出 110 V 直流电压对电磁吸盘供电。

电磁吸盘集中由转换开关 SA1 控制,SA1 有三个位置:充磁、断电与去磁。当开关位置于"充磁"位置时,触点(14—16)与触点(15—17)接通;当开关置于"去磁"位置时,触点(14—18)、(16—15)及(4—3)接通;开关置于"断电"位置时,SA1 所有触点都断开。对应开关 SA1 各位置,电路工作情况如下:

当 SA1 置于"充磁"位置时,电磁吸盘 YH 获得 110 V 直流电压,其极性 19 号线为正,16 号线为负,同时欠电流触点 KA(3—4)闭合,反映电磁吸盘吸力足以将工件吸牢,这时可分别操作按钮 SB1 与 SB3,启动 M1 与 M3 进行磨削加工。加工完成后,按下停止按钮 SB2 与 SB4,M1 与 M3 停止旋转。为便于从吸盘上取下工件,需对工件进行去磁,其方法是将 SA1 扳至"退磁"位置。

当 SA1 扳至"退磁"位置时,电磁吸盘通入反方向电流,并在电路中串入可变电阻 R2,用以限制并调节反向去磁电流的大小,达到既退磁又不致反向磁化的目的。退磁结束将 SA1 扳到"断电"位置,便可取下工件。若工件对去磁要求严格,在取下工件后,还要用交流去磁器进行处理。交流去磁器是平面磨床的一个附件,使用时将交流去磁器插头插在床身的插座 X2 上,再将工件放在去磁器上即可去磁。

交流去磁器的构造和工作原理如图1—61所示。由硅钢片制成铁心，在其上套有线圈并通以交流电，在铁心柱上装有极靴，在由软钢制成的两个极靴间隔有隔磁层。去磁时线圈通入交流电，将工件在极靴平面上来回移动若干次，即可完成去磁要求。

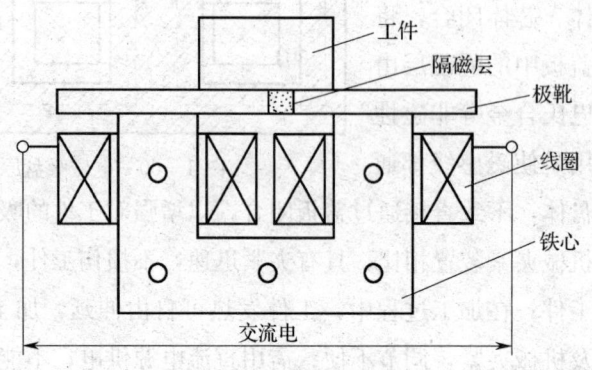

图1—61 交流去磁器结构图

(3) 电磁吸盘保护环节

1) 电磁吸盘具有欠电流保护装置、过电压保护装置及短路保护等。

2) 电磁吸盘的欠电流保护。为防止平面磨床在磨削过程中出现断电事故或吸盘电流减小，致使电磁吸盘失去吸力或吸力减小，造成工件飞出，引起工件损坏或人身事故，故在电磁吸盘线圈电路中串入欠电流继电器KA。只有当直流电压符合设计要求，吸盘具有足够吸力时，KA才吸合，触点KA（3—4）闭合，为启动M1、M3进行磨削加工做准备。否则不能开动磨床进行加工；若已在磨削加工中，则KA因电流过小而释放，触点（3—4）断开，KM1、KM2线圈断电，M1、M3立即停止旋转，避免事故发生。

3) 电磁吸盘线圈的过电压保护。电磁吸盘匝数多，电感大，通电工作时储有大量磁场能量。当线圈断电时，在线圈两端将产生高电压，若无放电回路，将使线圈绝缘及其他电气设备损坏。为此，在吸盘线圈两端应设置放电装置，以吸收断开电源后放出的磁场能量。该机床在电磁吸盘两端并联了电阻R3，作为放电电阻。

4) 电磁吸盘的短路保护。在整流变压器T2二次侧或整流装置输出端装有熔断器作短路保护。

此外，在整流装置中还设有R、C串联支路并联在T2二次侧，用以吸收交流电路产生的过电压和直流侧电路通断时在T2二次侧产生的浪涌电压，实现整流装置的过电压保护。

4. 照明电路

由照明变压器 T1 将 380 V 降为 36 V，并由开关 SA2 控制照明灯 EL。在 T1 二次侧装有熔断器 FU3 作短路保护。

 技能要求

M7130 平面磨床电气故障排除

一、操作要求

1. 分析电路工作原理

根据知识要求中所讲述的 M7130 平面磨床电气控制原理，充分理解该机床的工作原理及控制要求。M7130 的电气回路由主电路、控制电路、电磁吸盘控制电路和照明电路组成。主电路的 3 台电动机均为单向旋转，由接触器 KM1 和 KM2 的主触点来控制；控制回路主要是由按钮控制 KM1 和 KM2 线圈的工作状态，另有电路上的一系列保护措施，如热继电器的辅助触点和电磁吸盘控制电路中的欠电流继电器辅助触点，保护电动机和操作人员的安全；电磁吸盘控制电路主要由 SA1 来切换电磁吸盘的"充磁""去磁"和"断电"3 个工作状态；照明电路提供机床照明，包含照明变压器和照明灯，由 SA2 开关控制。

2. 根据故障现象，分析可能出现该故障的原因。
3. 使用万用表测量控制线路，查找故障的实际位置。
4. 更换损坏的器件和排除线路的各类故障，使电路正常工作。
5. 原电路的安装和接线工艺不能降低要求。

二、操作准备

按表 1—13 准备排除故障所需的设备和工具。

表 1—13　M7130 平面磨床电气故障排除所需设备、工具清单

序号	名称	规格型号	数量	备注
1	M7130 磨床控制柜		1 个	
2	三相笼形异步电动机		1 套	
3	万用表		1 只	
4	旋具		1 套	
5	低压验电器		1 支	
6	导线		若干	

三、操作步骤

1. 通电前检查。

通电前先检查控制柜中是否有接线松动的现象,检查外部机械,确保即使在通电后有异常动作,也不会伤及操作人员。在保证人员安全的情况下,对控制柜通电。

2. 观察故障现象,分析故障原因并找出故障位置。

在此仅以电磁吸盘的常见故障为例进行分析,可由表1—14所列故障现象及对应的故障原因,按故障排除步骤找到故障点并加以排除。其他故障可参照此方法和步骤进行分析。

表1—14　　　　M7130平面磨床电气故障排除步骤表

序号	故障现象	可能的故障原因	排除步骤	注意事项
1	电磁吸盘无吸力	1. 桥式整流器输出的直流电压断路	1. 将SA1置于"断电"位置 2. 使用万用表的交流电压挡测量三相电源是否正常 3. 测量T2的一次侧电压,如果没有电压,检查FU1、FU2、FU4熔丝是否有熔断的现象,是否接触良好 4. 测量T2的二次侧电压,如果没有电压说明变压器损坏,需要更换 5. 使用万用表的直流电压挡测量SA1的14和15号脚是否有110 V电压,如果没有电压检查从桥式整流器到SA1的连接线是否有断线,若线路正常说明桥式全波整流器损坏,需要更换	使用万用表测量时注意挡位及量程带电测量时注意安全
		2. SA1转换开关损坏	1. 将SA1置于"充磁"位置 2. 使用万用表直流电压挡测量16和17号脚是否有电压,如果没有电压说明SA1转换开关损坏	

续表

序号	故障现象	可能的故障原因	排除步骤	注意事项
1	电磁吸盘无吸力	3. KA 继电器的线圈断开	1. 将 SA1 置于"充磁"位置 2. 观察 KA 线圈是否动作，若无动作，检查 KA 线圈的连线是否有断线 3. 若连线正常说明 KA 线圈断路，需更换欠电流继电器	
		4. X3 插座接触不良	1. 将 SA1 置于"充磁"位置 2. 使用万用表直流电压挡测量 X3 插座的电压，若无电压，检查插座的连线是否有断线 3. 若连线正常，说明该插座损坏，需要更换	
		5. YH 电磁吸盘线圈断开	1. 将 SA1 置于"断电"位置 2. 使用万用表的电阻挡测量电磁吸盘线圈的直流电阻值，如果是无穷大，说明线圈断路，如果是 0 Ω，说明线圈短路 3. 更换电磁吸盘	
2	电磁吸盘吸力不足	1. 电源电压过低	使用万用表交流电压挡测量电源进线电压是否偏低，如果偏低，说明电网电压不正常	
		2. 变压器输出电压过低	使用万用表交流电压挡测量 T2 二次绕组电压，若电压偏低，检查 T2 并进行修理	
		3. 桥式整流器中有二极管被击穿或损坏断开，导致直流电压低	使用万用表直流电压挡测量整流器输出电压，若电压偏低，检查桥式整流器中的二极管是否断线或损坏，需要更换	
		4. X3 插座接触不良	使用万用表直流电压挡测量插座上的电压，如果偏低，检查插座的接触是否良好，接触不良的插座予以更换	

续表

序号	故障现象	可能的故障原因	排除步骤	注意事项
3	电磁吸盘无法消磁	1. SA1 转换开关触点接触不良或连接导线断线	1. 断开电源供电 2. 将 SA1 置于"去磁"位置 3. 使用万用表的电阻挡测量 SA1 的 15 和 16 号脚以及 14 和 18 号脚是否导通 4. 若电阻为无穷大，则说明 SA1 转换开关损坏，予以更换 5. 若电阻为 0 Ω，则说明是 SA1 所连接的线路有断线，检查 SA1 周围走线	
		2. R2 电阻断开	1. 将 SA1 置于"去磁"位置 2. 使用万用表直流电压挡测量插座 X3 的直流电压 3. 若 X3 上无电压，再测量 SA1 的 18 和 16 号脚，若有电压则说明 R2 断开，更换电阻	

学习单元 2　C6150 车床电气控制电路维修

 学习目标

1. 熟悉 C6150 车床电气控制电路的原理图读图分析。
2. 掌握 C6150 车床常见故障的分析方法以及维修技能。

 知识要求

车床是主要用车刀对旋转的工件进行车削加工的机床。在金属切削机床中，车床占的比例最大，在车床上还可用钻、扩孔钻、铰刀、丝锥、板牙和滚花工具等进行相应的加工，所以应用也最广泛。它能够车削外圆、内圆、端面、螺纹和螺杆，能够切削定型表面，并可用钻头、铰刀等刀具进行钻孔、镗孔、倒角、割槽及切断等加工工作。

一、C6150 车床主要结构

C6150 普通车床的外形如图 1—62 所示。它能加工工件的最大长度为 1 000 mm，工件在床身上的最大回转直径为 500 mm。它主要由床身、主轴变速箱、挂轮箱、进给箱、溜板箱、溜板与刀架、尾架、光杠和丝杠等部件组成。

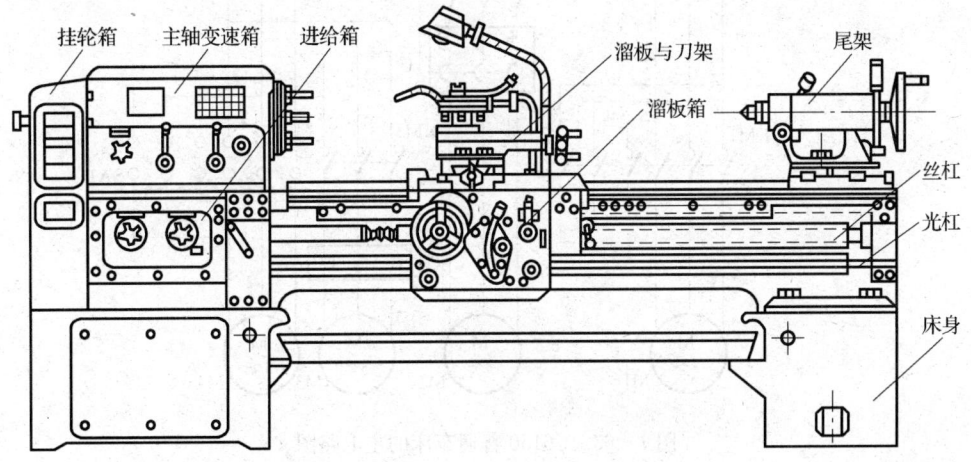

图 1—62　C6150 普通车床的外形图

车削的主运动是主轴通过卡盘或顶尖带动工件的旋转运动，它承受车削加工时的主要切削功率。车削加工时，一般不要求反转，但在加工螺纹时，要反转退刀，再纵向进刀继续加工，这就要求主轴具有正、反转。为此，运动从主电动机传到床头箱，当接通电磁离合器 YC1 时，使主轴得到正转。如果接通电磁离合器 YC2 时，通过传动链使主轴得到反转。

车床的进给运动是溜板带动刀架的纵向或横向直线运动。其运动方式有手动或机动两种。为了保证螺纹加工的质量，要求工件的旋转速度与刀具的移动速度之间具有严格的比例关系。所以车床主轴箱输出轴经挂轮箱传给进给箱，再经光杠传入溜板箱，以获得纵、横两个方向的进给运动。其速度的变换，是通过变速手柄，可得到正、反转各 17 种转速。

车床的辅助运动有刀架的快速移动及工件的夹紧与放松。

二、C6150 车床电路分析

1. 主电路

C6150 普通车床的主电路如图 1—63 所示。

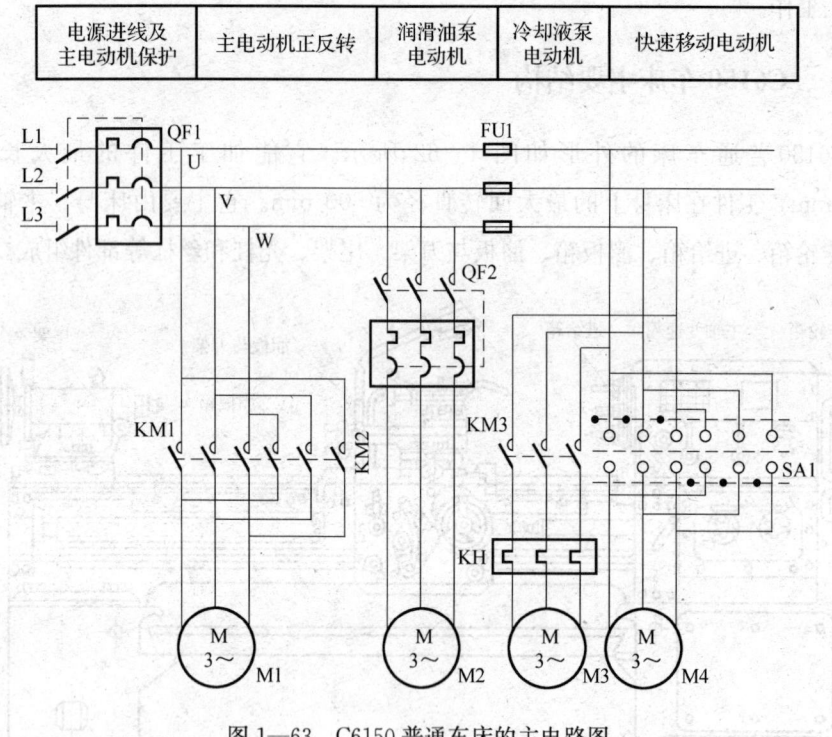

图 1—63 C6150 普通车床的主电路图

主电路由断路器 QF1 控制，它具有过载和短路保护。

M1 为主电动机，由 KM1 接触器和 KM2 接触器的主触点控制正、反转。

M2 为润滑油泵电动机，由断路器 QF2 控制，具有过载和短路保护。

M3 为冷却液泵电动机，由 KM3 接触器控制，由 KH 热继电器作过载保护。

M4 为快速移动电动机，由 SA1 三位置自动复位开关控制。FU1 熔断器作短路保护。

2. 控制电路

C6150 普通车床的控制电路如图 1—64 所示。

主电动机转向的变换由 SA2 主令开关来实现。主轴的转向与主电动机的转向无关，而是取决于走刀箱或溜板箱操作手柄的位置。手柄的动作使行程开关、继电器及电磁离合器产生相应的动作，使主轴得到正确的转向。主电动机的转向、主轴的转向以及各电气元件之间的关系见表 1—15。

当 SA2 在主电动机正转 n2 位置时，按下启动按钮 SB3，KM1 接触器线圈通电，KM1 主触头接通，M1 主电动机正转。同时 KM1 的辅助触点将 305 和 307 两点接通，而 KM2 的常闭触点将 303 和 309 两点接通。此时如把操作手柄拉向右面（或向上面），SQ3 或 SQ4 组合行程开关的触点接通，主轴正转继电器 KA1 线圈通电，KA1常开触点闭合，YC2电磁离合器通电，带动主轴正转。若把操作手柄拉向左面（或向下），SQ5或SQ6组合行程开关的触点闭合，主轴反转继电器KA2线圈通电，KA2常开触点闭合，YC1电磁离合器通电，带动主轴反转。

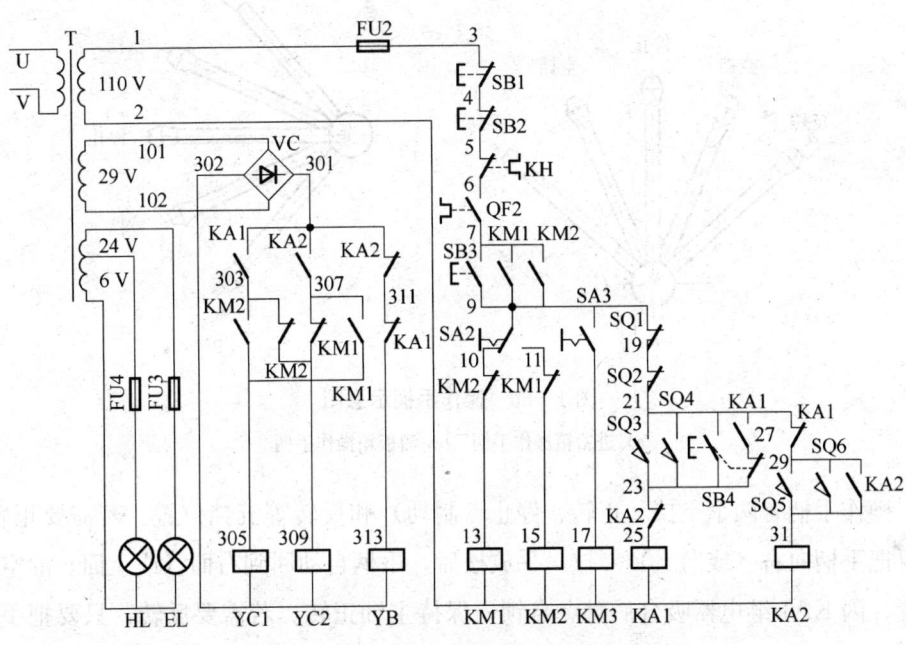

图1—64 C6150普通车床的控制电路图

表1—15　　　　　主电动机和主轴与各电气元件之间的关系

SA2开关选择	主电动机转向	操作手柄位置	行程开关	小型通用继电器	电磁离合器	主轴转向
n2	正转	手柄向右（或向上）	SQ3、SQ4压合	KA1吸合	YC2通电	正转反转
n2	正转	手柄向左（或向下）	SQ5、SQ6压合	KA2吸合	YC1通电	正转反转
n1	反转	手柄向右（或向上）	SQ3、SQ4压合	KA1吸合	YC1通电	正转反转
n1	反转	手柄向左（或向下）	SQ5、SQ6压合	KA2吸合	YC2通电	正转反转

当SA2在主电动机反转n1位置时，按下SB3按钮，KM2接触器线圈通电，KM2主触头接通，M1主电动机反转。同时KM2的辅助触点将303和305两点接通，而KM1的常闭触点将307和309两点接通。此时如把操作手柄拉向右面（或向上面），SQ3或SQ4组合行程开关的触点接通，KA1继电器线圈通电，KA1常

开触点闭合，将使 YC1 电磁离合器通电，带动主轴正转。若把操作手柄拉向左面（或向下面），SQ5 或 SQ6 组合行程开关的触点闭合，KA2 继电器线圈通电，KA2 常开触点闭合，YC2 电磁离合器通电，带动主轴反转。操作者控制主轴的正反转是通过走刀箱操作手柄或溜板箱操作手柄来进行控制的，如图 1—65 所示。

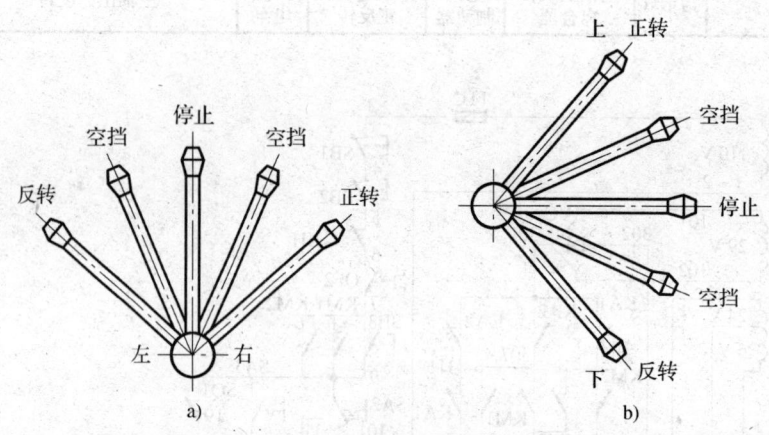

图 1—65 操作手柄示意图
a) 进给箱操作手柄 b) 溜板箱操作手柄

操作手柄有两个空挡、正转、停止（制动）和反转等五挡位置。若需要正转，只要把手柄向右（或向上）一拉，手放松后，手柄自动回到右面（或上面）的空挡位置，因 KA1 继电器吸合后触点自锁，保持主轴正转。若需要反转，只要把手柄向左（或向下）一拉，手放松后，手柄自动回到左面（或下面）的空挡位置，因 KA2 继电器吸合后触点自锁，保持主轴反转。若需要主轴停止（制动），只要把手柄放在中间位置，SQ1 或 SQ2 组合行程开关常闭触点断开，切断 KA1 和 KA2 继电器的电源，YC1 和 YC2 电磁离合器断电，主轴制动电磁离合器 YB 通电，使主轴制动。

如果需要微量转动主轴，可以按 SB4 点动按钮。

EL 为机床照明灯，HL 为电源指示灯。

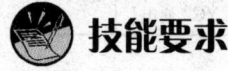 技能要求

C6150 车床电气故障排除

一、操作要求

1. 分析电路工作原理

根据知识要求中所讲述的 C6150 普通车床电气控制原理，充分理解该机床的工作原理及控制要求。C6150 普通车床电气回路由主电路、控制电路和照明电路组成。主电路控制主电动、润滑油泵电动机、冷却液泵电动机和快速移动电动机。主电动机由 2 个接触器 KM1 和 KM2 主触点来控制正反转；润滑油泵电动机，由 QF2 断路器控制，具有过载和短路保护；冷却液泵电动机由 KM3 主触点来控制；快速移动电动机的正、反向旋转由 SA1 来控制。控制回路主要是由按钮和操作手柄来控制 KM1、KM2、KM3、KA1 和 KA2 线圈的工作状态，另有电路上的一系列保护措施，如热继电器的辅助触点，保护电动机的安全；照明电路提供机床照明，包含照明变压器、照明灯和电源指示灯。

2. 根据故障现象，分析可能出现该故障的原因。

3. 使用万用表测量控制线路，查找故障的实际位置。

4. 更换损坏的器件和排除线路的各类故障使电路正常工作。

5. 原电路的安装和接线工艺不能降低要求。

二、操作准备

按表 1—16 准备排除 C6150 车床故障所需的设备和工具。

表 1—16　　　　排除 C6150 车床故障所需的设备和工具清单

序号	名称	规格型号	数量	备注
1	C6150 车床控制柜		1 个	
2	三相笼形异步电动机		1 套	
3	万用表		1 只	
4	旋具		1 套	
5	低压验电器		1 支	
6	导线		若干	

三、操作步骤

1. 通电前检查。

通电前先检查控制柜中是否有接线松动的现象，检查外部机械，确保即使在通电后有异常动作，也不会伤及操作人员。在保证人员安全的情况下，对控制柜通电。

2. 观察故障现象，分析故障原因并找出故障位置。

由表1—17所列故障现象及对应的故障原因，按故障排除步骤找到故障点并加以排除。

表1—17　　　　　　　　C6150车床电气故障排除步骤表

序号	故障现象	故障分析	排除步骤	注意事项
1	电动机M1缺相	1.电源缺相	使用万用表交流电压500 V挡测量L1、L2、L3之间的电压，观察电压值是否均为380 V，若任意两个点之间的电压为0，则表示电源进线电压缺相	
		2.QF1断路器损坏	1. 拆除M1电动机 2. 闭合QF1断路器 3. 使用万用表交流电压500 V挡测量U、V、W之间的电压，若任意两个点之间的电压为0，则表示QF1断路器有触点损坏 4. 更换断路器	
		3.KM1主触点损坏（正转缺相）	1. 断开QF1断路器 2. 使用螺钉旋具到压下KM1主触点 3. 使用万用表电阻R×1挡测量主触点是否导通，若有任意一副触点测量的电阻值为无穷大，则说明该触点损坏 4. 更换KM1接触器	
		4.KM2主触点损坏（反转缺相）	1. 断开QF1断路器 2. 使用螺钉旋具到压下KM2主触点 3. 使用万用表电阻R×1挡测量主触点是否导通，若有任意一副触点测量的电阻值为无穷大，则说明该触点损坏 4. 更换KM2接触器	
		5.电动机绕组损坏	1. 拆除M1电动机 2. 使用万用表电阻R×1挡测量电动机绕组，若任意绕组的电阻值为无穷大或0 Ω，则表示该绕组损坏 3. 更换电动机	

续表

序号	故障现象	故障分析	排除步骤	注意事项
1	电动机 M1 缺相	6. 连接导线断线	使用万用表电阻 R×1 挡逐一测量 M1 电动机主回路上的连接导线，若有某处的电阻值为无穷大，则表示该根导线断线	
2	电动机 M2 缺相	1. 电源缺相	使用万用表交流电压 500 V 挡测量 L1、L2、L3 之间的电压，观察电压值是否均为 380 V，若任意两个点之间的电压为 0，则表示电源进线电压缺相	
		2. QF1 断路器损坏	1. 拆除 M2 电动机 2. 闭合 QF1 断路器 3. 使用万用表交流电压 500 V 挡测量 U、V、W 之间的电压，若任意两个点之间的电压为 0，则表示 QF1 断路器有触点损坏 4. 更换断路器	
		3. QF2 断路器损坏	1. 拆除 M2 电动机 2. 闭合 QF1 断路器 3. 闭合 QF2 断路器 4. 使用万用表交流电压 500 V 挡测量 QF2 断路器各出线端子之间的电压，若任意两个点之间的电压为 0，则表示 QF2 断路器有触点损坏 5. 更换断路器	
		4. 电动机绕组损坏	1. 拆除 M2 电动机 2. 使用万用表电阻 R×1 挡测量电动机绕组，若任意绕组的电阻值为无穷大或 0，则表示该绕组损坏 3. 更换电动机	
		5. 连接导线断线	使用万用表电阻 R×1 挡逐一测量 M2 电动机主回路上的连接导线，若有某处的电阻值为无穷大，则表示该根导线断线	

续表

序号	故障现象	故障分析	排除步骤	注意事项
3	电动机 M3 缺相	1. 电源缺相	使用万用表交流电压 500 V 挡测量 L1、L2、L3 之间的电压，观察电压值是否均为 380 V，若任意两个点之间的电压为 0，则表示电源进线电压缺相	
		2. QF1 断路器损坏	1. 拆除 M3 电动机 2. 闭合 QF1 断路器 3. 使用万用表交流电压 500 V 挡测量 U、V、W 之间的电压，若任意两个点之间的电压为 0，则表示 QF1 断路器有触点损坏 4. 更换断路器	
		3. FU1 熔体烧断	1. 取出 FU1 熔断器中的熔体 2. 使用万用表电阻 R×1 挡测量熔体两端的电阻，若为无穷大则表示该熔体已烧断 3. 更换烧断的熔体	
		4. KM3 主触点损坏（反转缺相）	1. 断开 QF1 断路器 2. 使用螺钉旋具到压下 KM3 主触点 3. 使用万用表电阻 R×1 挡测量主触点是否导通，若有任意一副触点测量的电阻值为无穷大，则说明该触点损坏 4. 更换 KM3 接触器	
		5. 电动机绕组损坏	1. 拆除 M3 电动机 2. 使用万用表电阻 R×1 挡测量电动机绕组，若任意绕组的电阻值为无穷大或 0 Ω，则表示该绕组损坏 3. 更换电动机	
		6. 连接导线断线	使用万用表电阻 R×1 挡逐一测量 M3 电动机主回路上的连接导线，若有某处的电阻值为无穷大，则表示该根导线断线	

续表

序号	故障现象	故障分析	排除步骤	注意事项
4	电动机 M4 缺相	1. 电源缺相	使用万用表交流电压 500 V 挡测量 L1、L2、L3 之间的电压，观察电压值是否均为 380 V，若任意两个点之间的电压为 0，则表示电源进线电压缺相	
		2. QF1 断路器损坏	1. 拆除 M4 电动机 2. 闭合 QF1 断路器 3. 使用万用表交流电压 500 V 挡测量 U、V、W 之间的电压，若任意两个点之间的电压为 0，则表示 QF1 断路器有触点损坏 4. 更换断路器	
		3. FU1 熔体烧断	1. 取出 FU1 熔断器中的熔体 2. 使用万用表电阻 R×1 挡测量熔体两端的电阻，若为无穷大则表示该熔体已烧断 3. 更换烧断的熔体	
		4. SA1 开关触点损坏	1. 断开 QF1 断路器 2. 将 SA1 开关打到正转位置 3. 使用万用表电阻 R×1 挡逐一测量每一副触点是否导通，若有任意一副触点测量的电阻值为无穷大，则说明该触点损坏 4. 若在正转位置触点都接触良好，将 SA1 开关打到反转位置 5. 使用万用表电阻 R×1 挡逐一测量每一副触点是否导通，若有任意一副触点测量的电阻值为无穷大，则说明该触点损坏 6. 更换 SA1 开关	
		5. 电动机绕组损坏	1. 拆除 M4 电动机 2. 使用万用表电阻 R×1 挡测量电动机绕组，若任意绕组的电阻值为无穷大或 0 Ω，则表示该绕组损坏 3. 更换电动机	

续表

序号	故障现象	故障分析	排除步骤	注意事项
4	电动机 M4 缺相	6. 连接导线断线	使用万用表电阻 R×1 挡逐一测量 M4 电动机主回路上的连接导线，若有某处的电阻值为无穷大，则表示该根导线断线	
5	控制电路不能工作	1. FU1 熔体烧断	1. 取出 FU1 熔断器中的熔体 2. 使用万用表电阻 R×1 挡测量熔体两端的电阻，为无穷大则表示该熔体已烧断 3. 更换烧断的熔体	
		2. TC 变压器损坏	1. 合上 QF1 2. 使用万用表交流电压 500 V 挡测量 TC 一次侧电压，应为 380 V 3. 使用万用表交流电压 250 V 挡测量 TC 二次侧电压，应为 110 V 4. 若电压值不正确，说明变压器损坏 5. 更换变压器	
		3. FU2 熔体烧断	1. 取出 FU2 熔断器中的熔体 2. 使用万用表电阻 R×1 挡测量熔体两端的电阻，若阻值为无穷大，则表示该熔体已烧断 3. 更换烧断的熔体	
		4. SB1、SB2、KH、QF2 触点坏或相应连接线断线	1. 合上 QF1 和 QF2 2. 使用万用表交流电压 250 V 挡，以 2 号线为基准依次测 3 号、4 号、5 号、6 号、7 号线端，应均为交流 110 V 电压。如测到哪号线端无电压，则断开电源，检查该处触头应已断开或连线断开 3. 更换损坏的器件或断线	

续表

序号	故障现象	故障分析	排除步骤	注意事项
6	主轴正转无法工作	1. n_2 转速下 KM1 控制回路故障	1. 合上 QF1 和 QF2，并将 SA2 主令开关置于 n_2 转速挡 2. 按下 SB3，观察 KM1 线圈是否吸合 3. 若不吸合，使用万用表交流电压 250 V 挡以 2 号为基准，依次测量 10、13 号线的电压，应为 110 V 4. 若 10 号线处无电压，说明 SA2 主令开关触点损坏或相应线路断线，更换开关或导线 5. 若 13 号线处无电压，说明 KM2 常闭触点未闭合，检查 KM2 接触器常闭辅助触点及相应线路断线，更换触点或导线 6. 若电压正常，断开 QF2，使用万用表电阻 R×1 挡测量 KM1 线圈，若电阻值为无穷大，说明线圈烧断，更换 KM1 接触器	
		2. n_1 转速下 KM2 控制回路故障	1. 合上 QF1 和 QF2，并将 SA2 主令开关置于 n_1 转速挡 2. 按下 SB3，观察 KM2 线圈是否吸合 3. 若不吸合，使用万用表交流电压 250 V 挡以 2 号为基准，依次测量 11、15 号线的电压，应为 110 V 4. 若 11 号线处无电压，说明 SA2 主令开关触点损坏或相应线路断线，更换开关或导线 5. 若 15 号线处无电压，说明 KM1 常闭触点未闭合，检查 KM1 接触器常闭辅助触点及相应线路断线，更换触点或导线 6. 若电压正常，断开 QF2，使用万用表电阻 R×1 挡测量 KM2 线圈，若电阻值为无穷大，说明线圈烧断，更换 KM2 接触器	

续表

序号	故障现象	故障分析	排除步骤	注意事项
6	主轴正转无法工作	3. KA1 控制回路故障	1. 合上 QF1 和 QF2，并将 SA2 主令开关置于 n_1 或 n_2 转速挡 2. 按下 SB3，使 KM1 或 KM2 线圈吸合 3. 将操作手柄置于主轴正转位置（右或上） 4. 使用万用表交流电压 250 V 挡以 2 号为基准，依次测量 19、21、23 和 25 号线的电压，应均为 110 V 5. 哪个线号上的电压为 0 V，说明该处的触点损坏或连线断线，更换器件或导线 6. 若电压正常，断开 QF2，使用万用表电阻 R×1 挡测量 KA1 线圈，若电阻值为无穷大，说明线圈烧断，更换 KA1 继电器	
		4. 变压器和整流桥故障	1. 合上 QF1 和 QF2 2. 使用万用表交流电压 50 V 挡测量 101 和 102 之间的电压，应为 29 V，若电压值不正确，更换 TC 变压器 3. 使用万用表直流电压 50 V 挡测量 301 和 302，应为直流 24 V，若无电压或电压值不正确，说明整流器损坏，更换整流器	
		5. YC1 控制回路故障	1. 合上 QF1 和 QF2 2. 以 302 为基准，使用万用表直流电压 50 V 挡依次测量 303 和 305，应该均有直流 24 V 电压，哪处的电压值不正确，则该处的触点损坏或连线断线，更换器件或导线 3. 若电压均正确，断开 QF2，使用万用表电阻 R×1 挡测量 YC1 线圈的电阻，应为 33 Ω，若数值不正确，说明 YC1 线圈断线或短路，更换 YC1	
		6. YC2 控制回路故障	1. 合上 QF1 和 QF2 2. 以 302 为基准，使用万用表直流电压 50 V 挡依次测量 307 和 309，应该均有直流 24 V 电压，哪处的电压值不正确，则该处的触点损坏或连线断线，更换器件或导线 3. 若电压均正确，断开 QF2，使用万用表电阻 R×1 挡测量 YC2 的电阻，应为 33 Ω，若数值不正确，说明 YC2 线圈断线或短路，更换 YC2	

续表

序号	故障现象	故障分析	排除步骤	注意事项
7	主轴反转无法工作	参照"主轴正转无法工作"	参照"主轴正转无法工作"	
8	主轴不制动	YB控制回路故障	1. 合上 QF1 和 QF2 2. 以 302 为基准，使用万用表直流电压 50 V 挡依次测量 311 和 313，应该均有直流 24 V 电压，哪处的电压值不正确，则该处的触点损坏或连线断线，更换器件或导线 3. 若电压均正确，断开 QF2，使用万用表电阻 R×1 挡测量 YK 线圈的电阻，若数值不正确，说明 YC2 线圈断线或短路，更换 YK	

 学习单元3　Z3040 摇臂钻床电气控制电路维修

 学习目标

1. 熟悉 Z3040 摇臂钻床电气控制电路的原理图读图分析。
2. 掌握 Z3040 摇臂钻床常见故障的分析方法以及维修技能。

 **知识要求**

钻床是一种孔加工机床。可用来钻孔、扩孔、铰孔、攻丝及修刮端面等多种形式的加工。钻床按用途和结构可分为立式钻床、台式钻床、多轴钻床、摇臂钻床及其他专用钻床等。在各类钻床中，摇臂钻床操作方便、灵活，适用范围广，具有典型性，特别适用于单件或批量生产中带有多孔大型零件的孔加工，是一般机械加工车间常见的机床。

一、Z3040 摇臂钻床的结构和控制要求

1. 主要结构

摇臂钻床主要由底座、内立柱、外立柱、摇臂、主轴箱及工作台等部分组成，如图 1—66 所示。

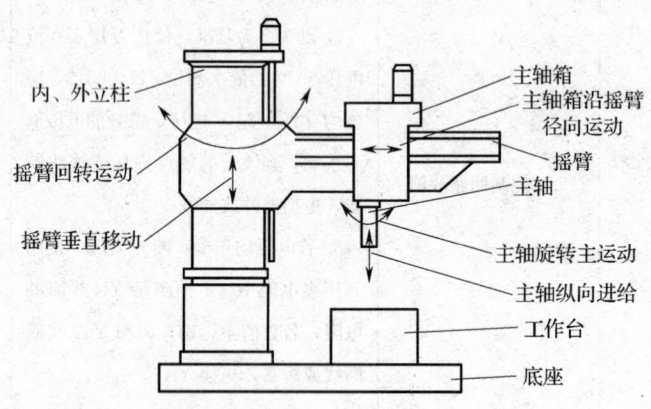

图 1—66 摇臂钻床的外形图

内立柱固定在底座的一端，在它的外面套有外立柱，外立柱可绕内立柱回转 360°。摇臂的一端为套筒，它套装在外立柱上，并借助丝杆的正、反转，可沿着外立柱作上下移动。由于丝杆与外立柱连成一体，而升降螺母固定在摇臂上，所以摇臂不能绕外立柱转动，只能与外立柱一起绕内立柱回转。主轴箱是一个复合部件，它由主传动电动机、主轴和主轴传动机构、进给和变速机构、机床的操作机构等部分组成。主轴箱安装在摇臂的水平导轨上，可以通过手轮操作，使其在水平导轨上沿摇臂移动。当进行加工时，由特殊的夹紧装置将主轴箱紧固在摇臂轨导上，外立柱紧固在内立柱上，摇臂紧固在外立柱上，然后进行钻削加工。钻削加工时，钻头一面旋转进行切削，同时进行纵向进给。摇臂钻床的主运动为主轴的旋转运动；进给运动为主轴的纵向进给。辅助运动有：摇臂沿外立柱垂直移动，主轴箱沿摇臂长度方向的移动，摇臂与外立柱一起绕内立柱的回转运动。

2. 电气传动特点及控制要求

根据摇臂钻床结构及运动情况，对其电气传动和控制情况提出如下要求：

（1）摇臂钻床运动部件较多，为简化传动装置，采用多台电动机驱动。通常设有主轴电动机、摇臂升降电动机、立柱夹紧、放松电动机及冷却泵电动机。

（2）摇臂钻床为适应多种形式的加工，要求主轴及进给有较大的调速范围。主轴一般速度下的钻削加工常为恒功率负载；而低速时主要用于扩孔、铰孔、攻丝等

加工，这时则为恒转矩负载。

（3）摇臂钻床的主运动与进给运动皆为主轴运动，为此这两个运动由一台主轴电动机驱动，分别经主轴与传动机构实现主轴旋转和进给。所以主轴变速机构与进给变速机构均装在主轴箱内。

（4）为加工螺纹，主轴要求正、反转。摇臂钻床主轴正、反转一般由机械方法获得，这样主轴电动机只需单方向旋转。

二、Z3040 摇臂钻床电路分析

1. 主电路

Z3040 摇臂钻床主电路如图 1—67 所示。

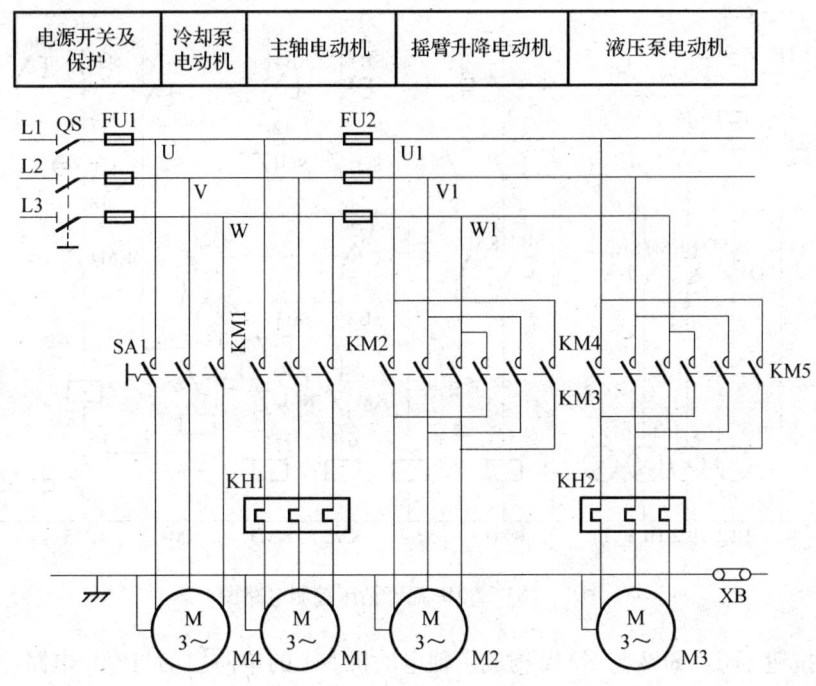

图 1—67　Z3040 摇臂钻床主电路图

M1 为主轴电动机，M2 为摇臂升降电动机，M3 为液压泵电动机，M4 为冷却泵电动机。

M1 为单方向旋转，由 KM1 控制，主轴的正、反转则由机床液压系统操纵机构配合正、反转摩擦离合器实现的，并由热继电器 KH1 作电动机长期过载保护。

M2 由接触器 KM2 和 KM3 控制实现正、反转。控制电路保证在操纵摇臂升降时，首先使液压泵电动机启动旋转，供出压力油，经液压系统将摇臂松开，然后才使电动机 M2 启动，拖动摇臂上升或下降。当移动到位后，控制电路又保证 M2 先停下，再自动通过液压系统将摇臂夹紧，最后液压泵电动机才停下。M2 为短时工作，不用设长期过载保护。

M3 由 KM4、KM5 实现正、反转控制，并由热继电器 KH2 作长期过载保护。

M4 电动机容量小，仅 0.125 kW，由开关 SA1 控制。

2. 控制电路

Z3040 摇臂钻床控制电路如图 1—68 所示。

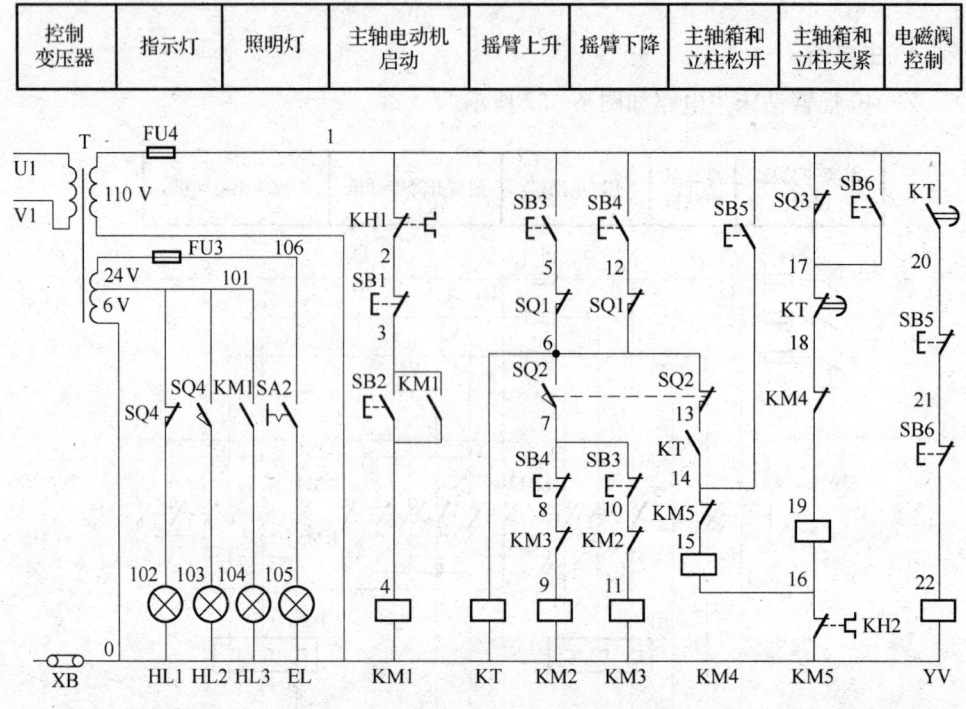

图 1—68　Z3040 摇臂钻床控制电路图

由按钮 SB1、SB2 与 KM1 构成主轴电动机 M1 的单向启动与停止电路。M1 启动后，指示灯 HL3 点亮表示主轴电动机在旋转。

由摇臂上升按钮 SB3、下降按钮 SB4 及正、反转接触器 KM2、KM3 组成具有双重互锁的电动机正、反转点动控制电路。由于摇臂的升降控制需与夹紧机构液压系统紧密配合，所以与液压泵电动机的控制有密切关系。下面以摇臂的上升为例，分析摇臂升降的控制。

按下上升点动按钮 SB3，时间继电器 KT 线圈通电，触点 KT（1—20）、KT（13—14）立即闭合，使电磁铁 YV、KM4 线圈同时通电，液压泵电动机 M3 正向启动旋转，驱动液压泵送出正向压力油，并经二位六通阀进入松开油腔，推动活塞和菱形块，将摇臂松开。同时，活塞杆通过弹簧片压上行程开关 SQ2，发出摇臂松开信号，即触点 SQ2（6—7）闭合，SQ2（6—13）断开，使 KM2 通电，KM4 断电。于是电动机 M3 停止旋转，油泵停止供油，摇臂维持松开状态，同时 M2 启动旋转，带动摇臂上升。所以，SQ2 是用来反映摇臂是否松开并发出松开信号的电气元件。如果 SQ2 没有动作，表示摇臂没有松开，KM2、KM3 就不能吸合，摇臂就不能升降。

当摇臂上升到所需位置时，松开 SB3，KM2 和 KT 断电，M2 电动机停止旋转，摇臂停止上升。但由于触点 KT（17—18）经 1～3 s 延时闭合，触点 KT（1—20）经同样延时断开，所以 KT 线圈断电经 1～3 s 延时后，KM5 通电，YV 断电。此时 M3 反向启动，驱动液压泵，送出反向压力油，经二位六通阀进入摇臂夹紧油腔，向反方向推动活塞和菱形块，将摇臂夹紧。同时，活塞杆通过弹簧片压下行程开关 SQ3 使触点 SQ3（1—17）断开，使 KM5 断电，油泵电动机 M3 停止转动，摇臂夹紧完成。所以，SQ3 为摇臂夹紧信号开关。

时间继电器 KT 是为保证夹紧动作在摇臂升降电动机停止运转后进行夹紧而设的。KT 延时长短根据摇臂升降电动机切断电源到停止的惯性大小来调整，应保证摇臂停止运动后才夹紧。

摇臂升降的极限由行程开关 SQ1 来实现。SQ1 有两对常闭触点，当摇臂上升或下降到极限位置时相应触点动作，切断对应上升或下降接触器 KM2 与 KM3，使 M2 停止转动，摇臂停止移动，实现极限保护。SQ1 开关两对触点平时应调整在同时接通位置，一旦动作时，应使一对触点断开，另外一对触点仍保持闭合。

摇臂自动夹紧程度由行程开关 SQ3 控制。如果夹紧机构液压系统出现故障不能夹紧，那么触点 SQ3（1—17）断不开，或者 SQ3 开关安装调整不当，摇臂夹紧后仍不能压下 SQ3。这时都会使电动机 M3 处于长期过载状态，易将电动机烧坏，为此 M3 采用热继电器 KH2 作过载保护。

主轴箱和立柱松开与夹紧的控制：主轴箱和立柱的夹紧与松开是同时进行的。当按下松开按钮 SB5，KM4 通电，M3 电动机正转，驱动液压泵，送出正向压力油，这时 YV 处于断电状态，压力油经二位六通阀，进入主轴箱松开油腔与立柱松开油腔，推动活塞和菱形块，使主轴箱和立柱实现松开。在松开的同时，通过行程开关 SQ4 控制指示灯发出信号，当主轴箱与立柱松开，开关 SQ4 不受压，触点 SQ4（101—102）闭合，指示灯 HL1 亮，表示确已松开，可操作主轴箱与立柱移动。当夹紧时，将 SQ4 触点（101—103）闭合，指示灯 HL2 亮，可进行钻削加工。

机床安装后，接通电源，可利用主轴箱和立柱的夹紧、松开来检查电源相序是否正确。相序正确时，按立柱夹紧或松开按钮，夹紧与松开动作正确；如相序接反，则动作正好相反，此时应对调电源的任意两根相线，以改正相序。

 技能要求

Z3040 摇臂钻床电气故障排除

一、操作要求

1. 分析电路工作原理。

根据知识要求中所讲述的 Z3040 摇臂钻床的电气控制原理，充分理解该机床的工作原理及控制要求。Z3040 摇臂钻床电气回路由主电路、控制电路和照明电路组成。主电路控制 4 台电动机，其中主轴电动机为单向旋转，由 KM1 主触点控制；小容量的冷却泵电机由 SA1 开关控制；摇臂电动机和液压泵电动机需要正反转控制，分别由 KM2、KM3 和 KM4、KM5 主触点控制；主轴电动机和液压泵电动机均具有热继电器作长期过载保护。控制回路主要是由按钮控制各接触器线圈的工作状态；使用时间继电器来保证摇臂运动停止后才进行夹紧动作；使用各限位开关来反映夹紧、放松、上、下限位等状态。照明电路提供机床照明和相应状态指示灯，包含照明变压器、照明灯和指示灯，其中照明灯由 SA2 开关控制。

2. 根据故障现象分析可能出现该故障的原因。

摇臂钻床电气控制的特点是摇臂的控制，它是机、电、液的联合控制。根据电气原理分析，M1 为主轴电动机，M2 为摇臂升降电动机，M3 为液压泵电动机，M4 为冷却泵电动机。主电路故障主要表现在 M1、M2、M4 缺相，M3 主要表现为易过载、停止运转等故障。控制电路故障主要表现为摇臂不能上升或下降，摇臂升降后，夹不紧。

3. 使用万用表测量控制线路，查找故障的实际位置。
4. 更换损坏的器件和排除线路的各类故障使电路正常工作。
5. 原电路的安装和接线工艺不能降低要求。

二、操作准备

按表 1—18 准备排除 Z3040 摇臂钻床故障所需的设备和工具。

表 1—18　　　　排除 Z3040 摇臂钻床故障所需的设备和工具清单

序号	名称	规格型号	数量	备注
1	Z3040 摇臂钻床控制柜		1个	
2	三相笼形异步电动机		1套	
3	万用表		1只	
4	旋具		1套	
5	低压验电器		1支	
6	导线		若干	

三、操作步骤

1. 通电前检查。

通电前先检查控制柜中是否有接线松动的现象，检查外部机械，确保即使在通电后有异常动作也不会伤及操作人员。在保证人员安全的情况下，对控制柜通电。

2. 观察故障现象，分析故障原因并找出故障位置。

由表 1—19 所列故障现象及对应的故障原因，按故障排除步骤找到故障点并加以排除。

表 1—19　　　　Z3040 摇臂钻床电气故障排除步骤表

序号	故障现象	故障分析	排除步骤	注意事项
1	摇臂不能上升	1. KT、KM2、KM4 和 YV 线圈控制回路有触点损坏或断线故障	1. 断开电源 2. 使用万用表电阻 R×1 挡进行测量 3. 按下 SB3，测量 1 号和 5 号是否导通，若不通，说明 SB3 按钮触点损坏或导线断线；测量 5 号和 6 号线，若不通，说明 SQ1 常闭触点损坏或导线断线；测量 6 号线到 KT 线圈是否短路 4. 测量 7 号与 8 号、8 号与 9 号、9 号到 KM2 线圈是否断路 5. 手动使 KT 时间继电器的衔铁与铁心闭合，测量 6 号与 14 号、14 号与 15 号、15 号到 KM4 线圈是否断路 6. 测量 1 号与 17 号、17 号与 20 号、20 号与 21 号、21 号到 YV 线圈是否断开 7. 凡是有断开的点说明该处触点损坏或导线断线，更换器件或导线	

续表

序号	故障现象	故障分析	排除步骤	注意事项
1	摇臂不能上升	2. 放松位置开关 SQ2，无动作或位置安装不当	1. 合上电源开关 2. 按下 SB3，KM4 和 YV 线圈吸合，液压泵电动机运转 3. 使用万用表交流电压 250 V 挡测量 6 号和 7 号是否有电压，如有电压说明不正常，SQ2 触点没有闭合 4. 检查 SQ2 安装位置，并进行调整	
		3. 液压泵电机相序接反	1. 合上电源开关 2. 按下 SB3，KM4 和 YV 线圈吸合，液压泵电动机运转 3. 由于相序接反，本应该正转的液压泵电动机实际在反转，使摇臂夹紧，SQ2 位置开关压不上，SQ2 触点动作，不能使 KM2 线圈得电 4. 断开电源，掉换液压泵电动机任意两相电源线	
2	摇臂不能下降	1. KT、KM3、KM4 和 YV 线圈控制回路有触点损坏或断线故障	1. 断开电源 2. 使用万用表电阻 R×1 挡进行测量 3. 按下 SB3，测量 1 号和 5 号是否导通，若不通，说明 SB3 按钮触点损坏或导线断线；测量 5 号和 6 号线，若不通，说明 SQ1 常闭触点损坏或导线断线；测量 6 号线到 KT 线圈是否短路 4. 测量 7 号与 10 号、10 号与 11 号、11 号到 KM3 线圈是否断路 5. 手动使 KT 时间继电器的衔铁与铁心闭合，测量 6 号与 14 号、14 号与 15 号、15 号到 KM4 线圈是否断路 6. 测量 1 号与 17 号、17 号与 20 号、20 号与 21 号、21 号到 YV 线圈是否断开 7. 凡是有断开的点说明该处触点损坏或导线断线，更换器件或导线	

续表

序号	故障现象	故障分析	排除步骤	注意事项
2	摇臂不能下降	2. 放松位置开关SQ2，无动作或位置安装不当	排除步骤参考"摇臂不能上升"	
		3. 液压泵电机相序接反	排除步骤参考"摇臂不能上升"	
3	摇臂升降后不能夹紧	1. KM5 线圈控制回路有触点损坏或导线断线	1. 断开电源 2. 使用万用表电阻 R×1 挡进行测量 3. 测量1号和17号、17号和18号、18号和19号、19号和KM5线圈、16号和KM5线圈、16号和0号 4. 凡是有断开的点，说明该处触点损坏或导线断线，更换器件或导线	
		2. SQ3 位置开关在摇臂松开后未复位	1. 合上电源 2. 按下 SB3 或 SB4 使摇臂上升或下降，然后松开按钮 3. 使用万用表交流电压 250 V 挡测量1号和17号，如果有电压说明不正常，SQ3在摇臂松开后没有复位，触点未闭合，使KM5线圈不能得电 4. 拆下SQ3检查触头及连接导线	
4	液压泵电动机过载	SQ3 位置开关触点不能断开	1. 断开电源 2. 使用万用表电阻 R×1 挡测量 SQ3 行程开关，动断触点1号、17号是否断开 3. 检查 SQ3 安装位置是否恰当，予以重新调整，在断电状态下，SQ3 行程开关应被压下，使动断触点处于断开位置	

📌 相关链接

摇臂钻床具有两套液压系统,一个是操纵机构液压系统,另一个是夹紧机构液压系统。前者装在主轴箱内,用以实现主轴正、反转、停车制动、空挡、预选及变速;后者安装在摇臂背后的电器盒下部,用以夹紧、松开主轴箱、摇臂及立柱。

1. 操纵机构液压系统

该系统压力油由主轴电动机驱动齿轮泵送出,由主轴变速、正、反转及空挡操作手柄用来改变两个操纵阀的相互位置,使压力油作不同的分配,获得不同的动作。操作手柄有五个空间位置:上、下、里、外和中间位置,其中上为"空挡",下为"变速",里为"反转",外为"正转",中间位置为"停车"。主轴转速及主轴进给量各由一个旋钮预选,然后操作手柄。

启动主轴时,首先按下主轴电动机启动按钮,主轴电动机旋转,驱动齿轮泵,送出压力油,然后操纵手柄,扳至所需转向位置。于是两个操纵阀相互位置改变,使一股压力油将制动摩擦离合器松开,为主轴旋转创造条件;另一股压力油压紧正转(反转)摩擦离合器,接通主轴电动机到主轴的传动链,驱动主轴正转或反转。

在主轴正转或反转过程中,也可旋转变速按钮,改变主轴转速或主轴进给量。

主轴停车时,将操纵手柄扳回中间位置,这时主轴电动机仍驱动齿轮泵旋转,但此时整个液压系统为低压油,无法松开制动摩擦离合器,而在制动弹簧作用下将制动离合器压紧,使制动轴上的齿轮不能转动,主轴实现停车。所以,主轴停车时主轴电动机仍在旋转,只是不能将动力传到主轴。

主轴变速与进给变速:将操纵柄扳至"变速位置",于是改变两个操纵阀的相互位置,使齿轮泵送出压力油进入主轴转速预选阀和主轴进给预选阀,然后进入各变速油缸。各变速油缸为差动油缸,具体哪个油缸上腔进压力油或回油,决定所选定的主轴转速和进给量大小,与此同时,另一条油路系统扒动拨叉缓慢移动,逐渐压紧主轴正转摩擦离合器,接通主轴电动机到主轴的传动链,使主轴缓慢转动,称为缓速。缓速的目的在于使滑移齿轮能比较顺利地进入啮合位置,避免出现齿顶齿的现象。当变速完成,松开操作手柄,此时将在弹簧作用下由"变速"位置自动复位到主轴"停车"位置,这时便可操纵轴正转或反转，主轴将在新的转速或进给量下工作。

主轴空挡：将操作手柄扳向"空挡"位置，这时由于两个操纵阀相互位置改变，压力油使主轴传动系统中滑移齿轮处于中间位置，这时可用手轻便地转动主轴。

2. 夹紧机构液压系统

主轴箱、立柱和摇臂的夹紧与松开，是由液压泵电动机驱动液压泵送出压力油，推动活塞菱形块来实现的。其中主轴箱和立柱的夹紧与放松由一个油路控制，摇臂的夹紧与松开，因与摇臂升降构成自动循环，所以由另一个油路单独控制。这两个油路均由电磁阀操纵。

欲松开或夹紧主轴箱及立柱时，首先启动液压泵电动机，驱动液压泵正转或反转，送出正向或反向压力油，在电磁阀操纵下，使压力油经二通阀流入松开或夹紧油腔，推动活塞和菱形块实现松开或夹紧。由于液压泵电动机是点动控制，所以主轴箱和立柱的松开与夹紧是点动的。

第2章
自动控制电路装调维修

第1节 传感器装调

学习单元1 识别和安装调整接近开关

 学习目标

1. 了解接近开关的类别、外形、基本结构、引线。
2. 能识别各种类型的接近开关。
3. 了解接近开关的基本工作原理和使用方法。
4. 掌握接近开关的安装和调整方法。

 知识要求

一、接近开关的类型和基本结构

在各类开关中,有一种对接近它的物件有"感知"能力的元件——传感器。利用传感器对接近物体的敏感特性达到控制开关通或断的目的,这就是接近开关。接近开关是一种非接触性的检测开关，是一种无须与运动部件进行机械接触就可以操作的位置开关。当物体接近开关的感应面并达到动作距离时，不需要机械接触及施加任何压力即可使开关动作，从而驱动继电器或给计算机装置提供控制指令。

1. 接近开关的类型

传感器可以根据不同的原理和不同的方法做成，而不同的传感器对物体的"感知"方法也不同，所以常见的接近开关有以下几种：

（1）电感式接近开关

这种开关是利用导电物体在接近这个能产生电磁场的接近开关时，使物体内部产生涡流。这个涡流反作用到接近开关，使开关内部电路参数发生变化，由此识别出有无导电物体移近，进而控制开关的通或断。这种接近开关所能检测的物体必须是导电体，一般用于检测金属物体。

（2）电容式接近开关

这种开关的测量对象通常是构成电容器的一个极板，而另一个极板是开关的外壳。当有物体移向接近开关时，不论它是否为导体，由于它的接近，总要使电容的介电常数发生变化，从而使电容量发生变化，使得和测量头相连的电路状态也随之发生变化，由此便可控制开关的接通或断开。这种接近开关检测的对象，不限于导体，可以是绝缘的液体或粉状物等。

（3）光电式接近开关

利用光电效应做成的接近开关，通常称为光电开关。将发光器件与光电器件按一定方向安装好以后，当被检测物体接近时，会遮住光束或产生反射光，光电器件接收到光线的变化后便产生信号输出，由此便可"感知"有物体接近。这种接近开关能检测不透光或能产生反射光的物体。

（4）磁式接近开关

利用磁敏感元件做成的接近开关，通常称为磁性开关。当一个物体（永久磁铁或外部磁场）接近时，开关检测面上的磁敏元件使开关内部电路状态发生变化，由此识别附近有磁性物体存在，进而控制开关的通或断。这种接近开关的检测对象必须是磁性物体。

除了以上几种常用的接近开关之外，还有一些其他形式的接近开关，如能感知与环境温度不同的物体接近的热释电式接近开关、能感知物体移动距离变化的超声波接近开关或微波接近开关等。在本单元中所称的接近开关仅指电感式和电容式接近开关，光电开关及磁性开关在下面的学习单元中介绍。

2. 接近开关的基本结构

接近开关通常由敏感元件、测量转换部分和放大输出电路构成，其中敏感元件是能直接感受被测对象的部分，测量转换部分把敏感元件输出的信号转换成电信号并进一步转换成开关信号，最后经放大后输出。从外形看，接近开关一般为圆柱形或方形，以不锈钢、黄铜或塑料作为外壳。在接近开关的正面有一个感应区域，指向轴线方向。在外壳之内有振荡线圈和内部电路，以及输出元件，通过引出的接线与外部继电器或计算机装置（或可编程控制器，简称 PLC）进行连接。接近开关的基本形状如图 2—1 所示。

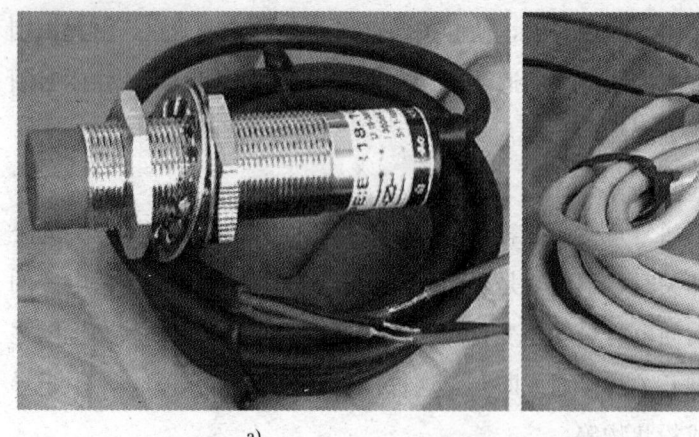

图 2—1 接近开关的基本形状
a）圆柱形 b）方形

接近开关的输出元件一般是晶体三极管，根据三极管的类型不同，接近开关分为 NPN 型输出或 PNP 型输出，如图 2—2 所示。图中分别画出了两种输出元件类型中信号输出端电流的方向，在连接到 PLC 上时应注意选择合适的类型。

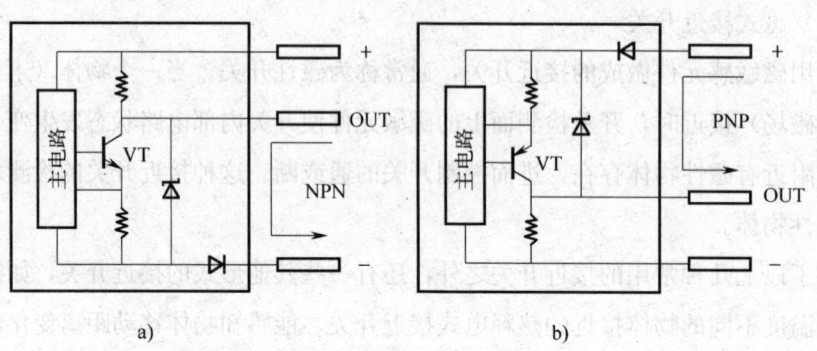

图 2—2 接近开关输出电路
a）NPN 型 b）PNP 型

二、接近开关的引线及识别方法

1. 接近开关的引线

根据接近开关的输出形式的不同,接近开关引出的接线分为 2 线、3 线及 4 线等几种。

(1) 两线制

有源两线制接近开关分直流与交流,此类接近开关的特点就是引出线为两根线,负载与接近开关串联后接到电源上。直流两线制接近开关分二极管极性保护与整流桥极性保护,前者在接电源时需要注意极性,后者就不需要注意极性,如图 2—3 所示。交流两线制接近开关就不需要注意极性。

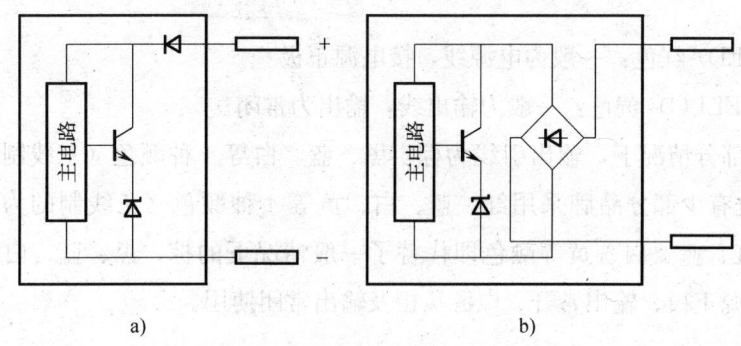

图 2—3 两线制接近开关
a) 二极管极性保护 b) 整流桥极性保护

(2) 直流三线制(或四线制)

直流三线式接近开关的输出元件是晶体三极管,当三极管导通时,相当于一个接点(常开或常闭)导通,此类接近开关的输出引线为 3 根线。直流四线制接近开关与三线制相同,只是同时提供一个常闭和一个常开输出,有 4 根线引出。如图 2—4 所示。

2. 接近开关引线的识别

接近开关的输出引线一般应按说明书或标签上给出的接线图用导线颜色加以识别。在有些品牌的接近开关给出的接线图上,导线颜色采用英文缩写,分别为:

BK (BLACK) 黑色:一般为输出线,输出为常开。
BN (BROWN) 棕色:一般为电源线,接电源正极。
BU (BLUE) 蓝色:一般为电源线,接电源负极。
WH (WHITE) 白色:一般为输出线,输出为常闭。

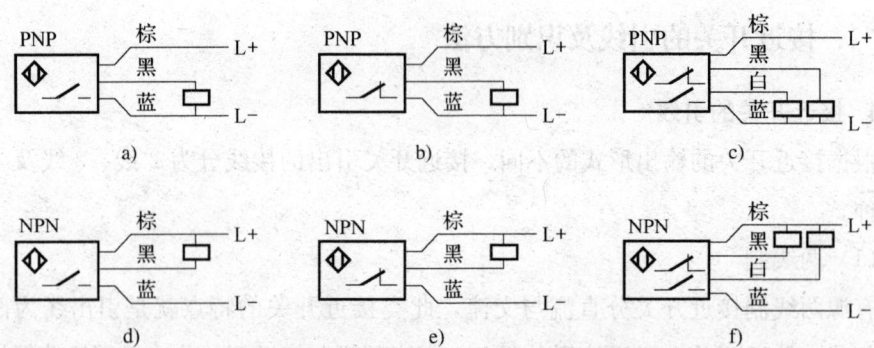

图2—4 直流三线制（或四线制）接近开关的输出引线及接线示意图

a) 三线制 PNP 常开 b) 三线制 PNP 常闭 c) 四线制 PNP 常开＋常闭
d) 三线制 NPN 常开 e) 三线制 NPN 常闭 f) 四线制 NPN 常开＋常闭

RE（RED）红色：一般为电源线，接电源正极。

YE（YELLO）黄色：一般为输出线，输出为常闭。

在绝大部分情况下，输出引线为棕、黑、蓝、白等4种颜色（三线制的为棕、黑、蓝），也有少部分品牌采用红、蓝、白、黄等4种颜色（三线制的为红、蓝、白）。此时红、蓝、白、黄等颜色即代替了一般情况下的棕、黑、蓝、白等颜色，分别作为电源正极、输出常开、电源负极及输出常闭使用。

三、接近开关的基本工作原理和应用知识

1. 电感式接近开关的工作原理

电感式接近开关内部电路由三大部分组成：振荡器、信号处理电路及放大输出电路，如图2—5所示。

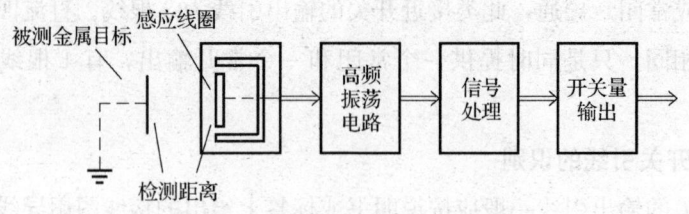

图2—5 电感式接近开关的电路功能图

振荡器产生一个交变磁场。当金属目标接近这一磁场，并达到感应距离时，在金属目标内产生涡流，从而导致振荡衰减，以至停振，如图2—6所示。振荡器振荡及停振的变化被后级信号电路处理并转换成开关信号，经放大后触发驱动控制器件，从而达到非接触式之检测目的。图2—7所示为PNP型放大输出电路，图中

R_L 为所接负载。

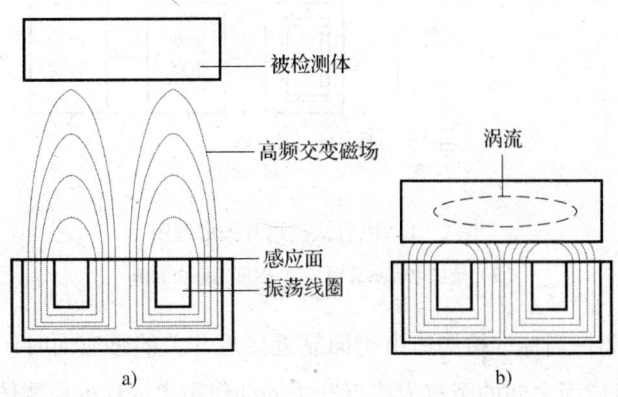

图 2—6　金属目标对交变磁场的影响

a) 金属被检测体在检测距离之外　b) 金属被检测体在检测距离之内

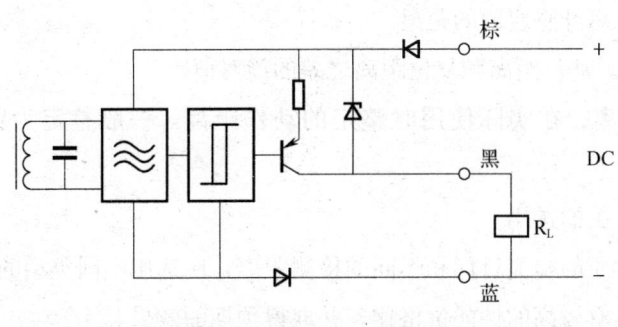

图 2—7　PNP 型输出电路

2. 电容式接近开关的工作原理

电容式接近开关内部电路同样由振荡器、信号处理电路及放大输出电路三大部分组成。电容式接近开关的感应面由两个同轴金属电极构成，很像"打开的"电容器电极，构成一个电容，串接在 RC 振荡回路内，如图 2—8 所示。电源接通时，RC 振荡器不振荡，当一目标朝着电容器的电极靠近时，电容器的容量增加，振荡器开始振荡；通过后级电路的处理，将停振和振荡两种状态转换成开关信号，从而起到了检测有无物体存在的目的。该传感器能检测金属物体，也能检测非金属物体。在检测较低介电常数 ε 的物体时，可以顺时针调节多圈电位器（位于开关后部）来增加感应灵敏度，一般调节电位器使电容式接近开关在 $0.7 \sim 0.8 S_n$ 的位置动作（S_n 为接近开关的额定动作距离）。

3. 接近开关的应用知识

（1）接近开关的常用术语说明

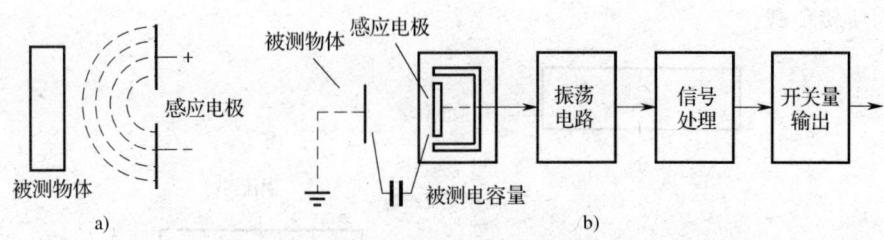

图 2—8 电容式接近开关原理图
a) 感应电容示意图 b) 内部电路功能图

1) 动作距离。当标准检测体由正面靠近接近开关的感应面时，使接近开关动作时检测体与感应面之间的距离为接近开关的动作距离（标准检测体是指为测定基本性能而制作的形状、尺寸、材料均加以规定的检测件）。

2) 复位距离。当标准检测体由正面离开接近开关的感应面，开关由动作转为释放时，检测体离开感应面的距离。

3) 回差 H。动作距离和复位距离之差的绝对值。

4) 设定距离。在实际使用时整定的动作距离，一般整定为额定动作距离的 80%。

（2）接近开关的选用

对于不同材质的检测目标和不同的检测距离，应选用不同类型的接近开关，以使其在系统中具有较高的性能价格比，并取得预期的效果。

当检测目标为金属材料时，应选用电感式接近开关，该类型接近开关对铁镍、A3 钢类材料检测最灵敏，而对铝、黄铜和不锈钢类材料，其检测灵敏度相对要低一些。

当检测目标为非金属材料时，如木材、纸张、塑料、玻璃和水等，应选用电容式接近开关。

金属体和非金属要进行较远距离检测和控制时，应选用光电开关或超声波型接近开关。

对于检测体为磁性材料或对汽缸活塞检测行程时，可选用价格低廉的磁性开关或霍尔式接近开关。

（3）接近开关型号说明

购买接近开关时通常配有说明书和铭牌，其中接近开关的型号中一般包含了接近开关的类型、安装尺寸、标准动作距离、输出形式等重要信息，在使用、安装时应仔细阅读。如常用的韩国奥托尼克斯（Autonics）的电容式接近开关型号为：CR30－15 DN，其中 C 代表电容式，R 代表螺纹圆柱形，30 表示外径尺寸为

30 mm，15 表示动作距离为 15 mm，D 表示为直流（DC，A 即为交流 AC），N 表示为 NPN 型常开输出（P 即为 PNP 型常开）。又如中沪接近开关的型号为：ZLJ—A8M—1ANA，其中 ZLJ 代表电感式接近开关，第 1 个 A 表示外形是螺纹圆柱形，8 表示外形尺寸为 M8（标准螺纹），M 表示安装类型为埋入式，1 表示动作距离为 1 mm，第 2 个 A 表示工作电源为 6～30 V（DC），N 表示输出形式为 NPN 型，最后 1 个 A 表示输出状态为常开。

由于各品牌、各种系列的接近开关型号命名并无一定规则，使得用户对接近开关型号的理解带来困难。因此要完全弄清型号的含义，就必须阅读相关厂家的产品资料。但从使用的角度来看铭牌上的型号，大致能了解到一些有关的信息。一般型号中第一部分的文字及数字分别表示接近开关类型、外形和尺寸，短线后面第二部分文字或数字表示动作距离、输出形式等。如在型号开头的字母标志中，一般带有"C"的是电容式，带有"L"的或没有"C"和"L"的是电感式；在其后的数字中，结合对接近开关外形的观察，大致能辨别出接近开关的外形尺寸对应的数字，而另外的数字中往往就是动作距离；在型号后半部分的字母中，大多能看到"N"或"P"，这一般就是表示输出形式是 NPN 或 PNP。如某接近开关型号为 LJ8A3—1—Z/B1X，则大致能判断出此接近开关为电感式，外径为 8 mm，动作距离是 1 mm，而电源电压一般都会在铭牌上单独标出。

（4）接近开关的安装形式

接近开关的安装形式有埋入式和非埋入式两种，埋入式接近开关的感应面与金属外壳齐平，如图 2—9a 所示；非埋入式接近开关的感应面突出于金属外壳，如图 2—9b 所示。

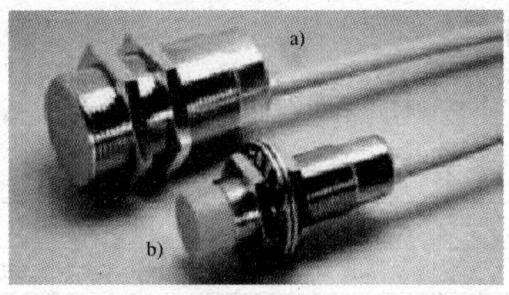

图 2—9 埋入式和非埋入式接近开关的外形
a) 埋入式 b) 非埋入式

在安装时，埋入式接近开关能够埋入金属里，直至"感应面"与金属平面齐平。相邻两个接近开关之间的距离必须大于或等于直径 d。非埋入式接近开关不能埋入金属里安装,两个接近开关之间的距离必须大于或等于 $2d$。如果是安装在金属凹陷部位时,周围突出的金属要远离接近开关直径的 2 倍以上距离。安装示意图如图 2—10 所示。

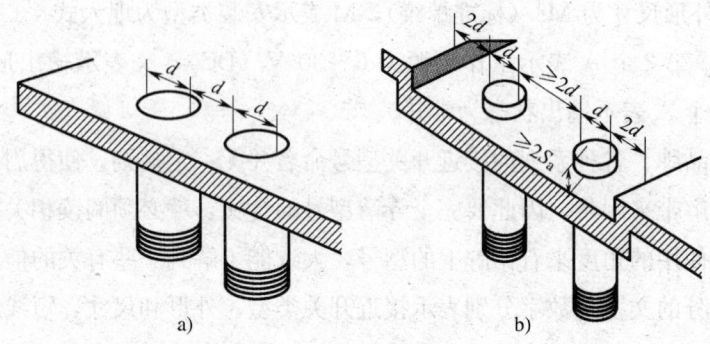

图 2—10　接近开关的安装示意图

a) 埋入式接近开关的安装　b) 非埋入式接近开关安装在金属凹陷部位

 **技能操作**

识别和安装调整电感式和电容式接近开关

一、操作要求

1. 辨别接近开关及其引线。
2. 利用万用表、直流电源测试接近开关。
3. 接近开关能正确动作,输出信号。

二、操作准备

项目所需设备、工具、材料见表 2—1。

表 2—1　　　　　　　　项目所需设备、工具、材料

序号	名称	规格型号	数量	备注
1	万用表	MF368 型(指针式)	1 台	其他型号也可
2	直流电源	DC24 V	1 台	附导线 2 根(红、黑各 1 根,一端带鳄鱼夹)
3	电感式接近开关	中沪 ZLJ—A30—15ANA	1 个	其他型号也可
4	电容式接近开关	Autonics CR30—15DN	1 个	其他型号也可

续表

序号	名称	规格型号	数量	备注
5	PLC	三菱 FX2n 型或松下 FP1 型	1 台	交流电源已连接好,由开关控制
6	十字旋具	75 mm	1 个	
7	一字旋具		1 个	
8	剥线钳		1 个	
9	压接钳		1 个	
10	叉形冷压接线端头	UT1-3	10 个	
11	软接线	0.8 mm²	共 3 m	分红、蓝、黑等几种颜色
12	电阻	10 kΩ	1 个	

三、操作步骤

1. 辨别接近开关及其引线

对 1 个电感式和 1 个电容式接近开关进行观察,外形基本相同。

观察 2 个接近开关的外形及铭牌如图 2—11 所示,看到图左接近开关的型号是 ZLJ—A30—15ANA,初步辨别是电感式,外形是 M30 螺纹圆柱形,动作距离是 15 mm,NPN 型输出,直流供电,电源电压为 10~30 V;图右接近开关的型号是 CR30—15 DN,判断为电容式,M30 螺纹圆柱形,动作距离为 15 mm,NPN 型常开输出,直流供电,电源电压为 12~24 V。

图 2—11 传感器及铭牌的观察

观察 2 个接近开关的引线均为 3 根线,颜色均是棕、黑、蓝色,初步判断为棕、蓝分别接电源正、负极,黑色的是输出线,黑、蓝之间接负载。对照查看铭牌上的接线图,判断是正确的。

2. 利用万用表、直流电源测试接近开关

步骤 1 测试接近开关的类型

先对型号为 ZLJ－A30－15ANA 的接近开关进行测试。用一字螺钉旋具将接近开关上棕色的引线接到 24 V 直流电源的正极，将 1 根带鳄鱼夹的导线接到直流电源负极，用鳄鱼夹把蓝色引线和 10 kΩ 电阻的一端夹在一起；另外用 1 个鳄鱼夹把电阻的另一端和接近开关上的黑色引线夹在一起。接通电源后，将万用表调到直流电压 50 V 挡，注意黑表棒应放在接电源负极的一侧。测量电阻两端的电压，如图 2—12 所示。用 1 个金属物体靠近接近开关，这时电压读数会发生变化，从高电平变为低电平；再用一个非金属物体靠近接近开关，电压读数没有发生变化，仍是高电平，说明这个接近开关只对金属物体敏感，证实它是电感式的接近开关。

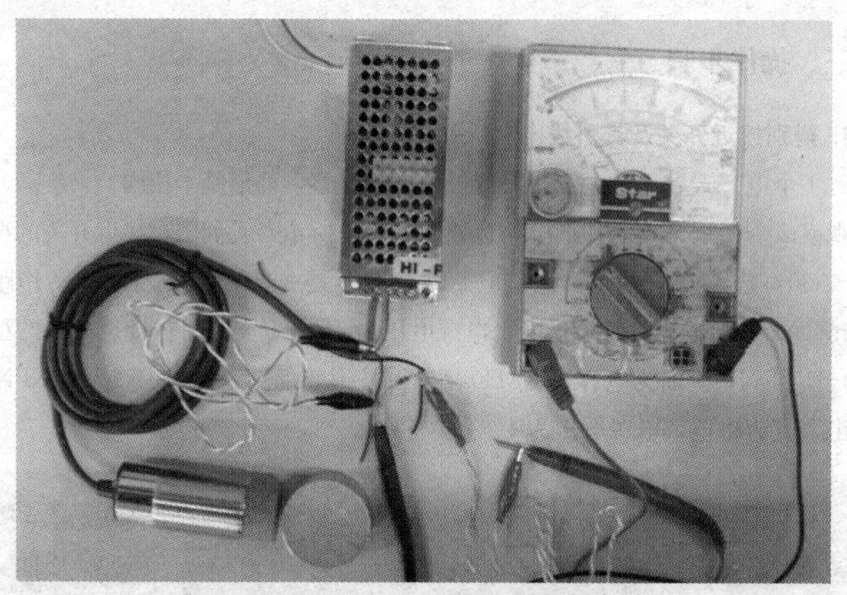

图 2—12 接近开关的测试

按照同样的接法和步骤对另一个型号为 CR30－15DN 的接近开关进行测试，发现它对金属和非金属都敏感，证实它是电容式的接近开关。

步骤 2 测试接近开关的输出形式

按照上述测试步骤中，观察万用表上的电压读数：当被测物体未靠近接近开关时，电压为 23 V 以上（高电平），而当被测物体靠近接近开关时，电压为 1 V 以下（低电平），说明此接近开关为 NPN 常开型（若当被测物体靠近接近开关时，电压由低电平变为高电平，与 NPN 型相反，则说明是 PNP 常开型的接近开关）。

3. 接近开关的安装、接线

步骤1　接近开关的机械安装

在实际设备中需要用接近开关检测目标物体的位置时，先安装好接近开关的固定支架。固定支架的安装位置应保证接近开关的感应面能靠近被测物体，然后将螺纹圆柱形的接近开关用螺母固定在支架上，如图2—13所示。

图2—13　将接近开关固定在支架上

步骤2　接近开关的电气安装

接近开关的电气安装是指将接近开关的引线接到控制电路中的电源和负载上。接近开关的引线一般应通过接线端子来进行连接。连接到螺钉压紧型端子排上时，一般可将引线的塑料外层剥去后把线心绞紧后直接插入接线端子的孔中，用一字螺钉旋具将螺钉拧紧。若连接到各种螺旋式接线端子上时，应使用压接钳在引线头上压接1个叉型冷压接线端头后再插到接线端子上螺钉的垫圈下，把螺钉拧紧，如图2—14所示。

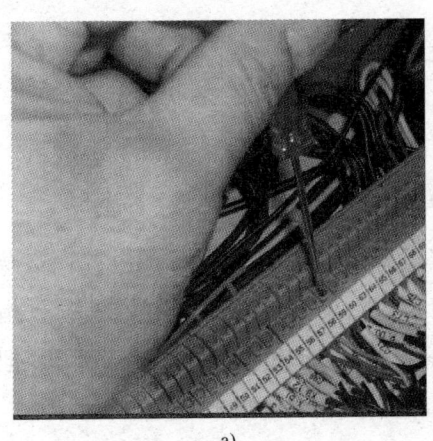

a)　　　　　　　　　　　b)

图2—14　接近开关引线与接线端子的连接

a) 与螺钉压紧型接线端子的连接　b) 与螺旋式接线端子的连接

接近开关的输出线应与负载连接，对 NPN 型的接近开关，负载应接在信号线与电源正极之间。接近开关的负载可以是继电器的线圈，但更多的情况是 PLC 的输入电路。

接近开关连接到 PLC 上时，应注意 PLC 的输入电路与接近开关输出形式的配合。对于 NPN 型的接近开关，PLC 的输入电流应该是从输入端子流出的（即通常所说 PLC 是"漏型"的。对于"源型"的 PLC，输入电流是流进 PLC 的输入端子的，则应配接 PNP 型的接近开关，对下文中要介绍的光电开关、磁性开关、光纤传感器等都应同样处理）。三菱 FX 系列的 PLC 输入电路使用内部电源，其输入端子是连接到内部电源正极的；而松下 FP 系列 PLC 的输入电路要将内部电源正极端子"24＋"与 com 端相连。将 NPN 型接近开关按图 2—15 所示线路与 PLC 连接，接线时要使用叉形冷压端头。

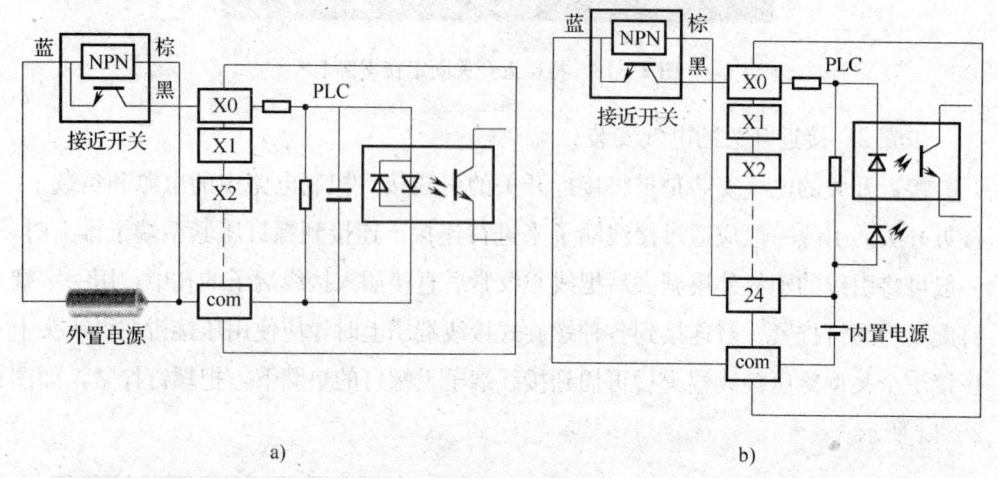

图 2—15　接近开关与 PLC 的连接
a）与松下 FP0 型 PLC 的连接　b）与三菱 FX2N 型 PLC 的连接

4. 接近开关的调整

步骤 1　调整接近开关的位置

将被测物体放置在检测位置上，接通接近开关的电源和 PLC 的电源。略微松开固定支架上的螺母，调整接近开关的前后位置，调整到接近开关上的 LED 指示灯点亮后（接近开关上没有指示灯的可观察 PLC 相应输入端口上的 LED），把接近开关再往前移动一些，将固定支架上的螺母拧紧即可，如图 2—16 所示。

步骤 2　调整电容式接近开关的灵敏度

电容式接近开关上一般都有微调电位器可供调整灵敏度。如图 2—17 所示。调整的方法和顺序为：

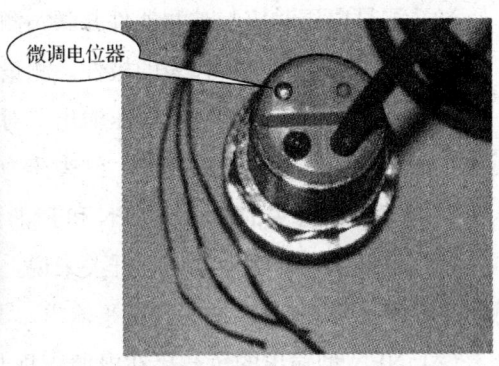

图 2—16　接近开关位置的调整　　图 2—17　电容式接近开关的灵敏度调节电位器

（1）把被测物体移开，顺时针调节微调电位器使灵敏度提高，直到 LED 指示灯亮，记住此位置为 ON 位置。

（2）把被测物体放在检测距离内，逆时针调节电位器使灵敏度下降，直到 LED 熄灭，记住这个位置为 OFF 位置，从 ON 位置到 OFF 位置大约转过 1.5 圈时测量较稳定。

（3）将电位器调整到 ON 和 OFF 的中间位置，灵敏度即调整完成。灵敏度调整的步骤如图 2—18 所示。

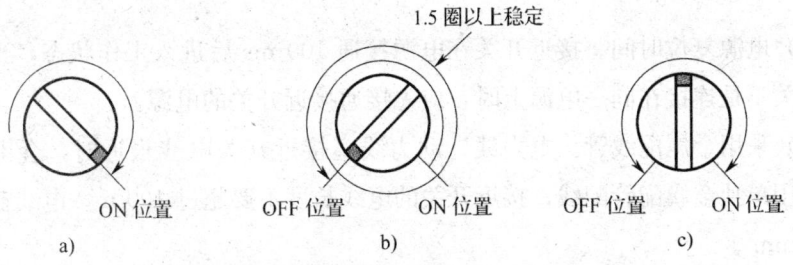

图 2—18　电容式接近开关的灵敏度调节步骤
a) 顺时针调到 ON 位置　b) 逆时针调到 OFF 位置　c) 调整完成

四、注意事项

1. 正确使用万用表，注意使用方法

（1）在通电情况下进行测量时，不能用电阻挡测量电路中元器件的电阻，而应使用测量电压、电流的方法进行测量。

（2）测量前应先估计大致的测量范围，注意万用表的量程应调整到大于可能出现的最大值，对指针式万用表指针处于刻度的中间位置时较为准确。

(3) 测量电压时应与被测器件并联，测量电流应与被测器件串联。

(4) 注意表棒颜色所代表的极性。测量电压、电流时红表棒应置于电位较高的一侧，测量电阻时表棒之间有电压输出：对指针式万用表黑表棒为正极，红表棒为负极；而对数字式万用表则相反，红表棒为正极，黑表棒为负极。

2. 注意各种开关的输出极 NPN 和 PNP 的区别

(1) 对提供常开触点的接近开关来说，输出极为 NPN 型的在目标体靠近时为低电平输出；而 PNP 型的为高电平输出。

(2) NPN 型输出的负载接在电源正极与输出线之间，负载电流从输出线流进接近开关；PNP 型输出的负载接在输出线与电源负极之间，负载电流从输出线流出接近开关。

3. 按规范要求进行安装、接线

(1) 防止短路。电源和接近开关输出线之间只有在串接负载时才能接通，不经过负载而直接将电源接到输出线上会损坏接近开关，必须加以注意。

(2) 注意电源、电压。接通电源之前必须先确定电源种类（交、直流）和额定电压范围，否则可能烧毁电路。

(3) 防止误配线。使用直流电源时注意电源极性，不要误配线，否则容易损坏电路。

(4) 电源复位时间。接近开关在电源接通 100 ms 后进入工作状态，当负载与接近开关不是连接在同一电源上时，应先接通接近开关的电源。

(5) 采用金属配线管。电力线、动力线离接近开关电线很近时，会引起误动作，应用单独金属配管配线；接近开关的电线长度不要超过 100 m，电线截面应大于 0.5 mm^2。

(6) 被检测体不应接触接近开关，以免因摩擦及碰撞而损伤接近开关。

(7) 用手拉拽接近开关引线会损坏接近开关，安装时最好在引线距开关 100 mm 处用线卡固定牢固。

(8) 安装时，不要用榔头等敲击，固紧螺母时不要过度用力，拧紧时务必使用垫圈。

学习单元2 识别和安装调整光电开关

学习目标

1. 了解光电开关的类别、外形、基本结构、引线。
2. 能识别各种类型的光电开关。
3. 了解光电开关的基本工作原理和使用方法。
4. 掌握光电开关的安装和调整方法。

知识要求

一、光电开关的类型和基本结构

光电开关是通过把发光强度的变化转换成电信号的变化来实现控制的。

光电开关在一般情况下，由三部分构成：发送器、受光器和检测电路，如图2—19所示。

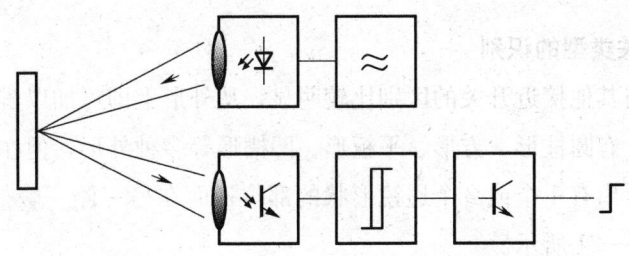

图2—19 光电开关的构成

发送器对准目标不间断地发射光束，发射的光束一般来源于发光二极管（LED）或激光二极管。受光器由光电二极管或光电三极管组成。在受光器的前端，装有光学元件，如透镜和光圈等。在其后面是检测电路，它能滤出有效信号，将该信号转换成开关信号并放大后输出。

按照接收器接收光的方式的不同，光电开关可分为对（透）射式、反射式和漫射式三种，如图2—20所示。

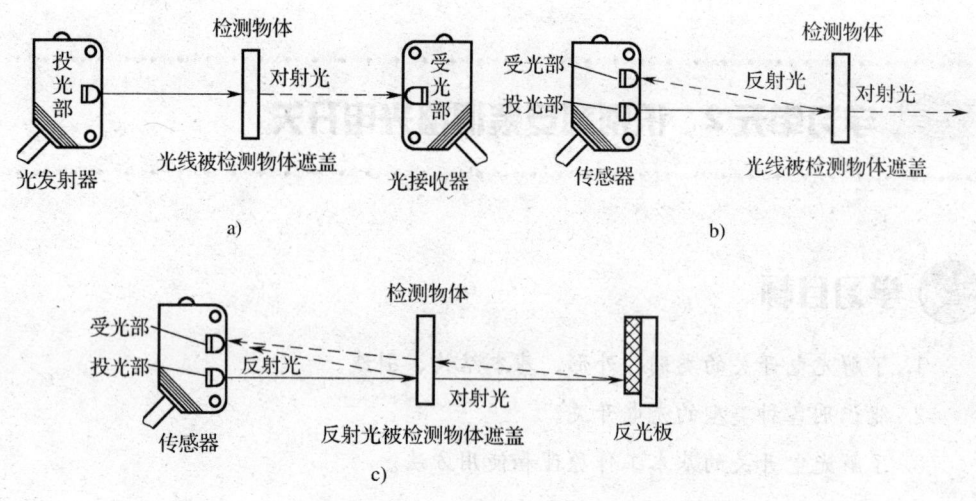

图 2—20 光电开关分类
a) 对（透）射式 b) 漫射式（漫反射式） c) 反射式

光纤的出现扩大了光电开关的使用范围，它可以在特殊的环境中使用，检测微小的物体。把发光器发出的光用光纤引导到检测点，再把检测到的光信号用光纤引导到光接收器就组成光纤式光电开关。按动作方式的不同，光纤式光电开关（光纤传感器）通常分成对射式和漫反射式等多种类型。

二、光电开关的识别方法

1. 光电开关类型的识别

光电开关与其他接近开关的区别比较明显，从外形上即可加以辨别。光电开关一般体积较小，有圆柱形、方形、平板形、凹槽形等多种外形，但在它的某一个平面上总是可以看出有 1 个或 2 个透镜形状的部位，而在另一侧一般都有 1~2 个调节旋钮，如图 2—21 所示。

各种不同类别的光电开关一般也能够从外形上识别：对射式的发射器和受光器是分开的，在发射器和受光器的头部都各有 1 个透镜，只有 1 个调节灵敏度的旋钮；反射式和漫射式的发射器和受光器都是一体化的，都具有 2 个并列的透镜，一般都有 2 个调节旋钮或 1 个调节旋钮但多 1 根引线，因此这两者比较不易分辨，但如果带有附件的话，反射式是带 1 个反射板的。而光纤传感器的外形与一般光电开关完全两样，它带有 2 根光纤，光纤的端部带有光纤检测头，特征非常明显。各种不同类别的光电开关如图 2—22 所示。

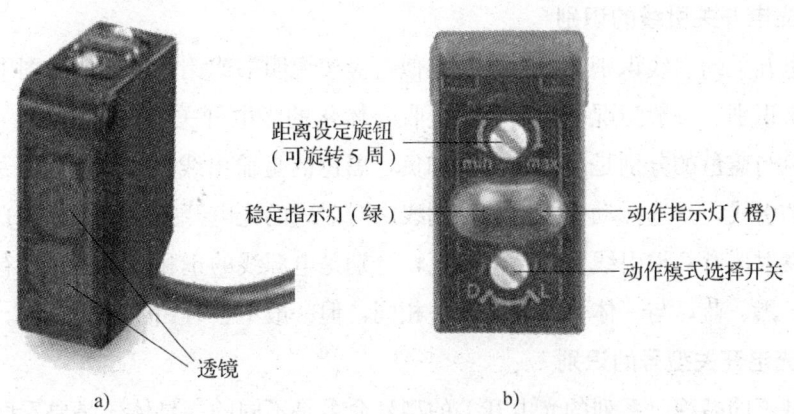

图 2—21 光电开关的形状
a) 光电开关外形 b) 调节旋钮和指示灯

图 2—22 各种不同类别的光电开关的识别
a) 对射式 b) 反射式 c) 漫反射式 d) 光纤传感器

2. 光电开关引线的识别

光电开关的引线识别与接近开关类似,应按说明书或铭牌上的接线图中所标注的颜色来识别。一般情况下,发射、接收一体化的光电开关有3根引线:棕、黑、蓝,棕色与蓝色的分别是电源线的正和负,黑色的是输出线。有的光电开关多了1根白色的引线,是选择动作模式的控制线。对射式的光电开关发射器和受光器是分开的,发射器有2根引线:棕色与蓝色,分别是电源线的正和负;受光器有3根引线:棕、黑、蓝,与一体化的光电开关相同,但一般不会有白色的控制线。

3. 光电开关型号的识别

各种不同品牌、系列的光电开关的型号命名是不同的,具体还是要看厂商的产品样本或说明书。但一般在型号中大致能反映出一些重要的信息,如检测距离、输出形式等。例如某光电开关的型号为BM3M－TDT,可大致了解此开关的检测距离是3 m,NPN型输出。又如某光电开关型号为BJ300－DDT－P,可大致了解此开关的检测距离是300 mm,PNP型输出。一般型号中前半部分表示产品系列和检测距离(单位为米的数字后带M,不带M的单位是mm),短横线后的部分往往表示光电开关类型、供电性质、输出形式等。如上述型号中的DDT－P,第1个字母D表示漫反射型(T为对射型,M为镜面反射型);第2个字母D表示直流供电;第3个字母T表示晶体管输出;最后的P表示为PNP输出(NPN输出一般不标)。

三、光电开关的基本工作原理和应用知识

1. 光电开关的工作原理

光电开关是利用被检测物对光束的遮挡或反射而检测物体有无的。被检测物体不限于金属,所有能遮断或反射光线的物体均可被检测。光电开关将输入电流在发射器上转换为光信号射出,受光器再根据接收到的光线的强、弱或有无,实现对目标物体的探测。多数光电开关选用的是波长接近可见光的红外线光波型。图2—23是反射式光电开关的工作原理框图。图2—23a中,由振荡回路产生的调制脉冲经发射电路后,由发光管GL辐射出光脉冲。当被测物体进入受光器作用范围时,被反射回来的光脉冲进入图2—23b中的光敏三极管DU。并在接收电路中将光脉冲解调为电脉冲信号,再经放大器放大和同步选通整形,然后用数字积分或RC积分方式排除干扰,最后经延时(或不延时)触发驱动器输出光电开关控制信号。

光电开关一般都具有良好的回差特性,因而即使被检测物在小范围内晃动也不会影响驱动器的输出状态,从而可使其保持在稳定工作区。同时,自诊断系统还可以显示受光状态和稳定工作区,以随时监视光电开关的工作。

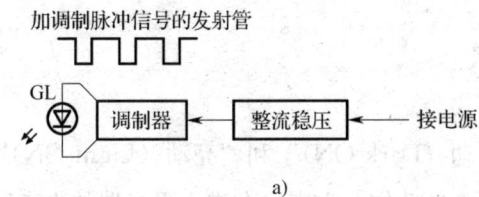

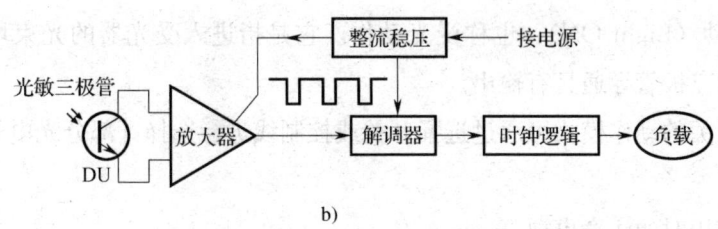

图 2—23 光电开关的工作原理框图
a) 发射器　b) 受光器

各种不同类型光电开关的工作情况如下：

(1) 对射式光电开光

若把发光器和受光器分离开，就可使检测距离加大。由一个发光器和一个受光器组成的光电开关就称为对射分离式光电开关，简称对射式光电开关。它的检测距离可达几米乃至几十米。使用时把发光器和受光器分别装在检测物通过路径的两侧，检测物通过时阻挡光路，受光器就动作，输出一个开关控制信号。

(2) 反射式光电开关

把发光器和受光器装入同一个装置内，在它的前方装一块反光板，利用反射原理完成光电控制作用的称为反射式（或反射镜反射式）光电开关。三角反射板由很小的三角锥体反射材料组成，能够使光束准确地从反光板中返回，具有实用意义。它可以在与光轴 0°～25°的范围改变发射角，使光束几乎是从一根发射线，经过反射后，还是从这根发射线直线返回。正常情况下，发光器发出的光被反光板反射回来被受光器收到；一旦光路被检测物挡住，受光器收不到光时，光电开关就动作，输出一个开关控制信号。

(3) 漫射式光电开关

漫射式光电开关是利用光照射到被测物体上后反射回来的光线而工作的，由于物体反射的光线为漫射光，故称为漫射式光电开关。它的检测头里也装有一个发光器和一个受光器，但前方没有反光板。正常情况下发光器发出的光受光器是收不到的；当检测物通过时挡住了光，并把部分光反射回来，受光器就收到光信号，输出一个开关控制信号。

2. 光电开关的应用知识

（1）光电开关的动作模式

光电开关的动作有"暗动（Dark ON）"和"亮动（Light ON）"两种模式。

1）暗动（Dark ON）：遮光动作。它表示在进入受光器的光束减少到一定程度时或被全遮时，输出三极管将导通输出。

2）亮动（Light ON）：也称受光动作。它是指进入受光器的光束增加到一定量时，输出三极管导通且有输出。

光电开关的动作模式可通过选择开关或控制线进行选择（部分光电开关不能选择）。

（2）使用时的注意事项

光电开关可用于各种应用场合，在使用光电开关时，应注意环境条件，以使光电开关能够正常可靠地工作。

1）光电开关在环境照度较高时，一般都能稳定工作。但应避免将受光器光轴正对太阳光、白炽灯等强光源。在不能改变受光器光轴与强光源的角度时，可在光电开关上方四周加装遮光板或套上遮光筒。

2）在几组光电开关并列靠近安装时，应防止相互干扰，相邻的光电开关应拉开间距。对于对射式光电开关，防止这种干扰最有效的办法是发射器和受光器交叉设置。

3）当被测物体有明亮光泽或遇到光滑金属面时，一般反射率都很高，有近似镜面的作用，这时应将投光器与检测物体安装成 $10°\sim20°$ 的夹角，以使其光轴不垂直于被检测物体，从而防止误动作。

4）应排除背景物影响。使用漫反射式投、受光器时，有时由于目标体离背景物较近或者背景是光滑等反射率较高的物体时，可能会使光电开关不能稳定检测。此时可以采用使目标体远离背景物、拆除背景物、将背景物涂成无光黑色，或设法使背景物粗糙、灰暗等方法加以排除。

5）光电开关的透镜可用擦镜纸擦拭，禁用稀释溶剂等化学品，以免永久损坏塑料镜。

6）高压线、动力线和光电传感器的配线不应放在同一配线管或线槽内，否则会由于感应而造成光电开关的误动作或损坏。

技能操作

识别和安装调整对射式、漫反射式光电开关

一、操作要求

1. 辨别光电开关及其引线。
2. 利用万用表、直流电源测试光电开关。
3. 光电开关能正确动作,输出信号。

二、操作准备

项目所需设备、工具、材料见表 2—2。

表 2—2　　　　　　　　项目所需设备、工具、材料

序号	名称	规格型号	数量	备注
1	万用表	MF368 型(指针式)	1 台	其他型号也可
2	直流电源	DC24 V	1 台	附导线 2 根(红、黑各 1 根,一端带鳄鱼夹)
3	对射式光纤传感器	Autonics BF3RX,光纤型号 FT—420—10	1 个	其他型号也可
4	漫反射式光电开关	Autonics BYD100—DDT	1 个	其他型号也可
5	PLC	三菱 FX2n 型或松下 FP1 型	1 台	交流电源已连接好,由开关控制
6	十字螺钉旋具	75 mm	1 个	
7	剥线钳		1 个	
8	压接钳		1 个	
9	U 形冷压接线端头	UT1—3	10 个	
10	软接线	0.8 mm²	共 3 m	分红、蓝、黑等几种颜色

三、操作步骤

1. 辨别光电开关

观察图 2—24 所示 2 个光电开关,看到图 2—24c 中光电开关有 2 根光纤,且 2 根光纤头上各带 1 个检测头,可判断其为对射式的光纤传感器。图 2—24a 的光电

开关在一侧有并列 2 个透镜形状的部位，在另一侧有 1 个旋钮和 1 个指示灯如图 2—24b 所示，因此初步判断其为反射式或漫反射式光电开关。

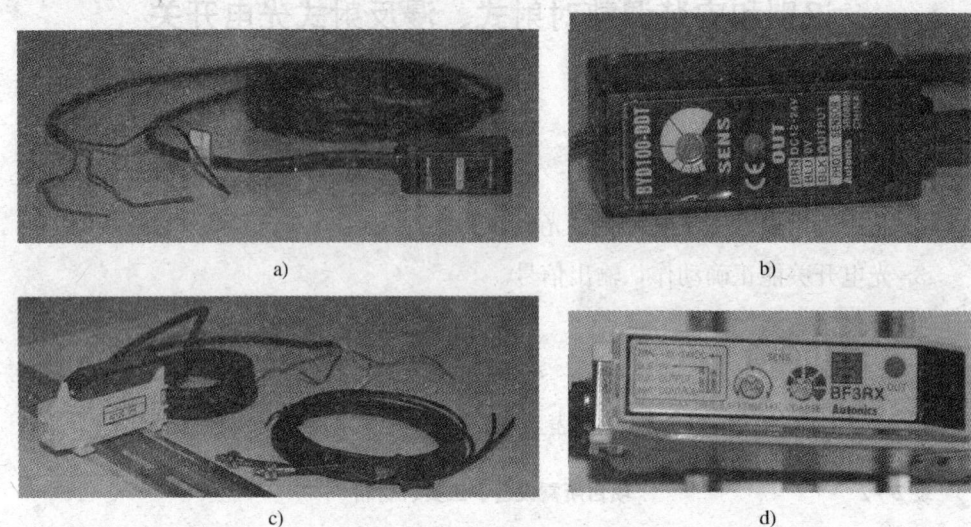

图 2—24 对光电开关的识别
a）漫反射式光电开关 b）图 a 中光电开关的铭牌
c）光纤传感器 d）图 c 中光纤传感器的铭牌

再观察 2 个光电开关的铭牌，看到它们的型号一个是 BF3RX，如图 2—24d 所示，所配光纤型号为 FT－420－10；另一个型号是 BYD100－DDT，如图 2—24b 所示。对照附带的产品说明书，看出 BF3RX 是 BF3 系列光纤传感器，RX 表示光源是红色，NPN 型输出，所配 FT 型光纤为对射式（若配 FD 型光纤即为漫反射式）。BYD100－DDT 为 BYD 系列光电开关，检测距离为 100 mm，DDT 表示为漫反射式、直流供电、NPN 型晶体管集电极开路输出。

2. 利用万用表、直流电源测试光电开关。

步骤 1　测试光纤传感器

用万用表 R×10 kΩ 挡测棕、蓝、黑 3 根引线相互之间的电阻值，均应在 0.5 MΩ 至无穷大之间。

将光纤传感器上棕色和白色的引线并在一起接到 24 V 直流电源的正极，将 1 根一端带鳄鱼夹的导线接到电源负极，用鳄鱼夹把蓝色引线和 10 kΩ 电阻的一端夹在一起，另外用 1 个鳄鱼夹把电阻的另一端和接近开关上的黑色引线夹在一起。扳下光纤传感器前端的锁定杆，把光纤插入 2 个插孔中，插到底后将锁定杆关闭，如图 2—25 所示。接通电源，有 1 根光纤头上的检测头会发出红光。将万用表调到直流电压 50 V 挡，测量电源正极和黑色输出线之间的电压，注意红表棒应放在电源正极上。把发光的光纤检测头去对准另一根光纤的检测头，这时电压读数会从高电平变为低电平；再用一张不透光的纸插入到 2 个检测头之间遮断红光，电压读数从低电平变为高电平，说明这个光纤传感器是暗动模式，如图 2—26 所示。关闭电源，把白色引线从 24 V 直流电源的正极改接到负极，再接通电源重新测试。将纸插入 2 个检测头之间，可以看出电压读数从高电平变为低电平，说明光纤传感器已变为亮动模式。即白色控制线接电源正极时光电传感器为暗动模式，接负极时为亮动模式。

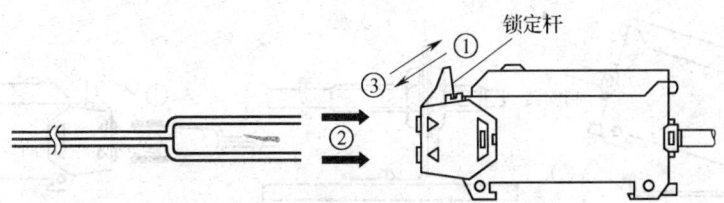

① 锁定杆"⌒"为打开。
② 要慢慢地紧密地将光纤插入放大器中。(深度：15 mm)
③ 锁定杆"⌒"向上为关闭。

图 2—25 光纤与放大器的连接

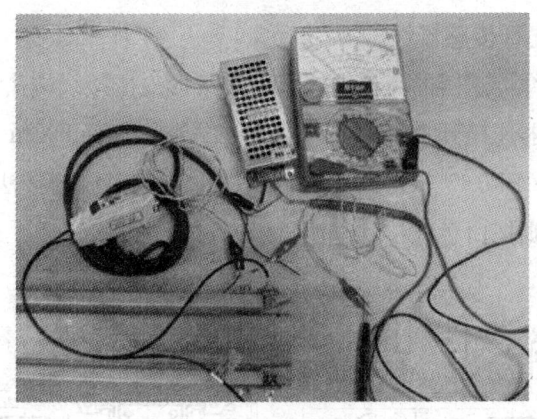

图 2—26 光纤传感器的测试

步骤 2　测试漫反射式光电开关

按照同样的接法（无白色引线）把 BYD100-DDT 型光电开关接到直流电源上，用万用表测量电源正极和黑色引线之间的电压。把一张白纸靠近光电开关的透镜处时，电压读数从 1 V 以下（低电平）变到 23 V 以上（高电平），而当把白纸移开时，电压又变为 1 V 以下（低电平），说明此光电开关为亮动模式（固定模式，不能改变）。

3. 光纤传感器的安装、接线和调节。

步骤1　安装光纤传感器

按图2—27中的步骤进行安装,其中光纤放大器导轨的位置可放置在检测位置附近。对射式光纤传感器应安装2个检测头,放置在与被检测物体相对的两边,2个检测头应相向对准。在用螺母紧固检测头时,不要用力过大,也不能用榔头敲击。连接光纤时应注意不要刮伤光纤的切面,也不要用力强拉光纤。弯曲光纤的曲率半径应大于光纤半径的30倍。

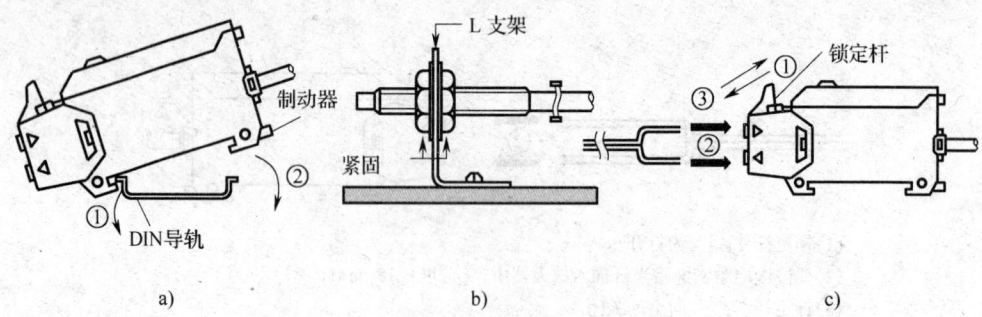

图2—27　光纤传感器的安装步骤

a) 安装放大器　b) 安装光纤检测头　c) 把光纤插入放大器

步骤2　连接光纤传感器

用压接钳在光纤传感器的4根引线上压接叉形冷压接线端头,按图2—28所示连接图将光纤传感器连接到PLC上。图2—28a为与三菱FX2n型PLC的连接图,图2—28b是与松下FP0型PLC的连接图。图中白色引线的接法是接为暗动模式,若要接成亮动模式则把白色线接到电源负极即可。

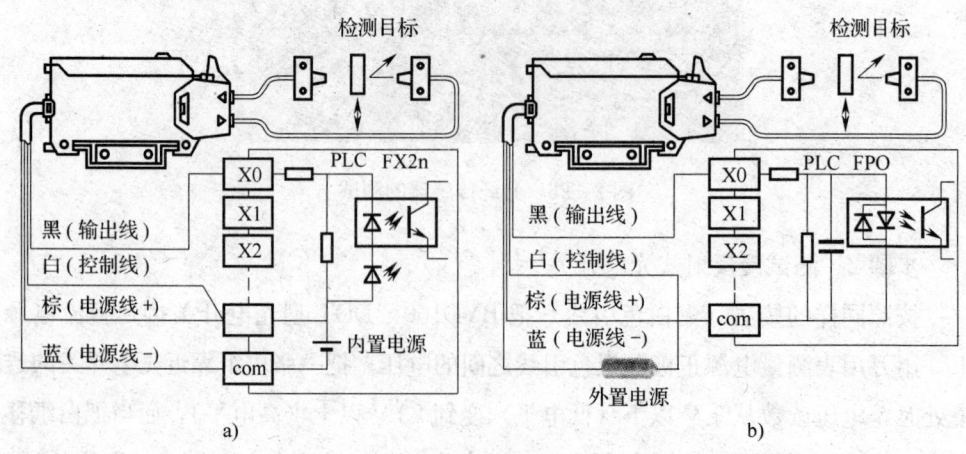

图2—28　光纤传感器与PLC的连接

a) 与三菱FX2n型PLC的连接　b) 与松下FP0型PLC的连接

步骤3 调节光纤传感器

(1) 光轴的调整

将相对安装的 2 个光纤检测头上下左右移动，把发射器发出的红光对准受光器。注意观察 PLC 的输入端口 LED，直到 LED 指示灯从亮到熄灭，表示光轴已对准，即将光纤检测头紧固在固定支架上。

(2) 灵敏度的调节

光纤传感器 BF3RX 有 2 个灵敏度调节旋钮，如图 2—24d 所示。其中一个是粗调（Coarse），另一个是细调（Fine）。按图 2—29 的方法调节灵敏度。

Order	探测类型		调整	VR	
	漫反射型	透过型		粗调 Coarse	细调 Fine
1	初步设置		将粗调 VR 设置到 Min 位置，将细调 VR 设置到中间位置（▼）	Min.	(−) (+)
2	接收光	接收光	检测状态在接收光状态时，将粗调 VR 慢慢地向右调整到 ON 的位置	ON Min.	(−) (+)
3	接收光	接收光	调整细调 VR 向 (−) 的方向调整到 OFF 为止，然后，再向 (+) 的方向调到 ON 时，这个 A 就是确认的位置	以后不需要粗调了	ON A OFF (−) (+)
4	中断光	中断光	使检测状态在中断光状态时，细调 VR 向 (+) 方向调节到 ON，再向 (−) 方向调到 OFF，这个 B 就是确认的位置，向 (+) 方向调不到 ON 时，(+) 方向的最大位置就是 B 位置		OFF B (−) (+) ON
5	—	—	将它调到 A 和 B 的中间这就是所要设定的最佳位置		A B (−) (+)
6	接收光	接收光	如果按以上的方法不能完成调整，调节细调 VR 向 (+) 的位置到最大，然后再重新设置一次	Min.	(−) (+) Max.

图 2—29 灵敏度的调节

4. 漫反射式光电开关的安装接线和调节

步骤1 安装、连接漫反射式光电开关

先在需检测的位置上安装好固定支架，然后用 2 个 3 mm 螺钉把光电开关固定在支架上,如图 2—30 所示。

图 2—30 漫反射式光电开关的安装

漫反射式光电开关有 3 根引线:棕、蓝、黑。可参照图 2—15 的接法,把接近开关换作光电开关,线的颜色不变,用叉形冷压接线端头接到 PLC 上即可。

步骤 2 调节漫反射式光电开关

完成接线后,接通 PLC 电源,用小旋具刀按下述步骤调整光电开关背面的灵敏度旋钮,调整时注意观察光电开关或 PLC 输入电路上的指示灯。

(1) 一般使用时可以将灵敏度设置到最大,但考虑到检测目标背景的影响,灵敏度应加以调整。

(2) 把被测物体放置在检测位置,灵敏度旋钮由最小位置(Min)慢慢调节到动作(ON)位置 a。

(3) 把被测物体移开,继续向灵敏度增大方向调节旋钮,慢慢调节到动作(ON)位置 b;如果调不到动作位置,则最大灵敏度位置(Max)就作为 b 位置。

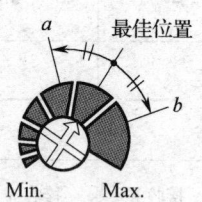

图 2—31 漫反射式光电开关灵敏度的调节

(4) 把旋钮调节到 a 和 b 之间的中间位置,就是最佳灵敏度位置。如图 2—31 所示。

学习单元 3 识别和安装调整磁性开关

学习目标

1. 了解磁性开关的类别、外形、基本结构、引线。
2. 能识别各种磁性开关。
3. 了解磁性开关的基本工作原理和使用方法。
4. 掌握磁性开关的安装和调整方法。

知识要求

一、磁性开关的类型及图形符号

磁性开关是一种对磁性物体敏感的接近开关。一般经常使用的磁性开关有 2 类，一类是用霍尔元件做成的接近开关，也叫做霍尔开关。当磁性物件移近霍尔开关时，开关检测面上的霍尔元件因产生霍尔效应而使开关内部电路状态发生变化，由此识别附近有磁性物体存在，进而控制开关的通或断；另一类是用舌簧开关（干簧管）做成的，主要用来检测汽缸活塞位置的，即检测活塞的运动行程的。霍尔型磁性开关和干簧管磁性开关如图 2—32 所示。

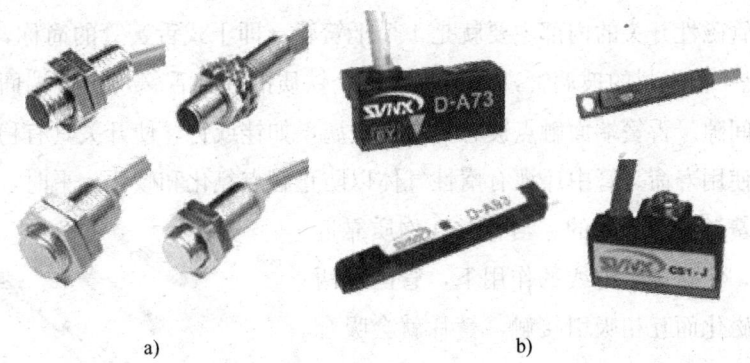

图 2—32 磁性开关
a) 霍尔型磁性开关 b) 干簧管磁性开关

在绘制电气原理图时,磁性开关、接近开关、光电开关要用规定的图形符号来表示,国家标准中磁性开关、接近开关、光电开关的图形符号如图 2—33 所示。

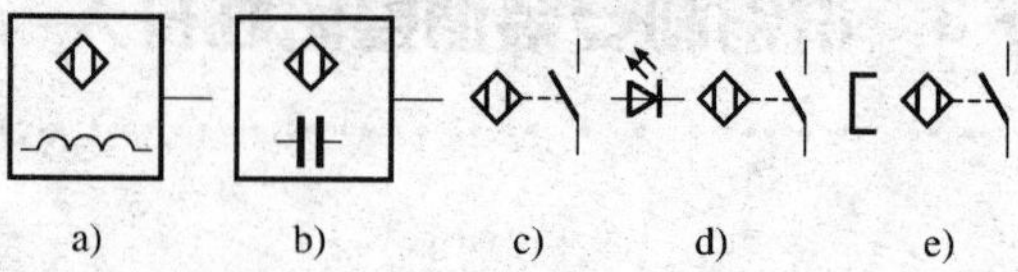

图 2—33　磁性开关、接近开关、光电开关的图形符号
a) 电感式接近开关方框符号　b) 电容式接近开关方框符号
c) 接近开关动合触点　d) 光电开关动合触点　e) 磁性开关动合触点

二、磁性开关及引线的识别

霍尔型磁性开关和干簧管磁性开关的识别还是比较方便的。霍尔型接近开关的外形一般都是螺纹圆柱形,也有方形的,以金属为外壳材料;而干簧管磁性开关一般体积较小,外壳材料大都是塑料,外形有方形的,也有圆柱形的,一般都有 3～4 mm 大小的圆孔供螺钉固定用。

磁性开关的引线有 2 根的,也有 3 根的。2 根引线的一般是棕色和蓝色,使用时串接负载后接到电源上,如使用直流供电时,棕色的线是正极,蓝色的是负极。3 根引线的一般是棕色、黑色和蓝色,棕色和蓝色接电源正极和负极,黑色的引线是输出线。

三、磁性开关的基本工作原理和应用知识

1. 干簧管磁性开关的工作原理和应用

干簧管磁性开关的内部主要就是 1 个干簧管(即干式舌簧管的简称,见图 2—34)。它是一根密封的玻璃管,管中装有两个铁质的弹性舌簧,舌簧端面互叠但留有一条细间隙。舌簧端面触点镀有一层贵金属,如铑或钌,使开关具有稳定的特性和极长的使用寿命。管中还灌有惰性气体以防止触点氧化和碳化。平时,玻璃管中的两个舌簧触点是分开的。当有磁性物质靠近玻璃管时,在磁场磁力线的作用下,管内的两个簧片被磁化而互相吸引接触,簧片就会吸合在一起,使触点所接的电路连通。外磁力消失后,两个簧片由于本身的弹性而分开,线路也就断开了。

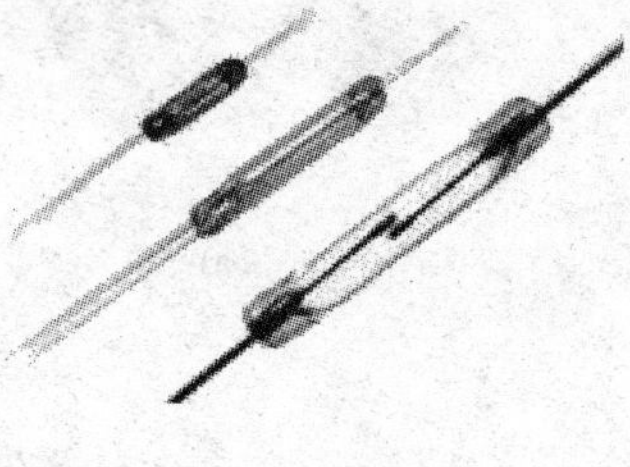

图 2—34　干簧管的结构图

在实际运用中,通常用永久磁铁控制这两根金属片的接通与否,所以干簧管又被称为"磁控管"。

干簧管磁性开关的原理框图如图2—35所示,电路中在干簧管上还串联了LED指示灯和稳压管作保护用。图2—35所示为2线制的磁性开关,可以交、直流两用。此外还有三线制的磁性开关,其输出元件为晶体管,与接近开关类似,也有NPN型和PNP型之分。

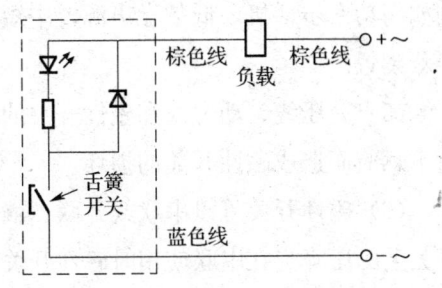

图2—35 干簧管磁性开关的原理框图

干簧管具有结构简单、体积小、便于控制等优点,可以安装在金属中,甚至可以穿过金属去检测磁性物体的接近。实际使用时通常将磁性开关固定在汽缸外壳上,来检测汽缸内活塞的位置。使用磁性开关时,尽量远离强磁场或周围有导磁金属环境,避免产生干扰。

2. 霍尔型磁性开关的工作原理和应用

当一块通有电流的金属或半导体薄片垂直地放在磁场中时,薄片的两端就会产生电位差,这种现象就称为霍尔效应,霍尔效应的灵敏度高低与磁场的磁感应强度成正比。霍尔型磁性开关的感应面有1个霍尔元件,当磁性物体接近时,磁感应强度 B 增大。当 B 值达到一定的程度时,霍尔开关内部的触发器翻转,霍尔开关的输出电平状态也随之翻转。输出端一般采用三极管输出,和接近开关类似,有NPN、PNP、常开型、常闭型、锁存型、双信号输出之分。霍尔型磁性开关的原理框图如图2—36所示。

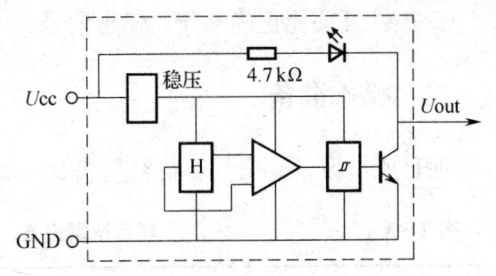

图2—36 霍尔型磁性开关原理框图

霍尔型磁性开关的功能类似干簧管磁性开关,但是比它寿命长,响应快,无磨损,但在安装时要注意磁铁的极性,若磁铁极性装反则无法工作。可安装在金属中,可穿过金属进行检测,可并排紧密安装。

3. 磁性开关使用注意事项

(1)电压和电流应避免超出使用范围。

(2)严禁磁性开关与电源直接接通,必须同负载(如继电器等)串联使用。

(3)磁性开关选用连接之前,要确认使用的工作电源,采用直流电源时,磁性开关的棕色线串负载后接电源的正极,蓝色线接电源的负极。

(4) 应避免在有强磁场、大电流的环境使用磁性开关。开关附近有强磁场时,例如高功率步话机,低频噪声源,中短波发射器等应远离磁性开关,否则必须加上屏蔽装置。

(5) 高压线、动力线和磁性开关的配线不应放在同一配线管或线槽内,否则会由于感应而造成磁性开关的损坏。

(6) 磁性开关可以串联或并联,就像机械触点一样。但需注意的一点就是磁性开关上的压降,在串联使用时磁性开关上的总压降等于磁性开关上的压降乘以磁性开关的串联个数。连接到PLC上时,若总压降太大,可能会使PLC不能产生正确的输入信号。

 技能操作

识别和安装调整磁性开关

一、操作要求

1. 辨别磁性开关及其引线。
2. 利用万用表、直流电源测试磁性开关的引线。
3. 磁性开关能正确动作,输出信号。

二、操作准备

项目所需设备、工具、材料见表2—3。

表2—3 项目所需设备、工具、材料

序号	名称	规格型号	数量	备注
1	万用表	MF368型(指针式)	1台	其他型号也可
2	直流电源	DC24 V	1台	附导线2根(红、黑各1根,一端带鳄鱼夹)
3	直线汽缸	SMC CDJ2B16—60—B	1个	带2个D—C73型磁性开关,其他型号也可
4	磁铁	直径	2个	其他型号也可
5	继电器	HH54P,DC24 V	1个	连插座。其他型号也可

续表

序号	名称	规格型号	数量	备注
6	PLC	三菱 FX2n 型或松下 FP1 型	1个	交流电源已连接好，由开关控制
7	十字旋具	75 mm	1个	
8	剥线钳		1个	
9	压接钳		1个	
10	U形冷压接线端子	4 mm	10个	
	软接线	0.8 mm²	3 m	分红、蓝、黑等几种颜色

三、操作步骤

1. 辨别磁性开关。

对实训室所提供的磁性开关进行辨别。根据其外形（见图2—37）可以看出，此开关是用黑色塑料为外壳，上有1个4 mm直径的圆孔和1个指示灯，体积较小，外形尺寸只有26 mm×11 mm×8 mm，输出引线只有2根。在外壳上看到标出型号为D-C73，DC24 V/5～40 mA，AC100 V/5～20 mA。根据其外形特点、输出引线和外壳标注上交直流两用的特点，可初步判断此磁性开关为干簧管磁性开关。

2. 利用万用表、直流电源测试磁性开关的引线。

用万用表R×10 kΩ挡测2根引线之间的电阻，正反向都应为∞；将一块磁铁靠近磁性开关，可以看到万用表的电阻读数减小，且黑表棒接棕色引线、红表棒接蓝色引线时阻值较大，约为20 kΩ，而红表棒接棕色引线、黑表棒接蓝色引线时阻值较小，约为8 kΩ（说明：此阻值与所使用的万用表类型和选择的量程有关，用数字万用表测量时测得的阻值与此值相差较大）。使用DC24 V电源，将电源正极通过1个DC24 V的继电器线圈后接到磁性开关棕色引线，而蓝色引线接电源负极。接通电源，在未放磁铁前2根引线间电压为24 V；当磁铁靠近时，指示灯点亮，串接的继电器得电吸合，测得2根引线间压降变为3 V左右，此即磁性开关的压降。

图2—37 D-C73型磁性开关

3. 磁性开关的安装、接线。

步骤1 磁性开关的机械安装

磁性开关一般用于检测汽缸中活塞的位置。在汽缸内的活塞头上内装有环型磁铁，而磁性开关则在汽缸外紧贴缸壁安装。根据不同的型号，磁性开关可以是安装在缸体壁的槽内以紧固螺钉固定，也可用专用固定钢带把磁性开关固定在缸壁上，如图2—38所示。

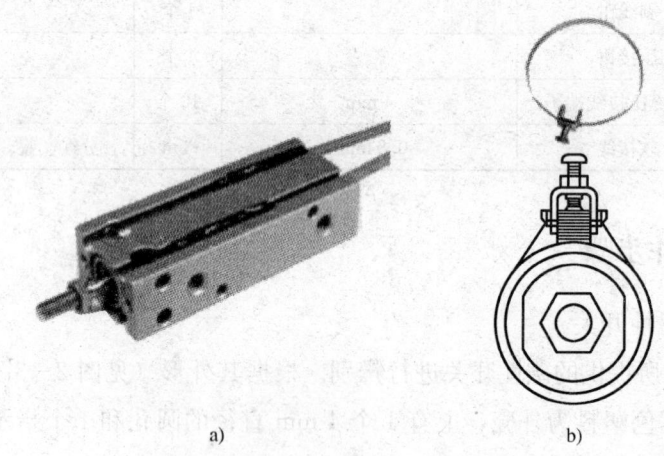

图2—38 将磁性开关固定在汽缸壁上
a) 用紧定螺钉固定在槽内 b) 固定钢带安装

步骤2 磁性开关的接线

将安装在汽缸上的2个磁性开关的引线接到控制电路中PLC的输入端子上。使用压接钳在引线头上压接叉型冷压接线端头后，把棕色的引线接到PLC输入端子上螺钉的垫圈下，把螺钉拧紧；蓝色的引线接到PLC输入端的公共端子COM上即可。若使用松下FP0系列的PLC时，应将内置电源正极端子"24+"与com端相连。磁性开关与PLC的接线如图2—39所示。

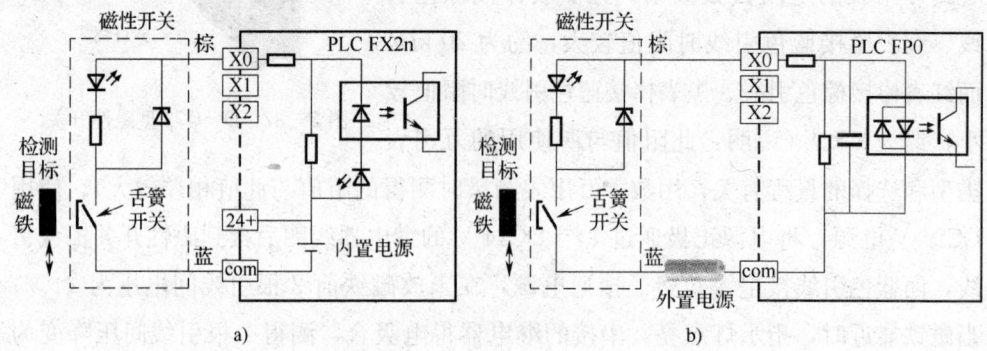

图2—39 磁性开关与PLC的接线
a) 与三菱FX2n系列PLC的连接 b) 与松下FP0系列PLC的连接

步骤3　磁性开关的位置调整

在汽缸两端分别有缩回限位和伸出限位两个极限位置，自动控制中往往需要这两个位置的信息，以便实现控制功能。获取信息的方法是在这两个极限位置都分别装有一个磁性开关。汽缸的活塞（或活塞杆）上安装有磁环，当汽缸的活塞杆运动到哪一端时，哪一端的磁感应式接近开关就动作并发出电信号。在PLC的自动控制中，可以利用该信号判断汽缸的运动状态，以确定活塞杆是被推出或返回。调试时，磁性开关的安装位置可以调整，调整方法是松开它的紧固螺栓，让磁性开关可以顺着汽缸滑动，同时观察磁性开关上LED指示灯的亮暗。

接通PLC的电源，松开2个磁性开关固定钢带上的紧固螺栓。先将活塞杆推到缩回位置，滑动缩回限位磁性开关，当磁性开关上LED亮时，缩回限位磁性开关到达指定位置，旋紧缩回限位磁性开关的紧固螺栓。再将活塞杆拉出到伸出限位位置，滑动伸出限位磁性开关，当磁性开关上LED亮时，伸出限位磁性开关到达指定位置，旋紧伸出限位磁性开关的紧固螺栓。然后重复几次将活塞杆推进和拉出，看2个磁性开关的LED能否可靠动作，若有不稳定的状况，可以将相应磁性开关的位置再调整一下。如图2—40所示。

图2—40　磁性开关位置的调整

学习单元4　识别和安装调整光电编码器

学习目标

1. 了解光电编码器的类别、外形、基本结构、引线。
2. 能够识别各种类型的光电编码器。

3. 了解光电编码器的基本工作原理和使用方法。
4. 掌握光电编码器的安装和调整方法。

 知识要求

一、光电编码器的类型和基本结构

旋转编码器是用来测量转速或角位移的装置。光电式旋转编码器（简称光电编码器）通过光电转换，可将输出轴的角位移、角速度等机械量转换成相应的电脉冲，以数字量输出，技术参数主要有每转脉冲数（几十个到几千个都有），和供电电压等。光电编码器的外形如图2—41所示。

图2—41 光电编码器

光电编码器按运动部件的运动方式可分为旋转式和直线式两种，按信号原理可分为增量型编码器和绝对型编码器。

（1）增量型编码器有单路输出、双路输出和3路输出等不同形式。单路输出是指编码器的输出是一组脉冲，通过计算脉冲的个数和频率，可以测量转速或角位移；而双路输出的旋转编码器输出两组相位差为90°的脉冲（A/B二相），通过这两组脉冲不仅可以测量转速，还可以判断旋转的方向；三路输出是指除了A/B二相脉冲之外，另外每转输出一个Z相脉冲以代表零位参考位置。增量型编码器通常使用的多为3路输出。

增量型编码器的基本结构由可固定在支架上的外壳、中间有转轴的光电码盘、光电发射器件、光电接收器件、信号转换及输出电路等部件组成。由图2—41中可看出，旋转编码器的外壳类似于一个微型电动机，其端部一般是一个带止口的安装法兰，用安装法兰上的螺孔可将编码器固定在支架上。在外壳内部有码盘及光电部件，码盘可由中间的转轴带动其旋转。在机壳内还有电路板，是信号处理电路和输出电路。输出电路通过机壳后部或侧面的引线电缆将信号输出，并引进电源。

（2）绝对型编码器内部的光电码盘上有许多道光通道刻线，每道刻线依次以 2 线、4 线、8 线、16 线……编排，这样，在编码器的每一个位置，通过读取每道刻线的亮、暗，可获得一组从 2 的零次方到 2 的 $n-1$ 次方的唯一的 2 进制编码，这就称为 n 位绝对型编码器。这样的编码器由光电码盘的机械位置决定每个位置输出唯一的编码，可以表示转轴的绝对位置。它无须记忆，无须找参考点，而且不用一直计数，什么时候需要知道位置，什么时候就去读取它的位置。

二、光电编码器的输出电压及引线

1. 编码器的输出电路

编码器的输出电路常用的有集电极开路输出（Open Collector）、电压输出（Voltage Output）、线驱动输出（Line Driver）和推挽式输出（Totem Pole）等。

集电极开路输出如图 2—42 所示，这种输出方式通过使用编码器输出侧的 NPN 三极管，将三极管的发射极引出端子连接至 0 V，集电极开路作为输出端。使用时必须通过负载将集电极连接到电源 +V。当输出信号为 ON 时，三极管输出为低电平，电流流入。

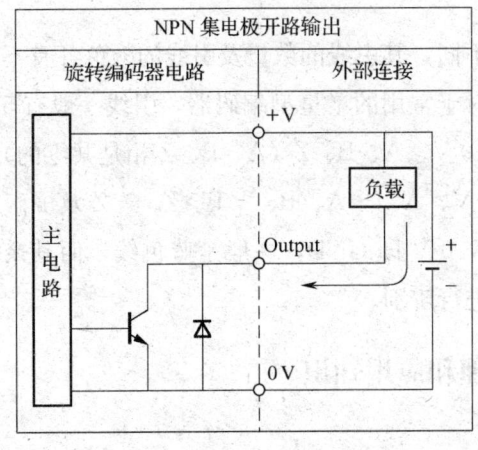

图 2—42　集电极开路输出

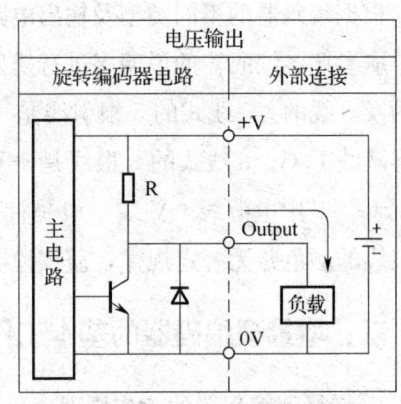

图 2—43　电压输出

电压输出如图 2—43 所示，这种输出方式通过使用编码器输出侧的 NPN 三极管，将三极管的发射极引出端子连接至 0 V，集电极端子通过负载电阻与 $+U_{cc}$ 相连,并作为输出端。外部负载接在集电极输出端与 0 V 之间。

线驱动输出是按照 RS－422A 标准的数据传送电路,可使用双绞线电缆进行长距离传送。这种输出方式采用双端输出,由于它具有高速响应和良好的抗噪声性能,使得线驱动输出适宜长距离传输。输出电路如图 2—44 所示。

推挽式输出也称为推拉输出,这种输出电路由上下两个 NPN 型的三极管组成,当其中一个三极管导通时,另外一个三极管则关断。电流通过输出侧的两个三极管向两个方向流入,并始终输出电流。因此它输出阻抗低,而且不太受噪声和变形波的影响。输出电路如图 2—45 所示。

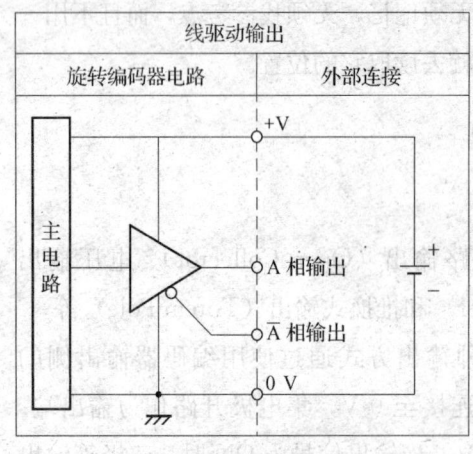
图 2—44 线驱动输出

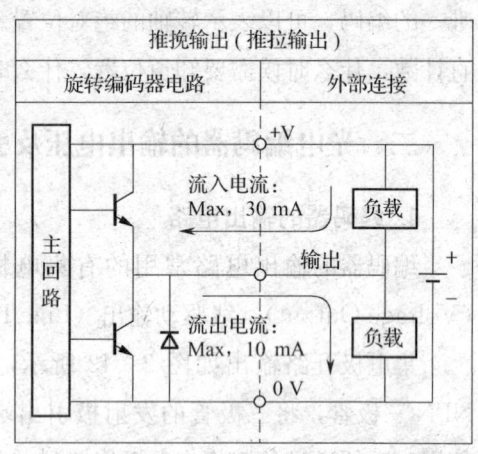
图 2—45 推挽式输出

2. 编码器引线的识别

根据编码器的不同类型及输出电路的不同,其引线的数量及引线的颜色各有不同,应参照各编码器的说明书进行辨别。对于常用的增量型编码器,引线一般有 5 线的及 8 线的。5 线式的 5 根引线是＋V、0 V、A、B、Z（A、B、Z 相是共零的）及屏蔽线 F.G。8 线式的 8 根线是＋V、0 V、A、－A、B、－B、Z、－Z 及屏蔽线 F.G。其中电源线＋V 线一般是棕色线,0 V 即 GND,一般是蓝色线,而其余几根线的颜色并无一定规律,需按说明书进行辨别。

三、增量型编码器的基本工作原理和应用知识

1. 增量型编码器的工作原理

增量型编码器的结构较简单,主要由光源、码盘、检测光栅、光电检测器件和转换电路组成（见图 2—46a）。在旋转的码盘上刻有节距相等的辐射状透光缝隙,如图 2—46b 所示,相邻两个透光缝隙之间的距离代表一个脉冲周期。另有一条码

道开有一个（或一组）特殊的窄缝，用于产生定位或零位信号。检测光栅上刻有A、B两组与码盘相对应的透光缝隙，用以通过或阻挡光源和光电检测器件之间的光线。它们的节距和码盘上的节距相等，并且两组透光缝隙错开1/4节距，使得光电检测器件输出的信号在相位上相差90°电角度。

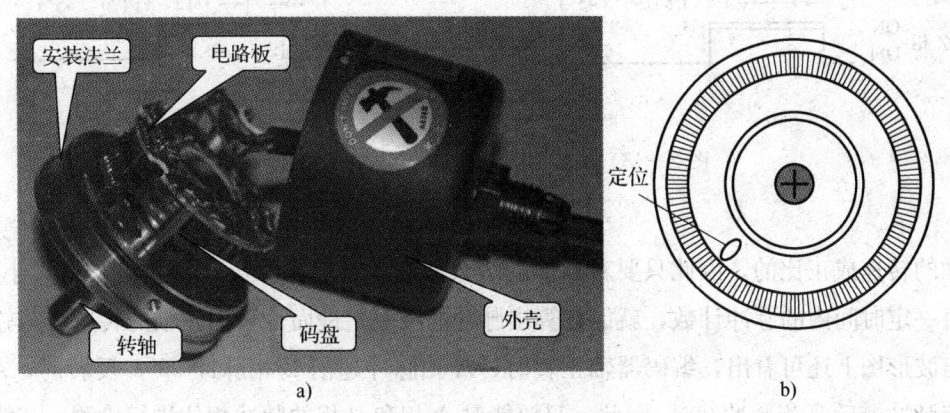

图 2—46　增量型编码器的结构与码盘

a) 光电编码器的基本结构　b) 码盘

在编码器的相对两侧，分别安装光源和光电器件，如图 2—47 所示。当码盘随着被测转轴转动时，检测光栅不动，光线透过码盘和检测光栅上的缝隙照射到光电检测器件上，光电检测器件就输出两组相位相差90°电角度的近似于正弦波的电信号，再经过信号处理电路的整形、放大等处理后，输出 A/B/Z 相的方波脉冲信号。增量式编码器正转和反转时输出信号波形如图 2—48 所示。

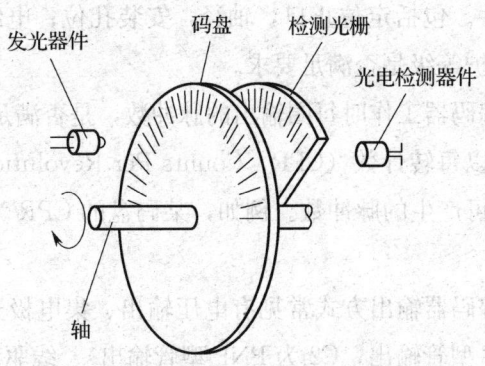

图 2—47　增量型编码器的原理示意图

由原理示意图和输出波形图中可以看出，码盘上沿圆周1圈的缝隙数是一个常数，每当码盘旋转1圈，编码器就会输出同样数量的脉冲，而且脉冲的频率是和转

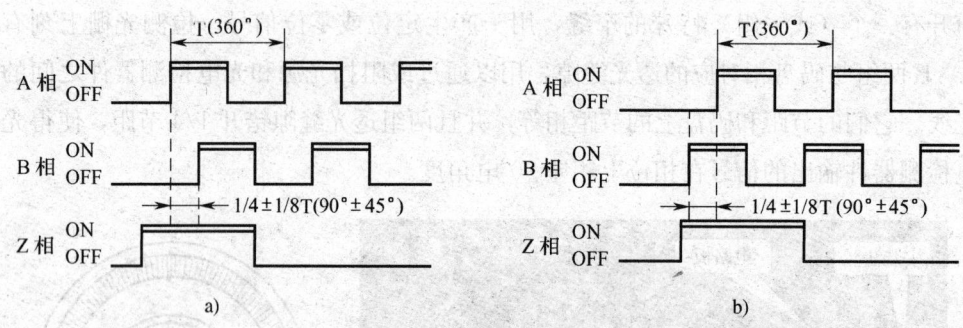

图 2—48 正转和反转时编码器输出信号波形
a) 正转（CW） b) 反转（CCW）

轴的转速成正比的。因此只要对脉冲的个数计数，就能计算出转轴角位移的大小；对一定时间内的脉冲计数，就能计算出脉冲的频率，进而计算出转轴的转速。从输出波形图上还可看出，编码器轴正转时，A相脉冲超前B相脉冲90°；反转时，A相脉冲滞后B相脉冲90°。因此，只要能对A相和B相的脉冲相位进行检测，就能辨别出编码器转轴的转向。在实际应用中，可在A相信号为"1"时对B相脉冲的上升沿和下降沿进行检测，若测得B相脉冲的上升沿发生在A相信号为"1"时，就认为是正转；如测得B相脉冲的下降沿发生在A相信号为"1"时，就认为是反转。

2. 增量型编码器的应用知识

(1) 增量型编码器选型

增量型编码器选型应注意三方面的参数：

1) 机械安装尺寸。包括定位止口，轴径，安装孔位；电缆出线方式；安装空间体积；工作环境防护等级是否满足要求。

2) 分辨率。即编码器工作时每圈输出的脉冲数，是否满足设计使用精度要求。增量编码器的分辨率以每转计数（CPR，Counts Per Revolution）表示，亦即码盘旋转一圈，光电检测可产生的脉冲数。例如，某码盘的 CPR 为 2048，则可分辨的最小角度为 $10'33''$。

3) 电气接口。编码器输出方式常见有电压输出、集电极开路输出（常见编码器型号中，C为NPN型管输出，C2为PNP型管输出）、线驱动器输出等。其输出方式应和其控制系统的接口电路相匹配。

(2) 控制器的编码器信号接口

实际应用系统中，编码器一般是作为检测部件，其输出的脉冲信号都要送到系统中的控制器中去，控制器需配置与编码器信号相匹配的输入接口。常见的控制器有 PLC、工业控制计算机、单片计算机等。如使用 PLC 采集数据，可选用高速计数模块；如使用工控机采集数据，可选用高速计数板卡；如使用单片机采集数据，建议选用带光电耦合器的输入端口。

 **技能操作**

识别和安装调整增量式光电编码器

一、操作要求

1. 辨别光电编码器及其引线。
2. 安装光电编码器。
3. 光电编码器能正确动作，输出信号。

二、操作准备

项目所需设备、工具、材料见表 2—4。

表 2—4　　　　　　　　项目所需设备、工具、材料

序号	名称	规格型号	数量	备注
1	增量式光电编码器	Autonics E50S8—100—3—1—24	1 个	其他型号也可
2	PLC	三菱 FX2n 型或松下 FP1 型	1 台	交流电源已连接好，由开关控制
3	三相异步电动机	0.37 kW，1 400 r/min	1 台	固定在铁制底座上，已连接好 3 相电源和正反转控制线路
4	固定支架		1 个	底部安装孔与电动机底座上螺孔相配
5	柔性联轴器		1 个	轴孔与电动机及编码器相配
6	双踪示波器	YB4325	1 台	带 2 个探头
7	十字螺钉旋具	75 mm	1 个	
8	剥线钳		1 个	
9	压接钳		1 个	
10	U 形冷压接线端子	4 mm	10 个	

三、操作步骤

1. 识别光电编码器

对图 2—49 所示编码器，先从外形上看，前端部有转轴，属轴型编码器。（编码器与被测转轴之间联结的方式分为轴型、中空型和嵌入型等）。前端的安装法兰上有圆台形的定位止口，平面上 3 个螺孔用于将编码器紧固在固定支架上。后端有电缆，电缆头上有 5 根引线和 1 根屏蔽线，应属于标准型的旋转编码器。

图 2—49　旋转编码器

再看铭牌（见图 2—50），铭牌上的编码器型号为 E50S8－100－3－1－24，查说明书并参考铭牌上的参数，可知道此编码器的外径是 50 mm，转轴的直径是 8 mm，每转发 100 个脉冲；型号中的 3 表示输出为 A/B/Z 相标准型输出（2 表示 A/B 相输出，4 表示 A，A－，B，B－线驱动输出，6 表示 A，A－，B，B－，Z，Z－线驱动输出）；后面的 1 表示为推挽式输出（2 表示 NPN 集电极开路输出，3 表示电压输出，L 表示线驱动输出）；最后的 24 表示电源是 DC24 V。

ROTARY　ENCORDER

MODEL	BLACK——OUT A
E50S8-100-3-1-24	WHITE——OUT B
	ORENGE——OUT Z
12-24VDC 5%	BROWN——+V
LOT NO：FE13	BLUE——0V
	SHIELD——F.G
Autonics	MADE IN KOREA

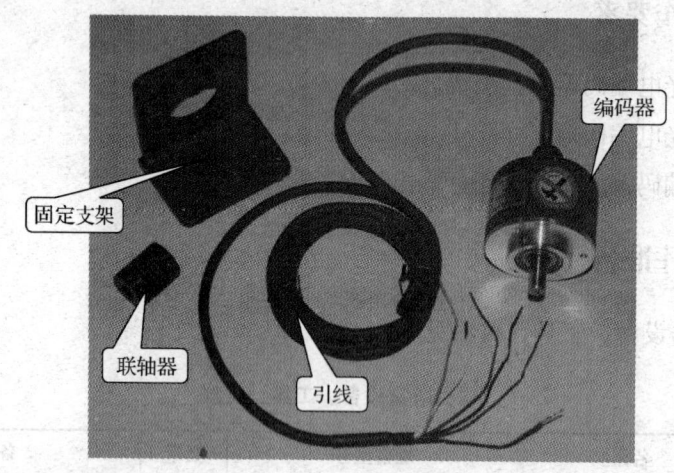

图 2—50　旋转编码器的铭牌

从铭牌上了解到，6根引线中，棕色（BROWN）和蓝色（BLUE）分别是24V电源的正、负极；黑色（BLACK）、白色（WHITE）和橘色（ORENGE）分别是A、B、Z相的输出；屏蔽线（SHIELD）接机壳地（F.G）。

2. 光电编码器的安装、接线

步骤1 编码器的安装

任务：在异步电动机的轴上安装编码器。如图2—51所示。

（1）在安装电动机的底座上用螺钉固定编码器的固定支架，注意使用垫铁并调整支架的位置，使支架上定位编码器的圆孔中心高度与电动机轴的中心高一致，圆孔中心对准轴中心后再旋紧螺钉（见图2—51a）。

（2）把编码器前端安装法兰的止口套进固定支架的定位圆孔中，并用3个螺钉把编码器固定在支架上（见图2—51b）。

（3）移动先前已套在电动机轴上的柔性联轴器，使联轴器两端的孔分别套在电动机和编码器的轴上，然后紧固联轴器上的内六角螺钉，从而使编码器的转轴与电动机的转轴连接在一起（见图2—51c）。

（4）略微松开电动机底座上固定编码器支架的4个螺钉，用手盘动电动机，同时移动调整支架位置，直到电动机旋转时编码器随之旋转而不产生晃动，旋紧固定螺钉，使编码器支架牢固地固定在底座上。

a)　　　　　　　　　　b)　　　　　　　　　　c)

图2—51 编码器的安装

a）安装固定支架 b）固定编码器 c）安装联轴器

步骤2 编码器的接线

要求把编码器连接到PLC上。

对推挽式输出的接线，外部负载可以接在输出端与电源+V之间，也可以接在输出端与0V之间，但要注意两种方式电流的方向正好相反，前一种接法负载电流是流进输出端的（称为灌电流），这种接法时允许的负载电流较大。具体应用时应与控制系统的接口电路相配合。在将编码器接到 PLC 的输入端口上时，由于 PLC 是通过高速计数器来连接编码器的，因此编码器 A/B/Z 相的接线还应遵照 PLC 中高速计数器对输入端子的规定来连接。

对三菱 FX2n 系列或松下 FP1 系列 PLC，可使用其基本单元上所包含的高速计数器连接编码器，根据其以 A、B 相输入方式接线时的规定，要将 A 相引线接到输入端子 X0 上，B 相引线接到端子 X1 上，Z 相引线可根据使用需要连接，本单元中暂时不使用 Z 相。按图 2—52 所示线路，用压接钳在引线上压接叉形接线端头后，将编码器电源和 A、B 相引线及屏蔽线连接到 PLC 上。

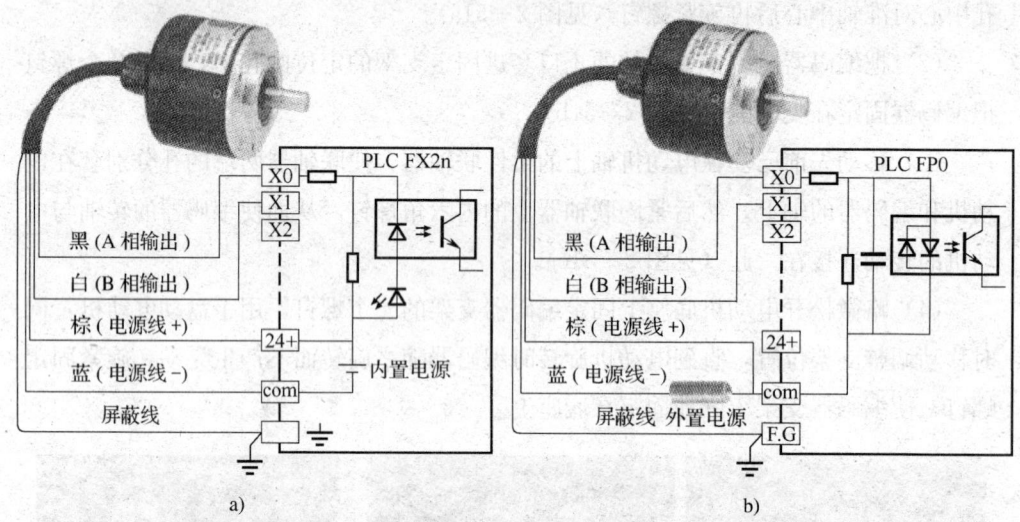

图 2—52 编码器与 PLC 高速计数器的连接
a) 编码器与三菱 FX2n 系列 PLC 的连接　b) 编码器与松下 FP0 系列 PLC 的连接

步骤 3　编码器输出波形的观察

完成编码器与 PLC 的连接之后，接通 PLC 的电源，用手工盘动电动机，观察 PLC 上输入端子 X0、X1 的 LED 指示灯是否有闪亮的现象。然后接通异步电动机的电源，启动电动机。在电动机正向或反向稳定运转时，用双踪示波器同时观察 X0、X1 端子上的脉冲波形，注意观察电动机正转或反转时 X0、X1 端子上 2 路脉冲波形的相位差。

四、注意事项

1. 由于编码器属于高精度机电一体化设备，所以编码器轴与用户端输出轴之间需要采用弹性软连接，以避免因用户轴的串动、跳动而造成编码器轴系和码盘的损坏。安装时应保证编码器轴与用户输出轴的同轴度<0.20 mm，与轴线的偏角<1.5°。

2. 安装时严禁敲击和摔打碰撞，以免损坏轴系和码盘。长期使用时，应定期检查固定编码器的螺钉是否松动（每季度一次）。

3. 接地线应尽量粗，一般应大于 1.5 mm^2。编码器的输出线彼此不要搭接，信号线不要接到直流电源上或交流电流上，以免损坏输出电路。

4. 光电编码器的类型不同、输出电路不同，其引脚也不同。使用前应仔细阅读说明书，按照说明书的要求进行接线。

第 2 节　三菱可编程控制器控制电路装调

学习单元 1　三菱可编程控制器的认识和接线

学习目标

1. 了解 PLC 的结构与特点。
2. 了解 PLC 输入、输出接口的基本结构。
3. 掌握常用输入、输出设备与 PLC 的正确连接方法。

知识要求

在现代化生产过程中，许多自动控制设备、自动化生产线均需要配备电气控制装置。以往的电气控制装置主要采用继电器、接触器或电子元件来实现，由连接导线将这些器件按照一定的工作程序组合在一起，以完成一定的控制功能，这种控制叫做接线程序控制。在这类控制装置中，指令元件有按钮、开关、时间继电器、压力继电器、温度继电器、过流、过压继电器等，产生输入信号；电气控制装置的输出信号用于控制接触器、继电器、电磁阀等对象。这样的电气装置体积大，生产周期长，接线复杂，故障率高，可靠性差。控制功能略加变动，就需重新组合、改变接线。

1968年，美国通用汽车公司（GM）为适应生产工艺不断更新的需要，提出一种设想：把计算机的功能完善、通用、灵活等优点和继电器控制系统的简单易懂、操作方便、价格便宜等优点结合起来，制成一种通用控制装置。这种通用控制装置把计算机的编程方法和程序输入方式加以简化，采用面向控制过程、面向对象的语言编程，使不熟悉计算机的人也能方便地使用。美国数字设备公司（DEC）根据这一设想，于1969年研制成功了第一台可编程序控制器PDP—14，并在汽车自动装配线上试用获得成功。该设备用计算机作为核心设备。其控制功能是通过存储在计算机中的程序来实现的，这就是人们常说的存储程序控制。由于当时主要用于顺序控制，只能进行逻辑运算，故称为可编程序逻辑控制器（Programmable Logic Controller，简称PLC）。进入20世纪80年代，随着微电子技术和计算机技术的迅猛发展，也使得可编程序控制器逐步形成了具有特色的多种系列产品。其功能已经远远超出逻辑控制、顺序控制的应用范围。故称为可编程序控制器（Programmable Controller，简称PC）。但由于PC容易和个人计算机（Personal Computer）混淆，所以人们还沿用PLC作为可编程控制器的英文缩写名字。

　　同计算机的发展类似，目前可编程序控制器正朝着两个方向发展。一是朝着小型、简易、价格低廉的方向发展，用于单机控制和规模比较小的自动化生产线控制。二是朝着大型、高速、多功能和多层分布式全自动网络化方向发展，以实现自动化工厂的全面控制要求。

一、PLC的类型、结构等相关知识

1. PLC的分类

可编程序控制器一般按控制规模的大小及结构特点进行分类。

（1）按控制规模分类，可以分为大型机、中型机和小型机（见图2—53）

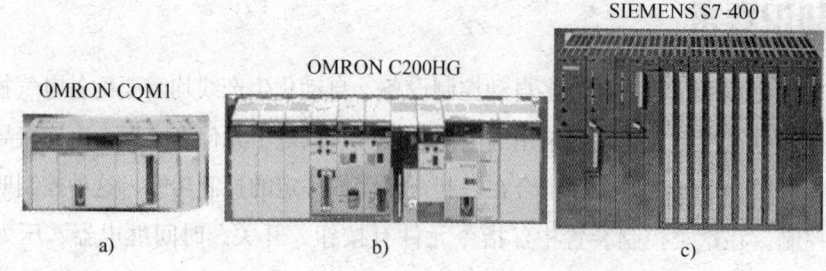

图2—53　PLC按控制规模分类

a）小型机　b）中型机　c）大型机

1) 小型机。小型机的控制点一般在 256 点之内，适合于单机控制或小型系统的控制。如日本 OMRON 公司的 CQM1，其输入输出的点数为 192 点；三菱公司的 FX2n，其输入输出的点数为 256 点；德国 SIEMENS 公司的 S7－200，其输入输出的点数为 248 点。

2) 中型机。中型机的控制点一般不大于 2 048 点，可用于对设备进行直接控制，还可以对多个下一级的可编程序控制器进行监控，它适合中型或大型控制系统的控制。如日本 OMRON 公司的 C200HG，其数字量输入输出的点数为 1 184 点；德国 SIEMENS 的 S7－300，输入输出的点数为数字量 1 024 点，模拟量 128 路，并提供 MPI、PROFIBUS、工业以太网等网络功能。

3) 大型机。大型机的控制点一般大于 2 048 点，不仅能完成较复杂的算术运算，还能进行复杂的矩阵运算。它不仅可用于对设备进行直接控制，还可以对多个下一级的可编程序控制器进行监控。如德国 SIEMENS 的 S7－400，I/O 点为 12 672 点；日本三菱公司的 Q2A，I/O 点为 4 096 点，提供以太网、MELSECNET/H、CCLINK 等网络功能。

(2) 按结构特点分类，可分为整体式和模块式（见图 2—54）

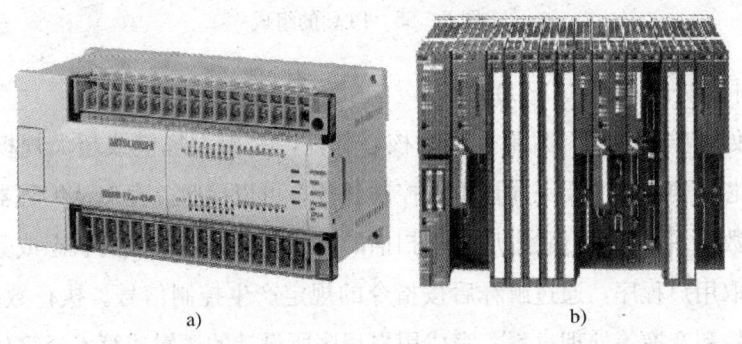

图 2—54　PLC 按结构特点分类
a) 整体式　b) 模块式

1) 整体式。整体式结构的 PLC，把电源、CPU、存储器、I/O 系统都集成在一个单元内，该单元叫做基本单元。一个基本单元就是一台完整的 PLC。控制点数不符合需要时，可再接扩展单元。整体式结构的 PLC，特点是非常紧凑、体积小、成本低、安装方便。

2) 模块式。模块式结构的 PLC，是把 PLC 系统的各个组成部分按功能分成若干个模块，如 CPU 模块、输入模块、输出模块、电源模块等。其中各模块功能比较单一，模块的种类却很丰富，除了一些基本的 I/O 模块外，还有一些特殊功能模块，像温度检测模块、位置检测模块、PID控制模块、通信模块等。模块式结构的PLC，特点是模块尺寸统一、安装整齐、I/O点选型自由、安装调试、扩展、维修灵活方便。

2. PLC的基本结构

尽管PLC有许多品种和类型，但其基本组成相同，主要由中央处理器CPU、存储器、输入、输出电路、电源及编程器等外部设备组成，如图2—55所示。

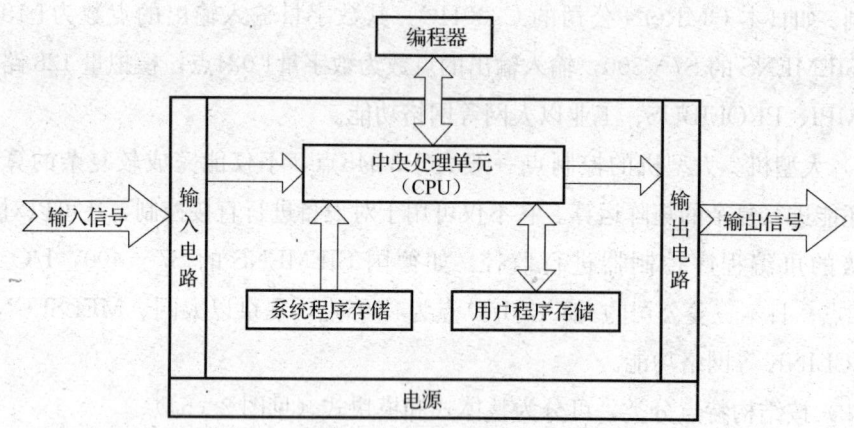

图2—55 PLC的组成

（1）中央处理单元（CPU）

中央处理单元（CPU）是系统的核心部件，是由大规模或超大规模的集成电路微处理芯片构成，主要完成运算和控制任务，可以接收并存储从编程器输入的用户程序和数据。进入运行状态后，用扫描的方式接收输入装置的状态或数据，从内存逐条读取用户程序，通过解释后按指令的规定产生控制信号。执行数据的存取、传送、比较和变换等处理过程。完成用户程序所设计的逻辑或算术运算任务，根据运算结果控制输出设备。PLC中的中央处理单元多数使用8位到32位字长的单片机。

（2）存储器单元

存储器单元按照物理性能可以分为两类：随机存储器和只读存储器。

随机存储器（RAM）由一系列寄存器阵组成，每位寄存器可以代表一个二进制数，在刚开始工作时，它的状态是随机的，只有经过置"1"或清"0"的操作后，它的状态才确定。若关断电源，状态丢失。这种存储器可以进行读、写操作，主要用来存储输入、输出状态，计数、计时以及系统组态参数。为防止断电后数据丢失，可采用后备电池进行数据保护。

只读存储器有两种。一种是不可擦除 ROM，这种存储器只能写入一次，不能改写。另一种是可擦除 EPROM 和 E^2PROM，这种存储器经过擦除以后还可以重写。其中 EPROM 只能用紫外线擦除内部信息，E^2PROM 可以用电擦除内部信息。只读存储器主要用来存储程序。

（3）电源单元

PLC 配有开关电源，电源的交流输入端一般都有滤波电路，交流输入电压范围一般都比较宽，抗干扰能力比较强。有些 PLC 还配有大容量电容作为数据后备电源，停电可以保持 50 小时。

一般直流 5 V 电源供可编程序控制器内部使用，直流 24 V 电源供输入、输出端和各种传感器使用。

（4）输入、输出单元

输入单元用于处理输入信号，对输入信号进行滤波、隔离、电平转换等，把输入信号的逻辑值安全、可靠地传递到 PLC 内部。输入单元有直流输入模块、交流输入模块和交直流输入模块 3 种类型。

输出单元用于把用户程序的逻辑运算结果输出到 PLC 外部。输出单元具有隔离 PLC 内部电路和外部执行元件的作用，还具有功率放大的作用。输出单元有三极管输出模块、晶闸管输出模块和继电器输出模块 3 种类型。

中央处理单元与输入、输出设备的联系，是由输入单元和输出单元实现的。

（5）外部设备

PLC 的外部设备主要有编程器、文本显示器、操作面板、人机界面、打印机等。其中编程器是 PLC 的重要外部设备，利用编程器可进行 PLC 程序编程、调试和监控，是应用 PLC 不可缺少的部分。编程器有简易编程器和智能编程器（专用图形编程器和计算机软件编程器）。简易编程器功能较少，一般只能用指令语句表形式进行编程，但价格便宜、体积小、质量轻、便于携带、适合小型 PLC 使用。但随着技术水平提高，用计算机软件编程已越来越多。

3. PLC 的特点

（1）可靠性高、抗干扰能力强

PLC 是专为工业环境下应用而设计制造的，在硬件和软件中采取了一系列抗干扰措施，如在硬件方面采用光电隔离和滤波等抗干扰措施和密封、防尘、抗振的外壳封装结构等，在软件方面设置故障检测与自诊断程序，状态信息保护功能等抗干扰措施，能适应各种恶劣的工作环境。一般 PLC 平均无故障时间可高达 30 万小时。

(2) 系统扩充方便、组合灵活，用户应用控制程序可变、柔性强

PLC 不仅具有逻辑运算、顺序控制、计时、计数等功能，而且还具有数值运算、数据处理和 A/D、D/A 等功能。因此，它既可以进行开关量控制，又可以进行模拟量控制，可以用于各种规模的工业控制场合。对应于不同的控制要求，只要选用相应的模块和编制不同的程序就可以实现。

(3) 编程简单、易学易用

可编程控制器是从电气继电器控制系统基础上发展起来，其编程语言面向现场，面向用户，尤其是采用类似继电器控制系统的梯形图编程语言，编程简单，易学易懂，使用方便。

(4) 系统设计、调试时间短，安装简单，维修方便

可编程控制器采用软件编程来代替继电器控制的硬连线，大大减轻了繁重的安装和接线工作，缩短了设计、施工、调试周期。PLC 还具有完善的自诊断功能、运行状态监控和显示功能、故障状态显示功能，便于调试与维护。

(5) 体积小、能耗低

可编程控制器是专为工业控制设计的专用计算机，结构紧凑，体积小，能耗低，质量轻。由于体积小，容易装入机械设备内部，是实现机电一体化的理想控制器。

4. PLC 的基本工作原理

PLC 工作采用循环扫描的工作方式，其扫描过程如图 2—56 所示。当 PLC 处于"停止（STOP）"工作状态时，只进行内部处理和通信操作。当 PLC 处于"运行（RUN）"工作状态时，顺序执行内部处理、通信操作、输入处理、程序执行和输出处理等工作。

PLC 运行时周期性地循环执行上述操作，1 次循环称为 1 个扫描周期。PLC 的扫描工作过程主要是输入处理、程序执行和输出处理三个阶段，如图 2—57 所示。

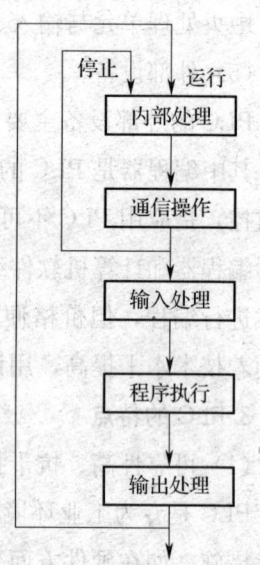

图 2—56 PLC 的工作方式

(1) 输入处理阶段

输入处理也称输入采样。CPU 顺序读入所有输入端子（不论输入端接线与否）的状态，将读到的输入继电器的通断（1 或 0）状态存入各自对应的输入映像寄存器。在程序执行阶段，如输入状态发生变化，但其

读入的输入信号内容不变，只有在下一个扫描周期的输入采样阶段才能重新把输入状态采样存入输入映像寄存器。

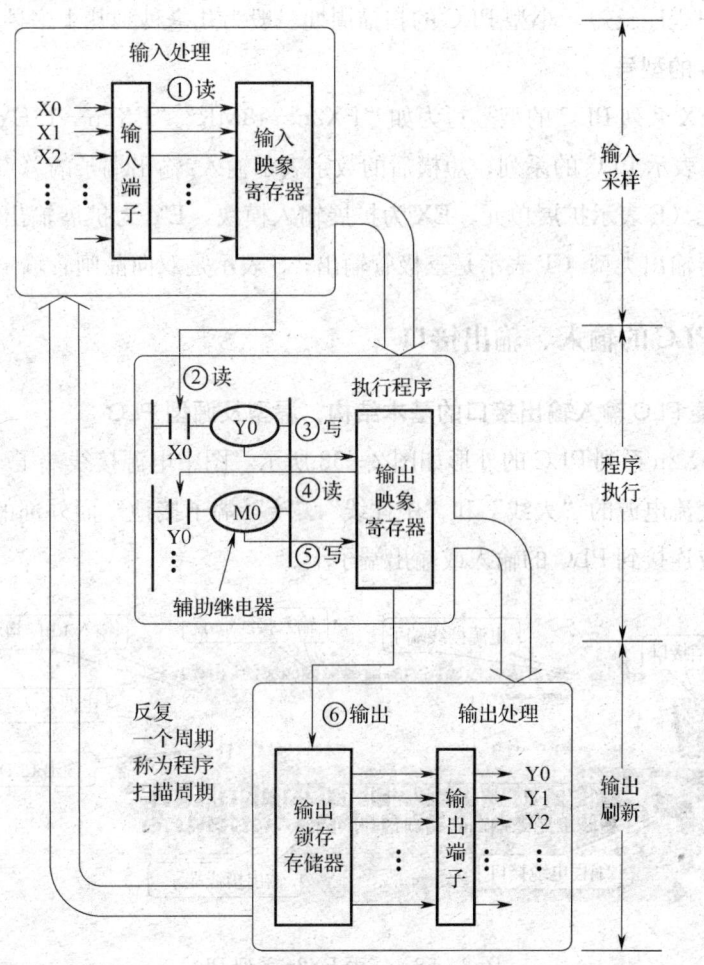

图 2—57　PLC 的循环扫描工作周期

（2）程序执行阶段

CPU 按照先上后下，先左后右的顺序，逐"步"读取指令并根据读入的输入、输出的状态，进行相应的运算，运算结果存入输出映像寄存器。

（3）输出处理阶段

输出处理也称输出刷新，这是一个程序执行周期的最后阶段。程序执行完毕后，把输出映像寄存器中通断状态送到输出锁存存储器，通过输出接口控制外部执行部件（如继电器、接触器等）的相应动作。然后又返回去进行下一个周期循环的扫描。

PLC 处于运行工作状态时，执行一次图 2—56 所示的全过程扫描所需的时间称为扫描周期。扫描周期是 PLC 的一个重要性能指标，PLC 的扫描周期取决扫描速度和用户程序长短，小型 PLC 的扫描周期一般为几毫秒到几十毫秒。

5. PLC 的型号

三菱 FX 系列 PLC 的型号写为如"FX2n－48MR""FX2n－16EYT"等形式。其中 FX2n 表示 PLC 的系列；短横后的数字表示输入/输出端子的总点数；M 表示为基本单元（E 表示扩展单元，EX 为扩展输入模块，EY 为扩展输出模块）；R 表示是继电器输出类型（T 表示是三极管输出，S 表示是双向晶闸管输出）。

二、PLC 的输入、输出接口

1. 三菱 PLC 输入输出接口的基本结构，漏型及源型 PLC

三菱 FX2n 系列 PLC 的外形如图 2—58 所示，图中电源接线端子"L""N"分别接单相交流电源的"火线"和"中性线"，"⏚"端子接地。而外部的输入设备及输出设备应连接到 PLC 的输入或输出端子上。

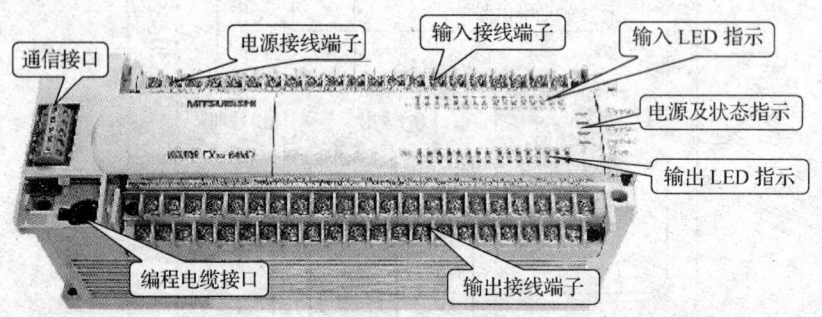

图 2—58 三菱 FX2n 系列 PLC

在 PLC 内部，由于 CPU 本身工作电压比较低（一般 5 V 左右），而输入、输出信号电压一般比较高（如直流 24 V 和交流 220 V），所以 CPU 不能直接与外部输入、输出装置连接，而由输入、输出接口电路转接。这样，输入、输出接口电路除了传递信号外，还有电平转换和噪声隔离的作用。FX2n 系列 PLC 的输入、输出电路分别如图 2—59 和图 2—60 所示。

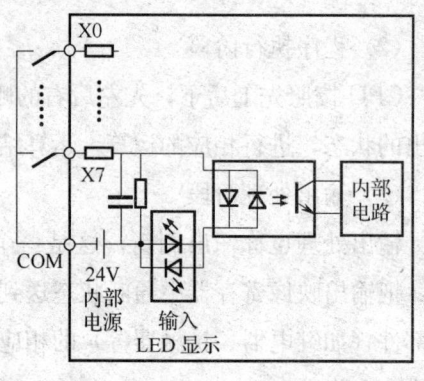

图 2—59 FX2n 的输入电路

图 2—59 给出了三菱 FX2n 系列 PLC 的输入接口电路。外部输入开关是通过输入端（例如 X0、X1……）与 PLC 连接。输入接口电路的一次电路与二次电路间用光耦合器隔离，在电路中设有 RC 滤波器，以消除输入触点的抖动和沿输入线引入的外部噪声的干扰。外部输入从 ON→OFF 或从 OFF→ON 变化时，PLC 内部有约 10 ms 的响应滞后。当输入开关闭合时，一次电路中流过电流，输入指示灯亮，光耦合器的发光二极管发光，而光敏三极管从截止状态变为饱和导通状态，PLC 的输入数据产生了 0 和 1 的状态改变。

图 2—60 给出了 PLC 的输出接口电路图，输出电路的负载电源须由外部提供。继电器输出型最常用。当 CPU 有输出时，接通或断开输出电路中继电器的线圈，继电器的接点闭合或断开，通过该接点控制外部负载电路的通断。很显然，继电器输出是利用了继电器的接点和线圈将 PLC 的内部电路与外部负载电路进行了电气隔离。继电器触点上允许流过的电流为 2 A。三极管输出型是通过光电耦合使三极管截止或饱和，以控制外部负载电路，并同时对 PLC 内部电路和输出三极管电路进行了电气隔离。三极管输出最大的特点是响应速度较快，但只能带直流负载，输出负载电流一般不超过 1 A。双向晶闸管输出型采用了光触发型双向晶闸管进行隔离，只能带交流负载。

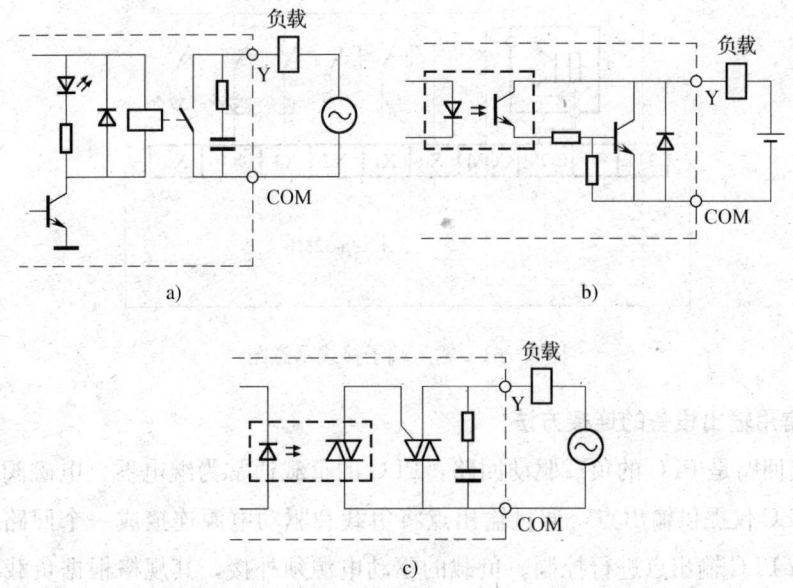

图 2—60　FX2n 的输出电路
a) 继电器输出　b) 三极管输出　c) 双向晶闸管输出

从图 2—59 和图 2—60b 中可以看出，输入端口和三极管输出端口中电流的方向是确定的,用户在连接外部设备时必须与此相符。在 PLC 产品中,用源型或漏型来表示输入/输出端口中电流的方向。对漏型的 PLC,其输入电流是从 PLC 内部流出输入端口的,输入端的公共端口(COM)为内部 DC24 V 电源的负极;输出电流是从输出端口流进 PLC 的,输出端的公共端口(COMn)应接外部直流电源的负极。对源型的 PLC,其输入电流是从输入端口流进 PLC 内部的,输入端的公共端口(COM)为内部 DC24 V 电源的正极;输出电流是从 PLC 内部流出输出端口的,输出端的公共端口(COMn)应接外部直流电源的正极。三菱 FX2n 系列 PLC 属漏型的 PLC。

2. 常用输入设备的连接方法

外部输入设备通常为按钮、开关、继电器的触点、传感器等,接线时可以将 COM 端子作为各输入元件的公共端,各输入端子和 COM 端子之间用无源接点或三极管 NPN 集电极开路连接。在触点未接通时,输入端子中无电流流过,输入点的状态为"OFF"("0");而当触点接通时,输入端子中就有电流流过,相对应输入点的状态从"OFF"变为"ON"("1"),这时表示输入的 LED 亮灯,该信号送到 PLC 内部。输入回路连接示意图如图 2—61 所示。

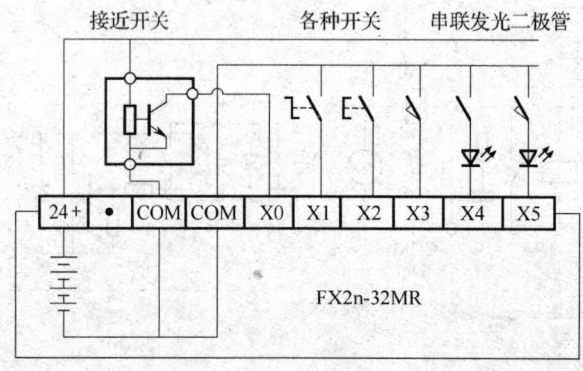

图 2—61 输入端子接线示意图

3. 常用输出设备的连接方法

输出回路是 PLC 的负载驱动回路,PLC 的负载通常为继电器、电磁阀、指示灯等,PLC 仅提供输出点,通过输出点将负载和驱动电源连接成一个回路,负载的状态由 PLC 输出点进行控制。负载的驱动电源须外接,其规格根据负载的需要和 PLC 输出接口类型、规格进行选择。

在 FX2n 系列 PLC 的输出接口中,若干输出端子构成一组,共用一个输出公共端,各组的输出公共端用 COM1,COM2 等表示,各组公共端间相互独立。对共用一个公共端的同一组输出必须用同一电源类型且为同一电压等级的负载驱动电源；但不同的公共端组可使用不同电源类型和电压等级的负载驱动电源，如 Y0～Y3 共用 COM1，Y4～Y7 共用 COM2，Y10～Y13 共用 COM3，如果将 Y0～Y3 组和 Y4～Y7 组共用 AC220 V 的负载驱动电源，而 Y10～Y13 组使用的负载驱动电源可以为 DC24 V。输出回路连接示意图如图 2—62 所示。

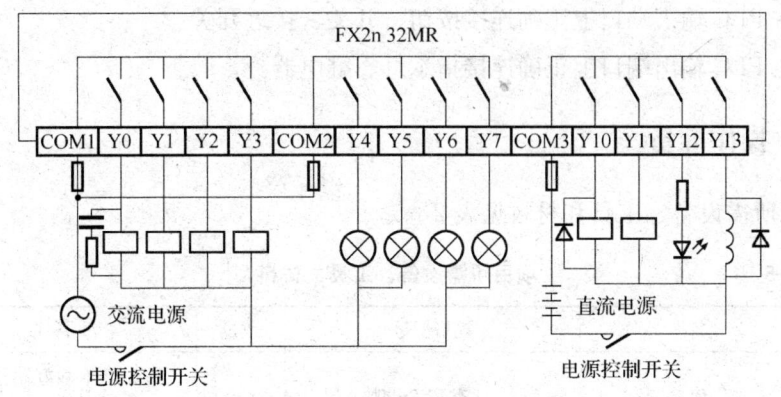

图 2—62　输出端子接线示意图

4. 接线注意事项

（1）接地最好采用独立接地，也可以采用共用接地（1点接地），但不可采用与其他设备公共接地的方法（见图 2—63）。接地线必须用 2 mm² 以上的电线，接地电阻必须小于 100 Ω。

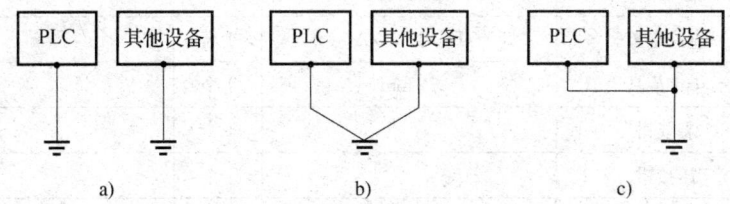

图 2—63　PLC 的接地方式

a) 专用接地（最好）　　b) 共用接地（可以）　　c) 公共接地（不可）

（2）为得到可靠的输入状态，当输入元件的触点上串联有 LED 时，应把 LED 上的电压降控制在 4 V 以下。

（3）空端子"·"上不可接线，以免损伤 PLC。

 技能操作

三菱可编程控制器的接线

一、操作要求

1. 在 PLC 输入端口上正确连接按钮、开关、接近开关。
2. 在 PLC 输出端口上正确连接指示灯、继电器。

二、操作准备

项目所需设备、工具和材料见表 2—5。

表 2—5　　　　　　　　项目所需设备、工具、材料

序号	名称	规格型号	数量	备注
1	PLC	三菱 FX2n 型	1 台	事先已下载好附注中的试验程序
2	按钮		2 个	
3	钮子开关		1 个	
4	接近开关	电感式	1 个	NPN 型
5	指示灯	24 V	1 个	
6	继电器	DC24V	1 个	带底座
7	二极管	1N4001	1 个	
8	直流电源	DC24V,2A	1 台	
9	十字旋具	75 mm	1 个	
10	剥线钳		1 个	
11	压接钳		1 个	
12	U 形冷压接线端子	4 mm	30 个	
13	软接线	0.8 mm^2	10 m	分红、蓝、黑等几种颜色

三、操作步骤

1. 按要求在 PLC 输入端口上连接按钮、开关、接近开关。

参照图 2—64 的接法，在"L""N"端子上接好电源线，将接近开关接到输入端子 X0 上，钮子开关接到 X1 上，2 个按钮的常开触点分别接到 X2 和 X3 上。接近开关的输出引线中，棕色的线接到 PLC 的"24＋"，蓝色引线接到输入公共端

COM 上，黑色引线接到 X0 上。接线时，要用压接钳在各导线上压接 U 形接线端头，且每个端子上最多只可接 2 根线。

2. 按要求在 PLC 输出端口上连接指示灯、继电器。

参照图 2—64 的接法，用压接好接线端头的软接线将继电器底座上线圈的一端接到输出端子 Y0 上，指示灯的一端接到 Y1 上，直流电源 24 V 的正极接 PLC 输出的公共端 COM1，负极与继电器线圈和指示灯的另一端接在一起，并在继电器底座上线圈的两端并接上续流二极管。接线时应注意继电器线圈及指示灯有无极性要求，如有极性要求，则应注意将其正极的一端接到 PLC 的输出端子上，续流二极管的阴极也应如图所示接在线圈正极一端。

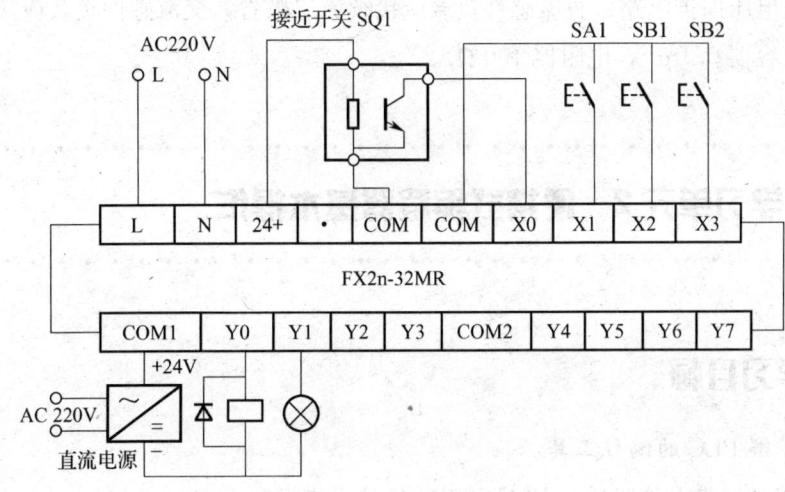

图 2—64　输入输出接线图

3. 操作输入元件，观察输出元件的状态。

接通 24 V 直流电源和 PLC 的电源。PLC 的运行模式开关先放置在 STOP 位置，分别拨动钮子开关，按下按钮，将金属物体移近接近开关等，观察 PLC 输入指示灯的状态变化。再将运行模式开关放置在 RUN 位置，在程序运行的状态下，先后按下按钮 SB1 和 SB2，观察继电器和 PLC 上输出指示灯的状态变化；将金属物体移近和离开接近开关，观察在钮子开关接通和断开 2 种情况下指示灯的亮、暗变化。

四、注意事项

1. 注意输入端口上 COM 端和"24＋"端子的接法

输入端口中，COM 端作为各输入元件的公共端，"24＋"端子是内部直流

24 V电源的正极，内部DC24 V电源仅供接输入元件及作接近开关的电源，不可作负载驱动电源使用。驱动接近开关、光电开关等传感器时，传感器的正、负极分别接到"24+"和COM端，传感器的输出三极管应选NPN集电极开路型，集电极接到PLC的输入端子上。

2. COM端熔断器的使用

为防止负载短路等故障烧断PLC内部的印制线路板电路铜箔或损坏输出继电器，应在每组（每4点）输出端子的公共端COM上设置1个5A的熔断器。

3. 继电器负载上续流二极管和浪涌吸收器的使用

为保护PLC的输出电路，在带电感性负载（如继电器、电磁阀线圈等）时，应加接过电压保护电路：直流感性负载应接续流二极管，交流感性负载应接浪涌吸收器（电容器 0.1 μF，电阻器 100 Ω）。

学习单元2 便携式编程器基本操作

 **学习目标**

1. 了解PLC的编程工具。
2. 掌握便携式编程器和PLC之间的连接方法。
3. 熟悉便携式编程器的基本操作方法。

 知识要求

一、PLC的编程工具简介

编程器是可编程序控制器的主要外围设备，它不仅能对程序进行写入、读出、修改、编辑，还能对PLC的工作状态进行监控。FX2n系列PLC的编程器可分为便携式编程器及计算机软件编程。

1. 便携式编程器

便携式编程器（Handy Programming Panel，简称HPP）价格便宜，使用方便，应用较广泛。现以FX系列可编程控制器中有代表性的FX-20P-E便携式编程器为例，介绍其功能及其使用方法。FX-20P-E具有在线编程（也称联机编程）和离线编程（也称脱机编程）两种方式。在线编程方式，编程器和 PLC 直接连接，对 PLC 用户程序存储器进行直接操作。在离线编程方式下编制的用户程序先写入编程器内部的 RAM，再由编程器传送到 PLC 的用户程序存储器。

FX－20P－E 便携式编程器的结构如图 2—65 所示。

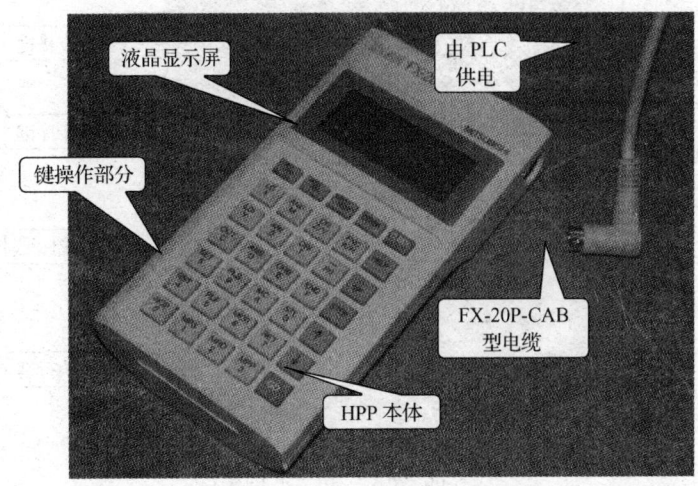

图 2—65　FX－20P－E 简易编程器的结构

（1）液晶显示屏

编程器有一个液晶显示屏（16 字符×4 行，带背景照明），在编程时显示指令功能（程序的地址、指令、数据），在运行监控时，显示元器件工作状态。液晶显示屏只能同时显示 4 行，每行 16 个字符。

（2）键盘

键盘由 35 个按键组成，包括功能键、指令键、元件符号键和数字键，如图 2—66 所示。

键盘上各键作用如下：

1）功能键

[RD/WR]——读出/写入，R—程序读出，W—程序写入

[INS/DEL]——插入/删除，I—程序插入，D—程序删除

[MNT/TEST]——监视/测试，M—监视，T—测试

上述功能键上下部的功能交替起作用，按一次选择第一功能，再按一次则选择第二功能。如按一次 [RD/WR] 键选择并显示 R—读出功能；再按一次 [RD/WR] 键，则选择显示 W—写入功能。

2）执行键—[GO]，此键用于指令的确认、执行、显示画面和检索。

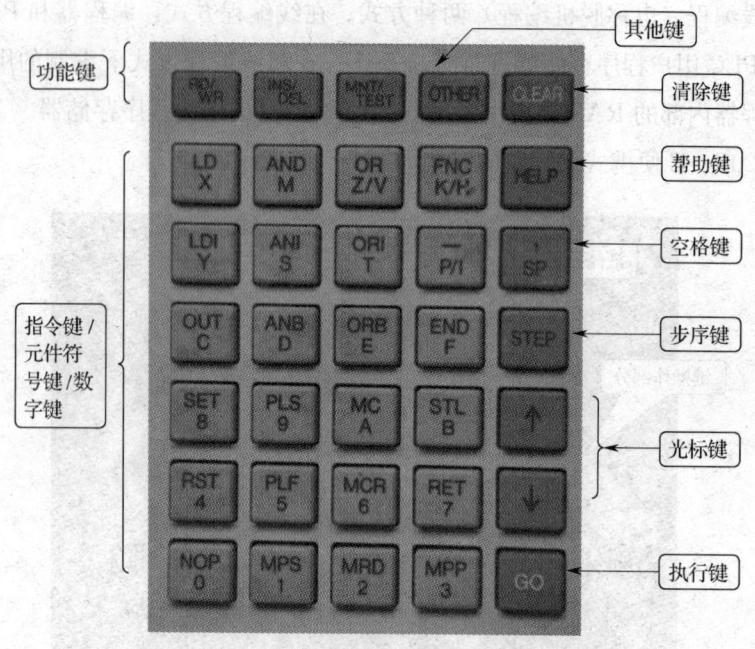

图 2—66 FX—20P—E 的键盘

3）清除键—［CLEAR］，如在按［GO］键前（即确认前）按此键，则清除键入的数据。

4）光标键—［↑］［↓］，用此键移动光标和提示符，指定当前元件的前一个或后一个地址号的元件，作行滚动。

5）步序键—［STEP］，用此键设定步序号。

6）空格键—［SP］，在输入指令时，用此键指定元件号和常数。

7）帮助键—［HELP］，用此键显示应用指令一览表，在监视方式时进行十进制数和十六进制数的转换。

8）其他键—［OTHER］，按此键将显示方式菜单（项目单）。

9）指令键/元件符号键/数字键。这些键都是复用键，上部为指令键，下部为元件符号键或数字键，上、下部的功能是根据当前所执行的操作自动进行切换，其中下面的 Z/V、K/H、P/I 键又是交替使用，反复按键时，自动进行切换。上面所说的基本指令都可以从这些键中挑选相应指令键直接编程，具体在后面编程操作中进行介绍。

2. 编程软件

用计算机编程软件对 PLC 进行编程及监控可比便携式编程器更方便、快捷、直接，功能更强。三菱 PLC 常用的编程软件有 SW0PC FXGP/WIN－C、GX

Developer（SW7D5C—GPPW）等。编程软件的具体应用在本节的学习单元 3 中介绍。

二、FX-20P-E 便携式编程器的使用方法

1. 编程器工作方式的选择

PLC 接通电源后，在编程器的液晶显示屏上会显示：
PROGRAM MODE
■ONLINE（PC）
OFFLLINE（HPP）

根据光标选择联机（ONLINE）和脱机方式（HPP）方式（注：初始状态下光标显示联机 ONLINE 方式）。如选择联机方式，按 GO 键；如选择脱机方式按 ↓ 、GO 键。按［GO］键后进入功能选择状态。此时可用功能键［RD/WR］、［INS/DEL］、［MNT/TEST］进行选择，进入相应 R、W、D、I、M、T 状态。

2. 程序的写入

在 PLC STOP 状态下，用功能键［RD/WR］可进入"W—程序写入"功能。

根据基本指令不同情况，有三种不同写入操作方式：

（1）对于 ANB、ORB、MPS、MRD、MPP、END、NOP 等指令，仅有指令符号不需要操作软元件。具体写入操作方法可依次按相应指令键、［GO］键。如要输入"ANB"，可依次按［ANB］→［GO］键。

（2）对于 LD、LDI、AND、ANI、OR、ORI、SET、RST、PLS、PLF、MCR、OUT（除 OUT T、OUT C 外）等指令，需要指令符号和一个操作软元件。具体写入操作方法可依次按相应指令键、元件符号键、元件号键、［GO］键。如要输入"LDI X0"，可依次按［LDI］→［X］→［0］→［GO］键。

（3）对于 OUT T、OUT C、MC 等指令，需要指令符号和第 1 元件，第 2 元件。具体写入操作方法可依次按相应指令键、元件符号键、元件号键、SP 键、元件符号键、元件号键、［GO］键。如要输入"OUT T0 K80"，可依次按［OUT］→［T］→［0］→［SP］→［K］→［8］→［0］→［GO］键。

在程序指令写入的过程中需要注意［GO］键不要遗漏，否则该指令写入未被确认存入内存，造成漏指令情况。在指令写入过程中如需要修改时，可按以下方法修改：当输入指令并已确认（即已按［GO］键），则可按↑键回到原来步序号，重新输入该指令。例如输入指令 ANI T0，在输入过程中错输入成 AND T0 指令并

已按［GO］键确认，则可按［↑］键回到原来步序号，重新输入 ANI T0 指令（即依次按［ANI］→［T］→［0］→［GO］键）即可。如尚未按［GO］键确认，则可按［CLEAR］键，然后重新输入 ANI T0 指令（同上步骤）即可。

3. 指令的读出

在 PLC 编程中，经常需要读出已写入到 PLC 中的程序，例如程序输入完成后，要把程序读出进行检查。此时可按功能键［RD/WR］选为"R—程序读出"状态，再用［↑］、［↓］键逐条读出检查，如有差错可按前述方法进行修改。在实际编程中，如下面所述程序插入、删除等也经常用到读出功能。

程序的读出有根据步序号、指令、元件以及指针等几种读出方式。在联机方式时，PLC 在运行状态（RUN）时要读出程序，只能根据步序号读出，若 PLC 为停止状态（STOP）时，则可根据步序号、指令、元件以及指针等读出。在脱机方式中，无论 PLC 状态为 RUN 还是 STOP，所有读出方式均有效。

（1）根据步序号读出。指定步序号，从用户程序存储器读出并显示程序。基本操作如图 2—67 所示。

图 2—67 根据步序号读出的基本操作

（2）根据指令读出。指定指令，从用户程序存储器读出并显示程序（PLC 处于 STOP 状态）。其基本操作如图 2—68 所示。

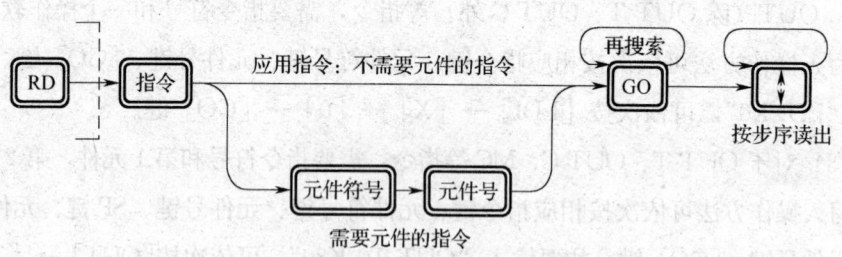

图 2—68 根据指令读出的基本操作

（3）根据元件读出。指定元件符号和地址号，从用户程序存储器读出并显示程序（PLC 处于 STOP 状态）。基本操作如图 2—69 所示。

4. 程序的修改

（1）程序的插入

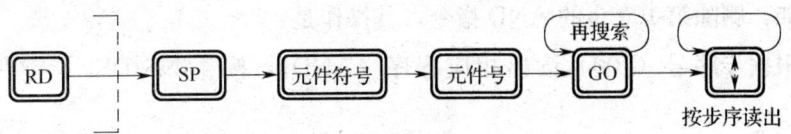

图 2—69 根据元件读出的基本操作

实际编程中，经常因程序修改需要进行程序插入操作。要进行程序插入，必须使 PLC 在 STOP 停止状态（RUN 指示灯熄灭）。

程序插入的具体操作方法，是根据步序号读出相应的程序指令，在指定的步序号位置上插入指令，基本操作方法如图 2—70 所示。

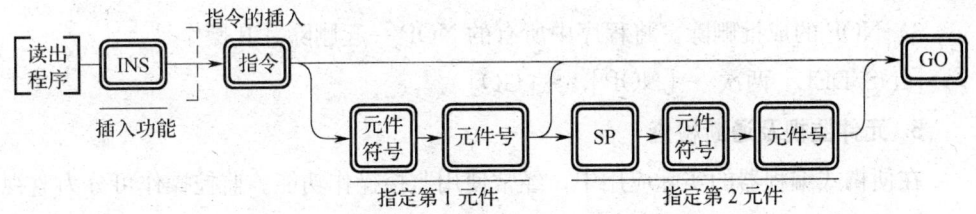

图 2—70 程序插入的基本操作

例如，要在第 200 步前插入指令"AND M5"，其操作是：

1）根据步序号（200）读出相应的程序，按［INS］键。在行光标指定步处进行插入。无步序号的行不能插入。

2）键入指令、元件符号和编号（AND M5）。

3）按［GO］键，则插入指令和指针。

(2) 程序删除

实际编程中，经常因程序修改需要进行程序删除操作。要进行程序删除，必须使 PLC 在 STOP 停止状态（RUN 指示灯熄灭）。下面说明程序删除的基本操作方法。

删除分为逐条删除、指定范围的删除和 NOP 指令的成批删除等几种方法。

1）逐条删除。逐条删除的基本操作方法如图 2—71 所示。

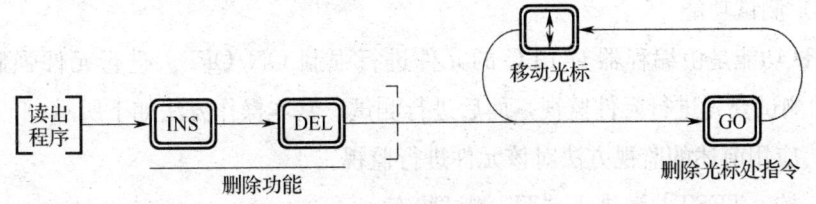

图 2—71 逐条删除的基本操作

例如,删除第 100 步的 AND 指令,其操作是:

①根据步序号(100)读出相应程序(AND),按 [INS/DEL] 键两次(即 DEL 指令)。

②按 [GO] 键,则删除行光标所指定的指令或指针,并将以后各步的步序号自动向前提。

2) 指定范围的删除。将从指定的起始步序号到终止步序号之间的程序成批删除,其基本操作是:

[INS/DEL] 两次→ [STEP] → [起始步序号] → [SP] →
[STEP] → [终止步序号] → [GO]

3) NOP 的成批删除。将程序中所有的 NOP 一起删除,其操作是:

[INS/DEL] 两次→ [NOP] → [GO]

5. 元件监视及通断检查

在便携式编程器的实际应用中,经常使用监控操作功能。监控操作可分为监视和测试。监视功能是通过编程器的显示屏监视和确认在联机状态下 PLC 软元件状态(ON/OFF)的监视。测试功能是利用编程器对 PLC 的位元件的触点和线圈进行强制置位和复位(ON/OFF)。下面对常用的监视和测试作一介绍:

(1) 元件监视

可对指定元件的 ON/OFF 状态进行监视,基本操作方法如下:

1) 按 [MNT/TEST] 键,进入"M"—监视方式;

2) 再依次按 [SP] 键、元件符号键、元件号键、[GO] 键,根据有无"■"标记监视元件的 ON/OFF 状态,如有"■"标记表示元件为 ON;无"■"标记则表示元件为 OFF。例如,监视到以下状态:

M　X000　■Y000
　　Y001　■Y002

在 Y0、Y2 前有"■"标记,为 ON;而 X0、Y1 为 OFF。

3) 通过按 [↑]、[↓] 键监视前后元件的 ON/OFF 状态。

(2) 测试功能

测试功能是由编程器对 PLC 的元件进行强制 ON/OFF。进行元件强制 ON/OFF 的测试要先进行元件监视,而后进行测试。基本操作方法如下所示:

1) 应用前述的监视方法对该元件进行监视。

2) 按 [TEST] 键进入"T"测试状态。

3) 若此时被监视元件为 OFF 状态,则可按 [SET] 键,强制为 ON 状态;若被监视元件为 ON 状态,则可按 [RST] 键强制为 OFF 状态。强制 ON/OFF 操作在一个运算周期内有效。

例如:对 Y1 进行强制 ON/OFF 的具体操作如下:

对 Y1 元件进行监视,即依次按 [MNT]、[SP]、[Y]、[1]、[GO] 键显示:"M Y1" 按 [TEST] 键后,如 Y1 为 OFF 状态,则按 [SET] 键,使 Y1 强制为 ON,显示 "T■Y1";如 Y1 为 ON 状态,则按 [RST] 键,使 Y1 强制为 OFF,显示 "T Y1"。

 技能操作

使用便携式编程器从 PLC 中读、写程序

一、操作要求

1. 正确连接便携式编程器和 PLC。
2. 选择便携式编程器的工作方式和进行初始化。
3. 用便携式编程器读、写、修改程序。

二、操作准备

项目所需设备、工具、材料见表 2—6。

表 2—6　　　　　　　　项目所需设备、工具、材料

序号	名称	规格型号	数量	备注
1	PLC	三菱 FX2n 型	1 台	
2	便携式编程器	FX—20P—E	1 台	
3	编程电缆	FX—20P—CAB	1 根	

三、操作步骤

1. 正确连接便携式编程器和 PLC

打开 PLC 上部连接便携式编程器插座的盖板,将编程器所带的 FX—20—CAB 型电缆与 PLC 相连,如图 2—72 所示。插入电缆时注意插头上的箭头标记应朝向输出端子排的方向,与插孔上的凹槽对准。

2. 选择便携式编程器的工作方式为联机方式

将 PLC 接通电源,(编程器本身不带电源,通过编程电缆由 PLC 主机供电),PLC 主机面板上 POWER 灯亮,主机运行开关置于 "STOP" 位置。在编程器的液

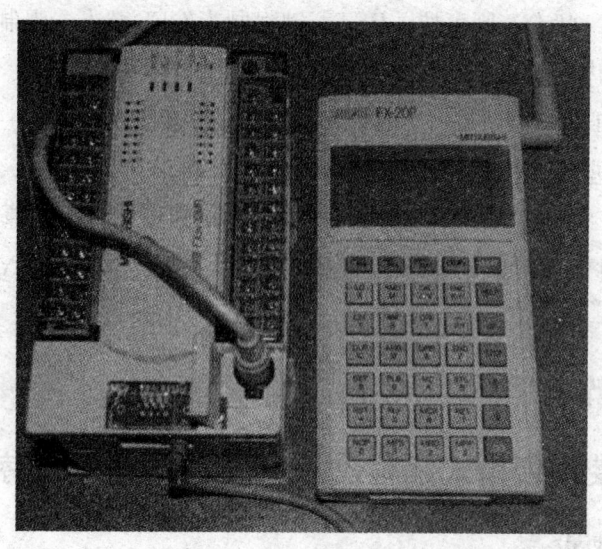

图 2—72 便携式编程器与 PLC 的连接

晶显示屏上显示：

    COPYRIGHT (C) 1990

    MITSUBISH

    ELECTRIC CORP

    MELSEC FXV3.0

    2秒种自动转至下面画面

    PROGRAM MODE

    ■ONLINE (PC)

    OFFLLINE (HPP)

根据光标位置，选择联机（ONLINE）方式，直接按［GO］键后进入功能选择状态，显示屏显示：

    ONLINE MODE FX

    SELECT FUNCTION

    OR MODE

    MEM SETTING 2K

此时可用功能键［RD/WR］、［INS/DEL］、［MNT/TEST］进行选择，进入相应 R、W、D、I、M、T 等状态。

3. 对用户程序存储器进行初始化

因 PLC 内存带有后备电源，断电后的程序仍会保留下来。在输入一个新程序时，一般应先将 PLC 用户存储器中原有的程序清除。（注：使用中的 PLC 程序请勿任意清除）。要清除原有的程序可采用 NOP 的成批写入。清零过程如下：$\boxed{\text{RD/WR}} \rightarrow \boxed{\text{RD/WR}} \rightarrow \boxed{\text{NOP}} \rightarrow \boxed{\text{A}} \rightarrow \boxed{\text{GO}} \rightarrow \boxed{\text{GO}}$。在 PLC 置为 STOP 的状态下，按 2 次 $\boxed{\text{RD/WR}}$ 进入"W—程序写入"功能。按 $\boxed{\text{A}} \rightarrow \boxed{\text{GO}}$ 表示选择全部范围，当依次按下 $\boxed{\text{NOP}} \rightarrow \boxed{\text{A}} \rightarrow \boxed{\text{GO}}$ 键后，会出现"ALL CLEAN? OK→GO NO→CLEAN"，提示是否要全部清除。如要全部清除则按 [GO] 键，则显示：

W→0　NOP
　　1　NOP
　　2　NOP
　　3　NOP

表示原有程序已被全部清除。

4. 用便携式编程器向 PLC 中写入指定程序

在 PLC STOP 状态下，按 2 次 $\boxed{\text{RD/WR}}$ 进入"W—程序写入"功能。用指令键/元件符号键/数字键及执行健 [GO]，依次输入图 2—73a 所示三相异步电动机 Y/△控制程序程序，输入按键操作如图 2—73b 所示。

LDI　X0	ANI　T0	LDI、X、0、GO	ANI、T0、GO
KD　X1	OUT　Y1	LD、X、1、GO	OUT、Y1、GO
OR　Y0	MPP	OR、Y、0、GO	MPP、GO
ANB	LD　T0	ANB、GO	LD、T、0、GO
MPS	OR　Y2	MPS、GO	OR、Y、2、GO
OUT　Y0	ANB	OUT、Y、0、GO	ANB、GO
MRD	ANI　Y1	MRD、GO	ANI、Y、1、GO
ANI　Y2	OUT　Y2	ANI、Y、2、GO	OUT、Y、2、GO
OUT　T0　K50	END	OUT、T、0、SP、K、5、0、GO	END、GO
a)		b)	

图 2—73　用便携式编程器向 PLC 写入程序
a) Y/△控制程序　b) 输入按键操作

注意在写入"OUT T0 K50"指令时，在按过 [OUT]、[T]、[0] 等键后，需再加 1 个 [SP] 键，指令输入完成并按下 [GO] 键后，显示屏按下列格式进行显示：

W　8　　ANI　Y2
　　9　　OUT　T0
　　　　　K　50

→ 12　NOP

5. 用便携式编程器从 PLC 中读出已写入的程序

程序输入完成后，要把程序读出进行检查。按功能键［RD/WR］将"写入W"状态改为"读出 R"状态，按［STEP］、［0］、［GO］从 0 步序号开始显示，再用"↑""↓"键即可逐条读出检查。

6. 在便携式编程器中查阅并记录程序

读出程序后，液晶显示屏上从 0 步序号开始显示已写入 PLC 的程序。然后通过反复按 GO 键，或按"↑""↓"键即可进行逐行读出，滚动显示。记录所显示的程序，并对照检查原程序，看有无错误。若有错误，按照本单元〔相关知识〕中有关修改程序的方法进行修改。

学习单元 3　编程软件 FXGP-WIN 的使用

学习目标

1. 熟悉编程软件的基本使用方法。
2. 掌握用编程软件输入程序、修改程序的方法。
3. 掌握向 PLC 下载程序的方法。

知识要求

三菱电机的 SWOPC-FXGP/WIN-C 是专为 FX 系列 PLC 设计的编程软件，可在 Windows 操作系统环境下运行，其界面和帮助文件都已经汉化，安装后约占 2MB 硬盘空间，功能较强。

一、编程软件 FXGP-WIN 的主要功能

1. 可用梯形图、指令表来创建 PLC 的程序，并可将程序存储为文件，可打印。

2. 通过计算机的串口，用 SC-09 型编程电缆和 PLC 连接，可将用户程序下载到 PLC，也可将 PLC 中（未设置口令）的用户程序读入计算机。

3. 可以实现各种监控和测试功能，例如梯形图监控、元件监控、强制 ON/

OFF、改变 T、C、D 的当前值等。

二、编程软件 FXGP－WIN 的安装、启动和退出

1. 编程软件 FXGP－WIN 的安装

以三菱 PLC 编程软件 FXGPWIN V2.0 的安装为例，在安装软件包中包括有安装程序 seteup2.0.exe 和说明文件 seteup.TXT。双击安装文件 seteup2.0.exe 的图标 ，即会出现如图 2—74 所示的安装界面。在图中的"安装目录"栏中输入文件夹名称（也可不输入即采用默认安装文件夹），单击"确定"按钮后，程序就会自动安装完成。

图 2—74　Fxgpwin V2.0 的安装界面

2. FXGP－WIN 的启动和退出

安装好软件后，在桌面上会自动生成 FXGP_WIN_C 的图标，如图 2—75 所示，用鼠标左键双击该图标即可打开该编程软件。

在已打开的软件界面中执行菜单命令〔文件〕→〔退出〕，即可退出编程软件，如图 2—76 所示。

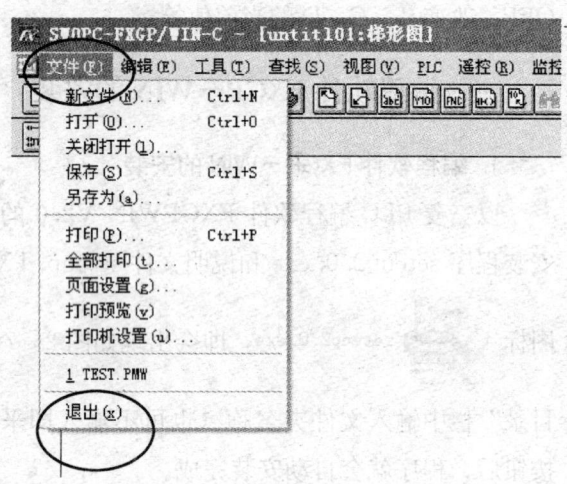

图 2—75　FXGP_WIN_C 的图标　　　　图 2—76　FXGPWIN 的退出

三、编程软件 FXGP-WIN 的基本界面及编辑画面的切换

在打开的界面中执行菜单命令〔文件〕→〔新文件〕，在 PLC 类型设置对话框中选择 PLC 类型，如图 2—77 所示，按〔确认〕键后即进入编程软件 FXGP-WIN 的基本界面。

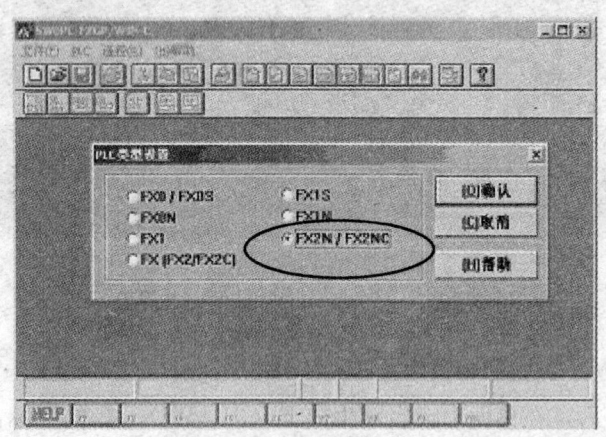

图 2—77　选择 PLC 类型

在编程软件 FXGP-WIN 基本界面的上部有菜单命令行和工具栏图标行，中间是编辑画面，PLC 的梯形图程序或指令表程序就是在此画面中进行录入或修改的。用户录入的梯形图程序或指令表程序在相应的编辑画面中显示，两种形式的程序可自动进行转换。基本画面的下部有状态栏，表示程序编辑的状态、程序的长

度、插入或改写（写入）状态及 PLC 的类型等信息，如图 2—78 所示。

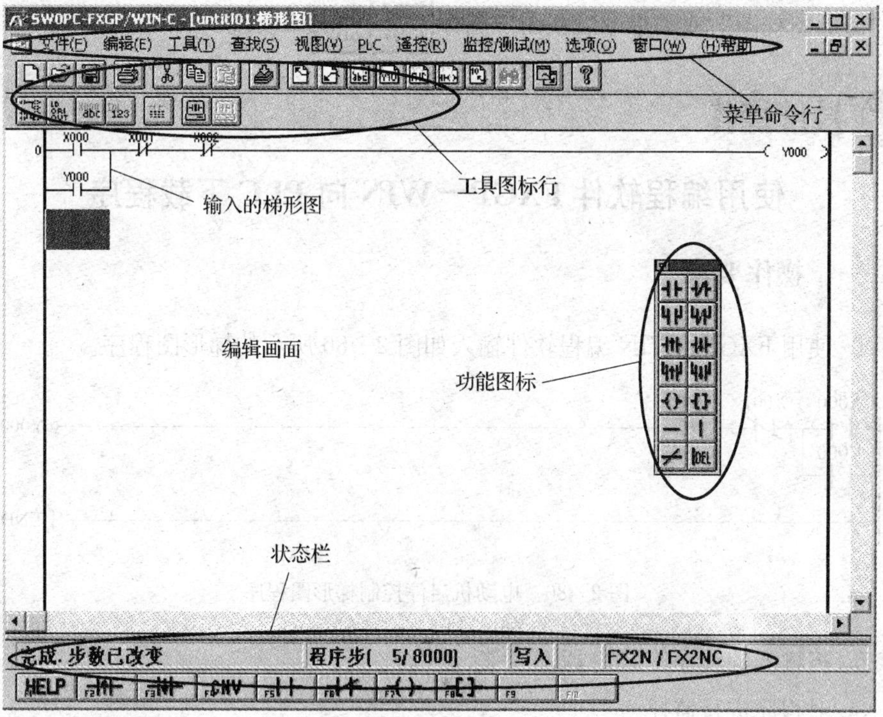

图 2—78 FXGP—WIN 的基本界面

在基本界面中可执行菜单命令〔视图〕→〔梯形图〕或〔指令表〕，可显示梯形图编辑画面或指令表编辑画面，如图 2—79 所示。通过此操作也可在梯形图画面或指令表画面之间进行转换。

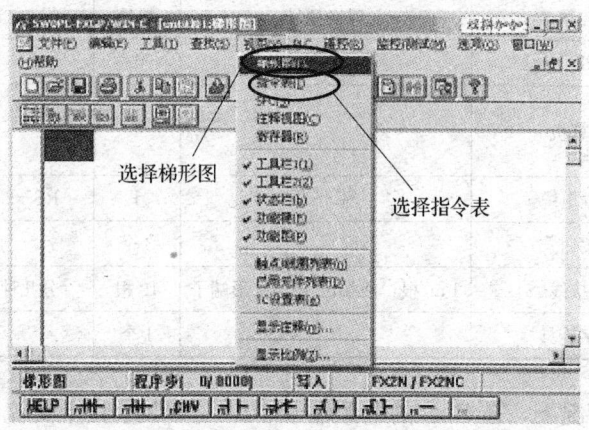

图 2—79 梯形图和指令表画面

梯形图画面或指令表画面之间的转换也可通过用鼠标单击基本界面上工具栏中的"梯形图视图"或"指令表视图"图标来实现。

技能操作

使用编程软件 FXGP－WIN 向 PLC 下载程序

一、操作要求

1. 使用 FXGP－WIN 编程软件输入如图 2—80 所示的梯形图程序。

```
      X000   X001   X002
   0 ──┤├──┤/├──┤/├──────────────────────( Y000 )
      Y000
      ──┤├──
   5 ──────────────────────────────────[ END ]
```

图 2—80　电动机启停控制梯形图程序

2. 将输入的程序传送到 PLC 中。
3. 对程序进行监控。

二、操作准备

项目所需设备、工具、材料见表 2—7。

表 2—7　　　　　　　　项目所需设备、工具、材料

序号	名称	规格型号	数量	备注
1	PLC	三菱 FX2n 型	1	
2	计算机		1	装有 FXGP－WIN 编程软件
3	编程电缆	SC－09	1	RS－232/RS－422 转换
4	按钮		3 个	
5	软接线	1 m/根，两端已压接 U 形端子	10 根	分几种颜色
6	十字旋具		1 个	

在断电的情况下，在 PLC 的电源端子"L""N"上接上交流 220 V 电源，将 PLC 上的运行方式开关置于"STOP"位置，检查计算机的串口（RS－232C）与 PLC 的编程接口（RS－422）之间是否已用指定的 SC－09 型通信电缆连接好，确

认计算机的串口编号（COM1 或 COM2）。

按照表 2—8 在 PLC 的输入端子 X0～X2 与 COM 之间接上启动按钮、停止按钮和代表热继电器触点的按钮（接常开触点），接通计算机和 PLC 电源，启动计算机。

表 2—8　　　　　　　　　　　　输入端口分配表

名称	输入端口	元器件
启动按钮	X0	SB1
停止按钮	X1	SB2
热继电器	X2	SQ1

三、操作步骤

1. 启动编程软件 FXGP－WIN。

双击计算机桌面上的编程软件 FXGP－WIN＿C 图标，启动编程软件。

2. 新建 1 个程序文件。

在打开的界面中执行菜单命令〔文件〕→〔新文件〕，在 PLC 类型设置对话框中选择 PLC 类型为"FX2N/FX2NC"，按〔确认〕键进入编辑界面。执行菜单命令〔文件〕→〔保存〕，在如图 2—81 所示的文件保存窗口中的"文件名"一栏中填写文件名如"TEST"，其余各栏不填写，用鼠标单击〔确定〕按钮，然后再在随后出现的"另存为（File Save As）"窗口中单击〔确定〕，此文件就已经以"TEST．PMW"为文件名被建立在编程软件默认的文件夹"c：\FXGPWIN"中了。以后可以用〔打开〕命令打开次程序文件进行修改。

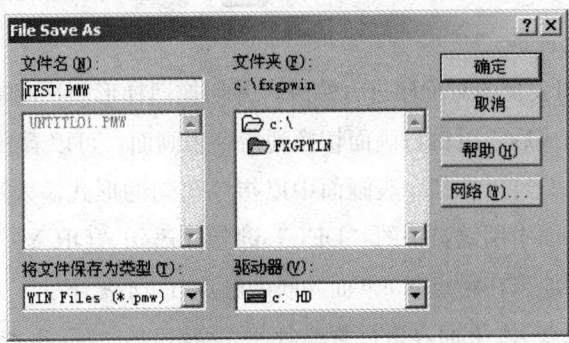

图 2—81　文件保存窗口

3. 在梯形图视图中输入提供的梯形图程序。

在梯形图编辑画面中单击菜单命令〔视图〕，在下拉式菜单中选择"功能图"，则在梯形图编辑画面中会出现1个由各种触点、线段等图标组成的工具窗口。如图2—82所示。在功能窗口中单击某个触点或线圈符号并在随后出现的"输入元件"窗口（如图2—83所示）中填入元件名称和编号及单击"确认"后，此触点或线圈就会出现在编辑画面中光标所在位置上。如果输入的元件名称、编号不正确（如将X0输入为XO），画面上就会出现提示窗口标明输入"设置错误"。

图2—82 功能图工具窗口

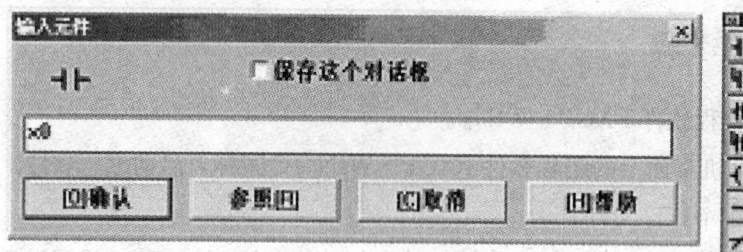

图2—83 输入元件窗口

在梯形图编辑画面上按照提供的梯形图程序，选择合适的光标位置，依次输入各触点、线圈和竖线，完成梯形图的录入。在用"｜"图标画竖线或用"｜DEL"图标删除竖线时，目标对象的位置是在光标的左下方。

在输入梯形图程序时，每完成一部分程序的输入，应及时执行一次菜单命令〔工具〕→〔转换〕，（或"转换"工具图标）使输入的梯形图得到确认，此时灰色背景变为白色背景。

4. 切换到语句表视图对程序进行修改，并切换回梯形图视图进行查阅。

梯形图输入完成后，可试将画面切换到指令表画面，可以看到已经自动将梯形图转换为语句指令。可以在指令表画面中以指令语句的形式输入程序或修改程序。例如，在指令表画面中用键盘中的"DEL"键删除语句"OR Y0"，再切换回梯形图画面，可以看到原来在触点X0下面并联的触点Y0不见了。

将光标放到触点X0下面，执行菜单命令〔编辑〕→〔行插入〕，在触点X0的下方被插入了一个空行，重新输入并联的常开触点Y0并转换，程序恢复了正常。

5. 保存程序文件。

执行菜单命令〔文件〕→〔保存〕,用鼠标单击〔确定〕按钮,然后再在随后出现的"另存为(File Save As)"窗口中再单击〔确定〕,此程序文件就被保存完毕。

6. 向 PLC 下载程序。

确认 PLC 的电源已接通、通信电缆已接好、PLC 的运行开关处于"STOP"位置,就可以向 PLC 下载程序了。在下载程序之前,应先检查 PLC 所设置的通信端口与实际通信电缆所接的计算机串口是否一致:

执行菜单命令〔PLC〕→〔端口设置〕,在端口设置窗口中按照实际使用的串口编号选择 COM1 或 COM2,用鼠标单击〔确认〕按钮,串口就设置好了,如图 2—84 所示。

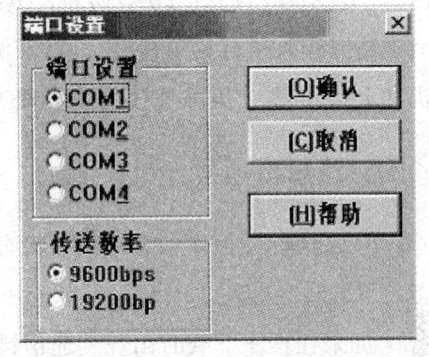

图 2—84 端口设置窗口

执行菜单命令〔PLC〕→〔传送〕→〔写出〕,在图 2—85 所示的 PLC 程序写入窗口中选择"范围设置",在"终止步"栏中填写步数,此步数应略大于状态栏中所显示的实际程序的长度。单击"确认"按钮,就会自动向 PLC 写入用户程序。

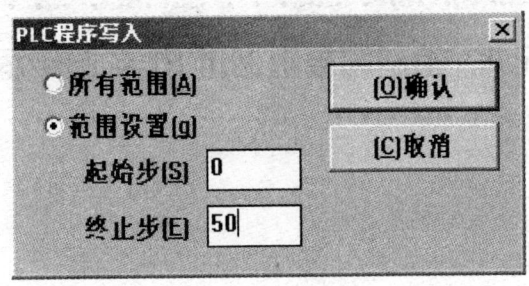

图 2—85 PLC 程序写入窗口

7. 使 PLC 运行,并在编程软件中用监控方式观察程序的运行情况。

将 PLC 的运行开关置于"RUN"位置,PLC 即进入运行状态,执行用户程序。

在编程软件梯形图编辑画面中执行菜单命令〔监控/测试〕→〔开始监控〕,在梯形图中就会用绿色方块表示所接通的触点或线圈(状态为"1")。按下"启动"按钮,可以观察到梯形图中 X0 常开触点变为绿色,同时线圈 Y0 也变为绿色,表示输出端口 Y0 已经接通，如果在输出端口 Y0 上是连接有接触器线圈，并将电动机通过接触器连接电源的话，此时电动机就会启动运转。松开"启动"按钮，梯形图上 X0 触点恢复白色，但通过 Y0 的自锁触点，Y0 的线圈仍为绿色，表示接通。按下停止按钮 X1 或代表热继电器触点的按钮 X2，Y0 的自锁解除，Y0 的线圈变为白色，表示输出端口 Y0 被切断，电动机停止运行。

观察完毕，执行菜单命令〔监控/测试〕→〔停止监控〕，关闭计算机，切断计算机和 PLC 电源，拆除连接线，整理工具、设备和场地，做好记录。

四、注意事项

1. PLC 只有在处于"STOP"状态时才能进行程序的下载，如处于"RUN"状态，下载时会出现"PLC 运行状态不能传送"的提示。

2. 如果在程序下载时出现"通信错误"提示，应检查 PLC 电源是否未开？通信电缆是否未接？串口编号是否正确？是否有其他设备或软件同时使用计算机的同一个串口或 PLC 的同一个编程口（如监控没有停止）。

3. 在修改梯形图程序时，有时会遇上竖线删除不了的情况，此时应执行菜单命令〔编辑〕→〔编辑取消〕，使程序恢复到修改之前的状况，然后切换到指令表编辑画面，用删除指令语句的方法来实现删除。

学习单元 4　编制和模拟调试 PLC 简单程序

学习目标

1. 熟悉 PLC 的编程语言及应用程序的编写方法。
2. 熟悉 FX2n 系列 PLC 的主要编程元件。
3. 掌握 FX2n 系列 PLC 基本逻辑指令的格式和含义。
4. 掌握用基本逻辑指令编写简单控制程序的方法。

 **知识要求**

一、PLC 的编程语言

1. PLC 编程语言的种类及特点

目前，PLC 的编程语言有梯形图编程语言、指令语句表编程语言、功能图编程语言、高级编程语言等。梯形图编程语言和指令语句表编程语言最为常用。

（1）梯形图

梯形图是按照原继电器控制设计思想开发的一种编程语言，它与继电器控制电路图相类似，对从事电气专业的人员来说，简单、直观、易学、易懂。它是 PLC 的主要编程语言，使用非常广泛。

（2）指令语句表

指令语句表是一种类似于计算机中汇编语言的助记符指令编程语言。指令语句由地址（或步序）、助记符、数据三部分组成。指令语句表也是 PLC 的常用编程语言，尤其是采用便携式编程器进行 PLC 编程、调试、监控时，必须将梯形图转化成指令语句表，然后通过便携式编程器输入 PLC 进行编程、调试、监控。

（3）功能图编程

功能图编程是一种在数字逻辑电路设计基础上开发的一种图形编程语言。逻辑功能清晰、输入、输出关系明确，适用于熟悉数字电路系统设计人员，采用智能型编程器（专用图形编程器或计算机编程软件）编程。

（4）高级编程语言

随着 PLC 技术发展，大型、超大型、高档 PLC 具有很强运算与数据处理等功能，为了方便用户编程，许多高档 PLC 都配备了 BASIC 语言、C 语言等高级编程语言。

2. PLC 梯形图与继电器控制电路的区别

PLC 的梯形图虽和继电器控制电路相类似，但其控制元器件和工作方式不一样，主要区别是：

（1）元器件不同

继电器控制电路是由各种硬件继电器组成，而 PLC 梯形图中输入继电器、输出继电器、辅助继电器、定时器、计数器等软继电器是由软件来实现的，不是硬件继电器。

（2）工作方式不同

继电器控制电路工作时，电路中硬件继电器都处于受控状态，凡符合条件吸合的硬件继电器都同时处于吸合状态，受各种约制条件不应吸合的硬件继电器都同时处于断开状态，也就是说，继电器控制采用并行工作方式。如忽略电磁滞后及机械滞后时间，在工作过程如果一个继电器的线圈通电，那么该继电器的所有常开和常闭触点都会立即动作，其常开触点闭合，常闭触点打开。但是在PLC梯形图中的软继电器都处于周期性循环扫描工作状态，受同一条件制约的各个软继电器的动作顺序取决于程序扫描顺序，同一个软继电器的线圈与常开和常闭触点的动作并不同时发生，也就是说，PLC采用串行工作方式。在PLC的工作过程中，如果某个软继电器的线圈接通，该线圈的所有常开和常闭触点，并不一定都会立即动作，只有CPU扫描到该触点时才会动作，例如，扫描到常开的触点闭合，常闭的触点打开。PLC采用这种工作方式有利于避免电路中竞争冒险现象的产生。

(3) 元件触点数量不同

硬件继电器的触点数量有限，一般只有4~8对，而PLC梯形图中软继电器的触点数量可以有无限多个常开、常闭触点。

(4) 控制电路实施方式不同

继电器控制电路是通过各种硬件继电器之间接线来实施，控制功能固定，当要修改控制功能时，必须重新接线。PLC控制电路由软件编程来实施，可以灵活变化和在线修改控制功能。

二、三菱 FX2n 系列 PLC 的主要编程元件

PLC是借助于大规模集成电路和计算机技术开发的一种新型工业控制器。使用者可以不必考虑PLC内部元器件具体组成线路，可以将PLC看成由各种功能软元件组成的工业控制器，利用编程语言对这些软元件的线圈、触点等进行编程以达到控制要求，为此使用者必须熟悉和掌握这些软元件的功能、编号及其使用方法。每种软元件都用特定的字母来表示，如X表示输入继电器、Y表示输出继电器、M表示辅助继电器、T表示定时器、C表示计数器、S表示状态元件等，并对这些软元件给予规定的编号。使用时一般可以认为软元件和继电器元件相类似，具有线圈和常开、常闭触点。当线圈通电时，常开触点闭合，常闭触点断开，反之，当线圈断开时，常开触点断开，常闭触点接通。但软元件和继电器元件在本质上是不相同的，软元件仅仅是PLC中存储单元，线圈通电仅是表示该元件存储单元置"1"，反之，线圈断电表示该元件存储单元置"0"。由于软元件是存储单元，可以无限次地访问，因而软元件可以有无限个常闭触点和常开触点，这些触点在PLC编程时

可以随意使用。下面将对主要软元件进行说明。

1. **输入继电器和输出继电器**

(1) 输入继电器（X）

输入继电器是 PLC 中专门用来接收外部用户输入设备，如开关、传感器等的输入信号的。输入继电器只能由外部信号所驱动，而不能用程序指令来驱动。在梯形图中只能出现输入继电器的触点，不能出现输入继电器线圈。它可提供无限个常开触点、常闭触点供编程使用。它的元件号按八进制编号如 X0～X7、X10～X17……不同型号的 PLC 拥有的输入继电器数量是不相同的，如 FX2n-16M 的输入点为 8 点，对应的输入继电器的编号为 X0～X7；FX2n-32M 的输入点为 16 点，对应的输入继电器的编号为 X0～X7、X10～X17。FX2n 系列 PLC 可使用的输入继电器最多可达 184 点（X0～X267）。

(2) 输出继电器（Y）

输出继电器是 PLC 中唯一具有外部硬触点的软继电器，PLC 只能通过输出继电器的外部触点来控制输出端口连接的外部负载。输出继电器只能用程序指令驱动，外部信号无法驱动。输出继电器具有 1 个外部硬触点和无限个常开、常闭软触点供编程使用。它的元件号按八进制编号如 Y0～Y7、Y10～Y17……不同型号 PLC 的输出继电器数量是不相同的，如 FX2n-16M 的输出点为 8 点，对应的输出继电器的编号为 Y0～Y7；FX2n-32M 的输出点为 16 点，对应的输出继电器的编号为 Y0～Y7、Y10～Y17。FX2n 系列 PLC 可使用的输出继电器最多可达 184 点（Y0～Y267）。

2. **辅助继电器（M）**

辅助继电器和继电器控制电路中的中间继电器作用类似，但是它的触点不能直接驱动外部负载。辅助继电器与输出继电器一样，它的线圈只能用程序指令驱动，外部信号无法驱动。它可提供无限个常开触点、常闭触点供编程使用。它的元件号按十进制编号。辅助继电器可分为通用辅助继电器、断电保持辅助继电器、特殊功能辅助继电器三种类型。

(1) 通用辅助继电器（M0～M499）共 500 点。当 PLC 在运行中若发生停电，通用辅助继电器将全部成为断开状态。

(2) 断电保持辅助继电器（M500～M3071）共 2 572 点，该类继电器是有电池后备的辅助继电器，具有记忆能力。当 PLC 在运行中若发生停电，断电保持辅助继电器仍能保持原来停电前的状态。

(3) 特殊功能辅助继电器（M8000～M8255）共 256 个，这些特殊功能辅助继电器每个都具有特定的功能。可分为二类：

1) 只能利用其触点的特殊辅助继电器。其线圈由 PLC 自行驱动，用户只能利用其触点。如 M8000——PLC 运行时接通，可作为 PLC 运行（RUN）监控；M8002——仅在 PLC 运行开始瞬间接通，产生初始脉冲。M8011、M8012、M8013、M8014 是时钟脉冲继电器，分别为每隔 10 ms、100 ms、1 s 及 1 min 发一脉冲，具体功能可查看 PLC 的编程手册。

2) 可驱动线圈型特殊辅助继电器。用户驱动线圈后，PLC 做特定动作。如 M8033 为 PLC 停止时输出保持辅助继电器，M8034 为禁止全部输出辅助继电器，M8039 为恒定扫描周期使能辅助继电器等。

3. 定时器（T）

PLC 中定时器 T 相当于继电器控制电路中的时间继电器，它可提供无限个常开触点、常闭触点供编程使用。定时器元件号按十进制编号，T0～T199 为 100 ms 定时器，设定值范围为 0.1～3 276.7 s，最小单位为 0.1 s。T200～T245 为 10 ms 定时器，设定值范围为 0.01～327.67 s，最小单位为 0.01 s。T246～T249 为 1 ms 积算型定时器，T250～T255 为 100 ms 积算型定时器。PLC 中定时器 T 是根据时钟脉冲累积计时的，实质上是对时钟脉冲计数。定时器 T 为字、位复合软元件，由设定值寄存器、当前值寄存器和定时器的触点组成。设定值寄存器存储计时时间设定值，当前值寄存器记录计时当前值。当定时器 T 满足计时条件开始计时，当前值寄存器则开始计数，当前值与设定值相等时，定时器触点动作，其常开触点接通，常闭触点断开。定时器可以使用立即数 K（常数）作为设定值，也可用数据寄存器的内容作为设定值。

4. 计数器（C）

计数器在程序中用做计数控制。计数器元件号按十进制编号。计数器为字、位复合软元件，由设定值寄存器、当前值寄存器和计数器的触点组成。计数器可以使用立即数 K（常数）作为设定值，也可用数据寄存器的内容作为设定值。它可提供无限个常开触点、常闭触点供编程使用。计数器可分为：

(1) 16 位递加型计数器。其中 C0～C99 为通用加法计数器，C100～C199 为断电保持的加法计数器，计数范围为 1～32 767。

(2) 32 位双向计数器。设定值为 $-2\,147\,483\,648\sim+2\,147\,483\,647$，其中 C200～C219 为通用型，C220～C234 为断电保持计数器。32 位双向计数器可以是递加型，也可是递减型，由特殊功能辅助继电器 M8200～M8234 设定，每个双向计数器对应由 1 个特殊功能辅助继电器设定。当这个特殊功能辅助继电器（例如 M8212

置1时，对应的双向计数器（例如C212）为减计数，置0时计数器为增计数。

三、FX2n 系列 PLC 的基本指令

FX2n 系列 PLC 的指令可分为基本指令、步进指令、功能指令等几类。按照维修电工 4 级的培训大纲，要求能应用基本指令进行编程。本学习单元仅对 FX2n 系列 PLC 的基本指令进行介绍。

FX2n 的基本指令有 LD、LDI、OUT、AND、ANI、OR、ORI、ORB、ANB、MPS、MRD、MPP、MC、MCR、SET、RST、PLF、PLS、NOP、END 等。指令由操作码和操作数两部分组成：操作码用助记符表示，常用 2～4 个英文字母组成（简称指令），表示该指令的作用，操作数即指令的操作对象，是执行该指令所选用的元件、设定值等。在基本指令中，ORB、ANB、MPS、MRD、MPP 等指令无操作数，而其他指令需要 1～2 个操作数。下面对基本指令逐条加以说明。

1. 逻辑取及输出线圈（LD、LDI、OUT）

LD、LDI 指令使用元件 X、Y、M、T、C、S 的触点，表示梯形图中取 1 个常开（或常闭）触点开始逻辑运算。

OUT 指令是对输出继电器（Y）、辅助继电器（M）、定时器（T）、计数器（C）等线圈的驱动指令，对于输入继电器（X）不能使用。

LD、LDI、OUT 指令用法如图 2—86 所示。由图 2—86 程序图中可看出：

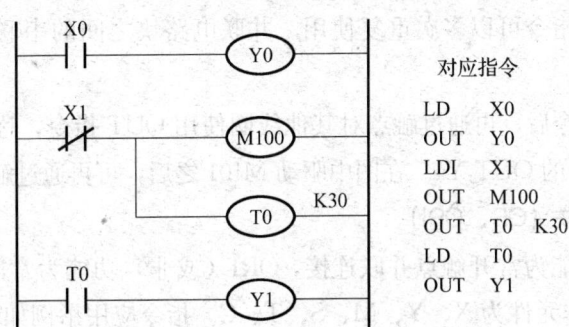

图 2—86　LD、LDI、OUT 指令用法

(1) LD 将常开触点接到左母线上，LDI 将常闭触点接到左母线上。另外 LD、LDI 指令还可以与后述的 ANB、ORB 指令配合用于电路块的开头。

(2) 输出线圈指令 OUT 可多次并行使用，形成并行输出线圈支路。

(3) 对于定时器的定时线圈或计数器的计数线圈，使用 OUT 指令后，必须设

定常数 K。图中定时器编号为 T0，则说明是 0.1 s（100 ms）定时器，设定值范围为 0.1~3 276.7 s，定时最小单位为 0.1 s。$K=30$，则对应设定时间为 $30 \times 0.1 = 3$ s，即延时时间为 3 s。如 K 改为 100，则对应设定时间为 $100 \times 0.1 = 10$ s。

2. 触点串联（AND、ANI）

AND（与）功能为常开触点串联连接，ANI（与非）功能为常闭触点串联连接。

这两类指令的操作元件为 X、Y、M、S、T、C。指令应用举例如图 2—87 所示。

现结合图 2—87，对 AND、ANI、OUT 指令应用作几点说明：

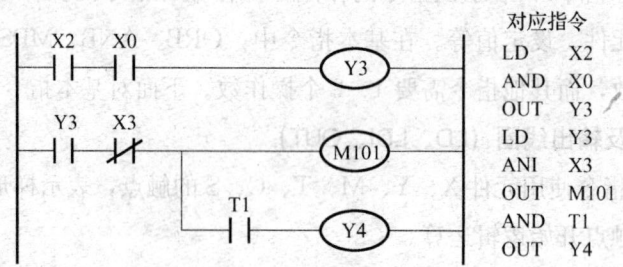

图 2—87 AND/ANI 指令的用法

(1) AND 指令用于单个常开触点的串联，ANI 指令用于单个常闭触点的串联，AND、ANI 指令可以多次重复使用。并联电路块之间的串联连接，要用后述的 ANB 指令。

(2) OUT 指令后，再通过触点对其他线圈使用 OUT 指令，称之为纵接输出或连续输出，如图中的 OUT Y4。在图中驱动 M101 之后，可再通过触点 T1 驱动 Y4。

3. 触点的并联（OR、ORI）

OR（或）功能为常开触点并联连接，ORI（或非）功能为常闭触点并联连接。这两类指令的操作元件为 X、Y、M、S、T、C。指令应用举例如图 2—88 所示。

说明：

(1) OR、ORI 只能用作为单个触点的并联连接指令。串联电路块之间的并联连接，要用后述的 ORB 指令。

(2) OR、ORI 指令是从该指令的所在位置开始，对前面的 LD、LDI 指令并联连接。并联连接可多次使用。

4. 串联电路块的并联（电路块"或"指令 ORB）

ORB 指令是电路块"或"指令。适用于触点组（块）的并联连接。对每个由

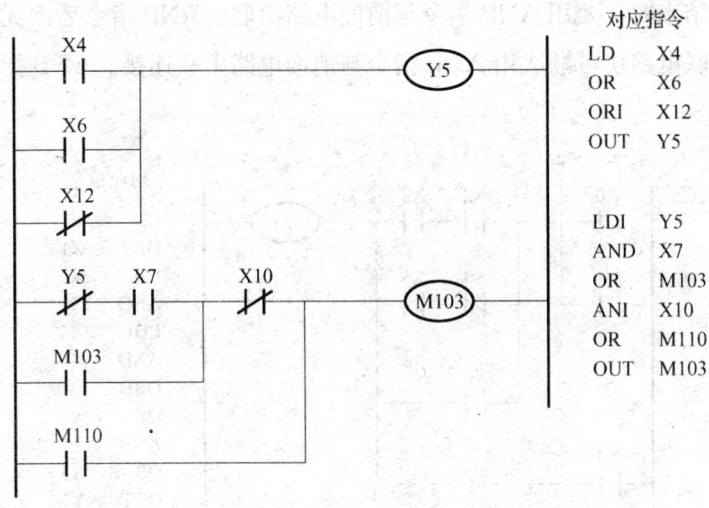

图 2—88 OR/ORI 指令的用法

触点串联组成的电路块在支路的开始用 LD、LDI 指令，支路的结束处用 ORB 指令。ORB 指令后面不需操作元件。ORB 指令应用举例如图 2—89 所示。

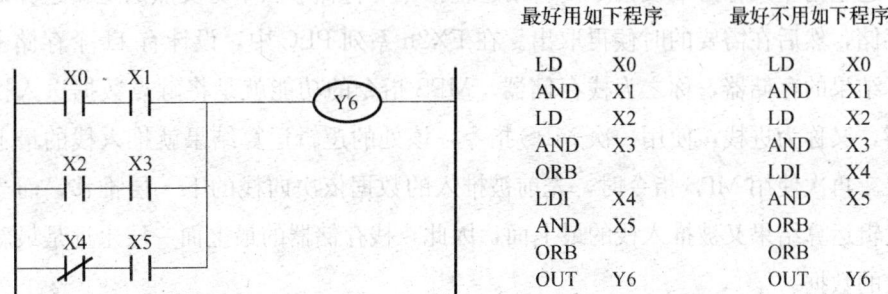

图 2—89 ORB 指令的用法

现结合图 2—89，对 ORB 指令作几点说明：

(1) 2 个以上的触点串联连接的电路称之为串联电路块。

(2) 当并联的串联电路块≥3 时，有两种编程方法，但最好采用图 2—89b。表示的编程方法，对串联电路块逐步连接，对每一个电路块使用 1 次 ORB 指令，这样对 ORB 使用次数无限制。采用图 2—89c 方法编程时，ORB 指令虽然也可连续使用，但重复使用的次数应限制在 8 次之内。

5. 并联电路块的串联（电路块"与"指令 ANB）

ANB 是电路块"与"指令。适用于并联电路块之间的串联连接，或称触点块的串联。在每个由触点并联组成的电路块中，第一个触点要用 LD、LDI 指令开始，并联电路块结束时，要用 ANB 指令与前面电路串联。ANB 指令后面无任何操作元件。多个并联电路块可顺次用 ANB 指令与前面电路串联连接。ANB 指令应用如图 2—90 所示。

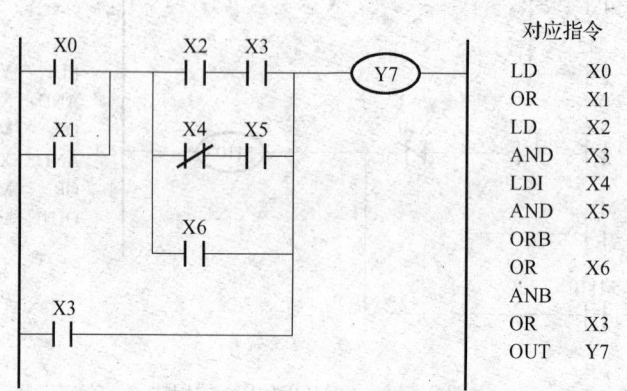

图 2—90　ANB 指令的用法

6. 多重输出电路指令（MPS、MRD、MPP）

这组指令又称为堆栈指令。利用这组指令可将梯形图中分支点的逻辑运算结果先存储，然后在需要的时候再取出。在 FX2n 系列 PLC 中，设计有 11 个存储中间运算结果的存储器，称之为栈存储器。MPS 指令的功能就是将触点数据送入栈存储器，又称为进栈，使用一次 MPS 指令，该处的逻辑运算结果就推入栈的最上面一层。再次使用 MPS 指令时，先前被推入的数据依次向栈的下一层推移，而当前的逻辑运算结果又被推入栈的最上面，因此，栈存储器的最上面一层永远是最新被推入的数据。

MPP 指令的功能就是把最上面的数据推出栈存储器，又称为出栈。使用 MPP 指令后，栈中的各数据依次向上移动一层。最高一层的数据在读出后就从栈内被消除。栈存储器对数据的这种存储方式称为"后进先出（LIFO）"方式。

MRD 指令是栈存储器最高一层所存的数据的读出专用指令。执行 MRD 指令时，栈存储器内的数据不发生上、下移动的变化。

这组堆栈指令都是没有操作元件的指令。图 2—91 是应用堆栈指令编程的例子。

现结合图 2—91，对 MPS、MRD、MPP 指令作几点说明：

(1) MPS、MRD、MPP 指令用于多重输出电路，MPS 指令应先于 MRD、MPP 指令使用。

(2) MRD 用于多重输出电路的中间，MRD 指令可多次使用。

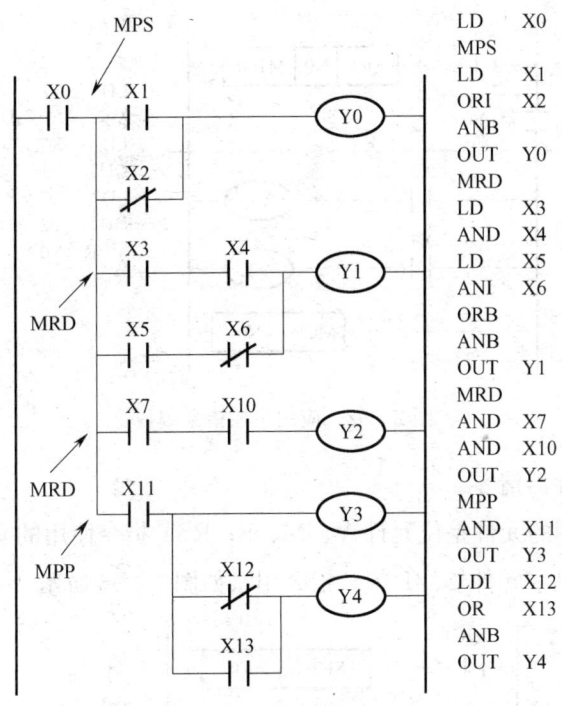

图 2—91 堆栈指令的用法

（3）MPP 指令用于多重输出电路的最后，1 个 MPS 指令必须配用 1 个 MPP 指令。

7. 主控、主控复位指令（MC、MCR）

MC 是主控指令，相当于一个条件分支。若符合 MC 的控制条件，则执行 MC 所控制的后续程序，否则程序跳过 MC 和 MCR 之间的程序段去执行后续其他程序。

MCR 是主控复位指令。它与 MC 必须成对使用，即 MC 指令后必定要用 MCR 指令来返回母线。

图 2—92 为应用主控指令编程的例子。

在图 2—92 中，当 MC 的控制条件 X0 接通时，执行 MC 与 MCR 之间的指令。主控触点 M100 接通，母线就移至主控触点 M100 之后成为主控母线，从而执行下边的程序。主控母线上必须用 LD、LDI 指令开始编程。主控触点可使用的元件只能为 Y、M。使用不同的 Y、M 元件号，可多次使用 MC 指令。而且 MC 内部还可以嵌套，继续使用 MC 指令。

8. 置位、复位指令（SET、RST）

SET 是置位指令，置某元件状态为 ON；RST 是复位指令，置某元件状态为

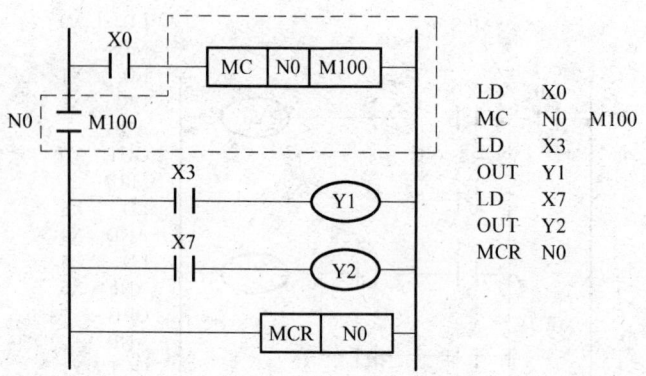

图 2—92 应用主控指令编程

OFF 或对数据寄存器清零。

SET 指令使用的元件是位元件 Y、M、S；RST 指令使用的元件既可是位元件 Y、M、S，也可是字元件 C、T 等。指令用法如图 2—93 所示。

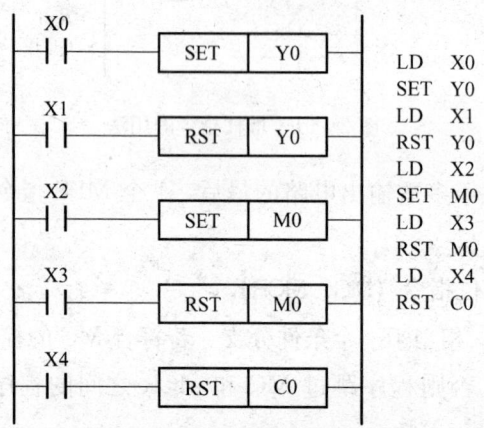

图 2—93 SET/RST 指令的用法

SET/RST 指令具有保持功能，在图 2—93 中，当 X0 接通后，即使再变成断开，Y0 也保持接通。而 X1 接通后，即使再变成断开，Y0 也将保持断开。用 RST 指令还可使计数器、定时器等复位。

9. 脉冲输出指令（PLS、PLF）

PLS 是上升沿脉冲指令，在输入信号的上升沿会产生 1 个脉冲输出；PLF 是下降沿脉冲指令，在输入信号的下降沿会产生 1 个脉冲输出。指令使用方法如图 2—94 所示。

说明：

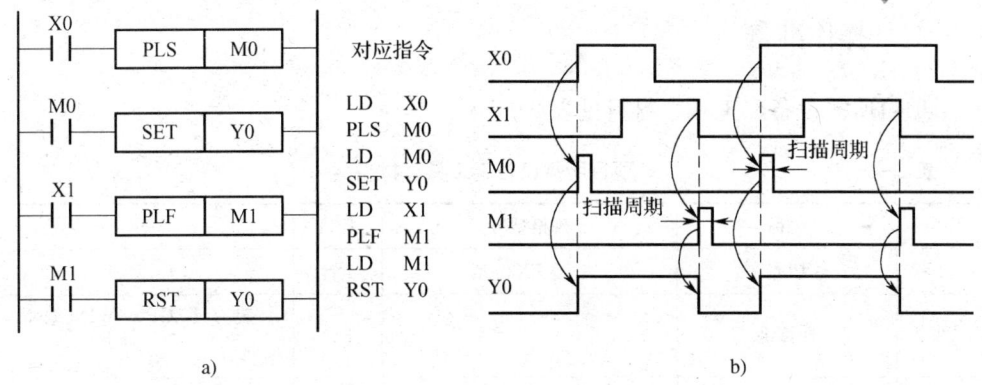

图 2—94　PLS/PLF 指令的使用方法

a）PLS/PLF 指令的使用　b）输入、输出波形图

（1）PLS/PLF 指令的操作元件只能用 Y、M，不可用特殊功能辅助继电器。

（2）使用 PLS 指令时，Y、M 仅在驱动输入接通（OFF→ON）后的一个扫描周期内动作（置 1）。如本图中，当 X0 接通时，PLS 指令会使元件 M0 产生一个扫描周期宽度的脉冲。

（3）使用 PLF 指令时，Y、M 仅在驱动输入断开（ON→OFF）后的一个扫描周期内动作（置 1）。如本图中，当 X1 断开时，PLF 指令会使元件 M1 产生一个扫描周期宽度的脉冲。

10. **空操作指令（NOP）**

执行这条指令不作任何逻辑操作，该指令只占一个步序号位置。当执行程序全部清零操作后，所有指令都变成 NOP。

11. **程序结束指令（END）**

在程序结束时，必须加上一条结束指令。PLC 在扫描执行用户程序时，到 END 指令即不再执行以后的程序步，直接进行输出处理。若在程序中不写入 END 指令，则 PLC 将从用户程序的第一步扫描到程序存储器的最后一步。

 技能操作

编制电动机 Y/△启动程序并进行模拟调试

一、操作要求

1. 使用基本逻辑指令，编写电动机 Y/△启动的应用程序。
2. 用按钮、指示灯、监控软件对程序进行模拟调试。

二、操作准备

项目所需设备、工具、材料见表2—9。

表2—9　　　　　　　　项目所需设备、工具、材料

序号	名称	规格型号	数量	备注
1	PLC	三菱 FX2n 型	1台	
2	计算机		1台	装有 FXGP－WIN 编程软件
3	编程电缆	SC—09	1根	RS232/422 转换
4	按钮		2个	
5	指示灯		3个	
6	软接线	1m/根，两端已压接U形端子	10根	分几种颜色
7	十字旋具		1个	
8	直流电源	DC24 V1 A	1个	

三、操作步骤

1. 启动FXGP－WIN并新建一个文件。

双击计算机桌面上的编程软件FXGP－WIN_C图标，启动编程软件。

在打开的界面中，执行菜单命令〔文件〕→〔新文件〕，在PLC类型设置对话框中，选择PLC类型为"FX2N/FX2NC"，按〔确认〕键进入编辑界面。执行菜单命令〔文件〕→〔保存〕，在文件保存窗口中的"文件名"一栏中填写文件名如"TEST1"，其余各栏不填写，单击〔确定〕按钮，然后再在随后出现的"另存为(File Save As)"窗口中单击〔确定〕，此文件就已经以"TEST1.PMW"为文件名被建立在编程软件默认的文件夹"c：\FXGPWIN"中了。

2. 用基本逻辑指令，编写能实现电动机Y/△启动的应用程序。

三相异步电动机Y/△减压启动的电路图如图2—95所示。

图2—95为继电器控制的三相异步电动机Y/△启动电路。按启动按钮SB1，接触器KM_Y和时间继电器KT同时得电，并通过KM_Y的常开触点使接触器KM也得电，电动机接成Y形联结启动，按钮SB1也被自保。当延时3 s后，KT常闭触点断开，接触器KM_Y失电，KM_Y的常闭触点接通，使接触器$KM_△$得电，电动机接成△形联结投入运行。当按停止按钮SB2或电动机过载使热继电器KH动作时，KM、$KM_△$接触器失电，电动机停止运行。

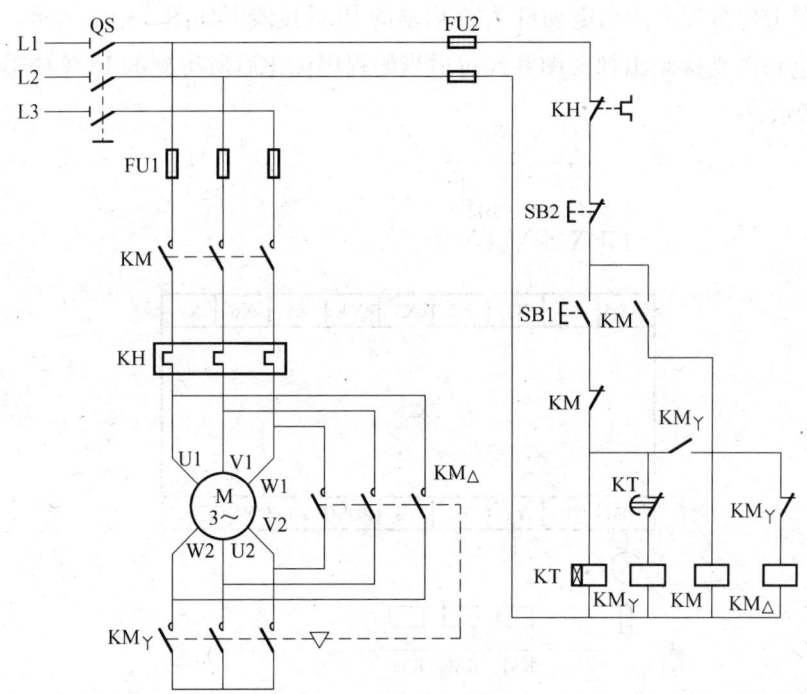

图 2—95　三相异步电动机 Y/△减压启动电路图

要求用 FX2n 系列 PLC 按三相异步电动机 Y/△启动继电器控制电路图编制 PLC 梯形图、写出语句表。

梯形图的设计可有多种方法，如可按照各输入、输出变量的逻辑关系设计、按经验设计、按照继电控制电路替代设计及按工艺流程设计等。在用 PLC 对旧设备进行改造的场合，采用按照继电控制电路图直接替代成 PLC 梯形图的方法比较简单直观，易于接受。

按照电动机 Y/△启动的继电控制电路图作替代设计梯形图前，首先应确定输入、输出设备与 PLC 输入、输出端口的对应关系，也就是进行 I/O 分配，依据 I/O 分配表画出 PLC 接线图，然后按原控制电路图写出梯形图。根据本例中输入、输出设备情况，做出 I/O 分配表如表 2—10。

表 2—10　　　　　　电动机 Y/△启动的 I/O 分配表

输入设备	输入端口编号	输出设备	输出端口编号
热继电器 KH	X00	电源接触器 KM	Y01
启动按钮 SB1	X01	Y 接触器 KM$_Y$	Y02
停止按钮 SB2	X02	△接触器 KM$_△$	Y03

按照I/O分配表画出电动机Y/△启动的PLC接线图如图2—96所示,按照继电控制电路图直接画出梯形图并经过适当的程序优化后所得到的PLC梯形图如图2—97所示。

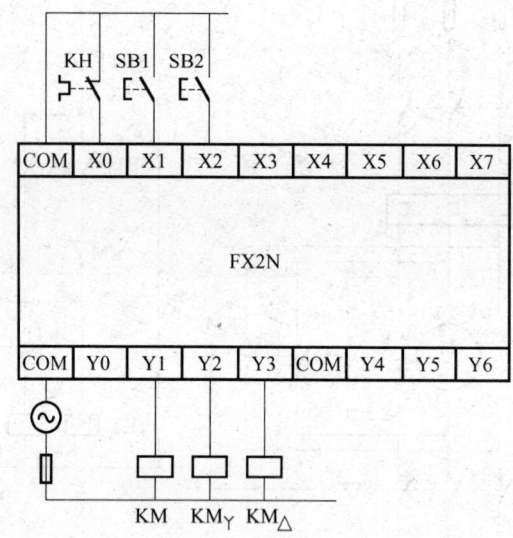

图2—96 电动机Y/△启动的PLC接线图

3. 在FXGP-WIN的梯形图视图中输入所编写的应用程序,将程序下载到PLC。

4. 在PLC的I/O端口上连接按钮及指示灯。

按图2—96所示,在PLC的输入端口接上3个按钮作为KH、SB1和SB2,在输出端口Y1、Y2和Y3上接上3个指示灯以代替KM、KM$_Y$和KM$_\triangle$,供调试时观察控制结果用。3个指示灯的另一端并接在一起后与输出端的COM1之间应接上1个直流24 V的电源。

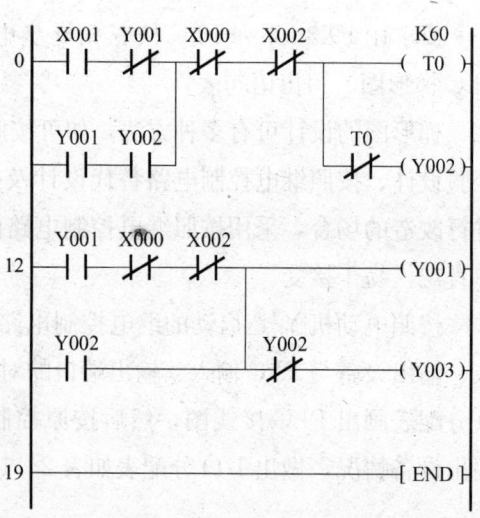

图2—97 电动机Y/△启动的PLC梯形图

5. 调试程序。

接通PLC的电源,使PLC运行,并在编程软件中用监控方式观察程序的运行情况。先后按下启动及停止按钮,观察指示灯的状态以验证程序运行的正确性。根据程序运行情况对程序进行修改并重复运行及监控。

6. 程序运行正确后，保存程序文件，并向指导教师演示程序的运行。

四、注意事项

1. 梯形图的编程规则和技巧

（1）触点的安排

触点应画在水平线上，不能画在垂直分支上，图2—98a 所示桥式电路不能直接编程。应等效变换为图2—98b 所示梯形图。

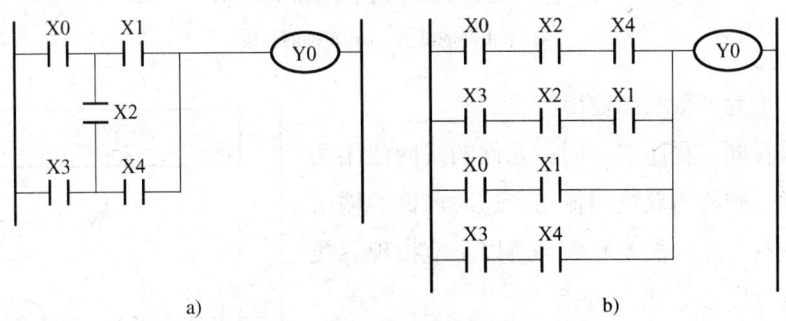

图2—98 梯形图中触点的安排

a）桥式电路　b）对桥式电路进行等效变换

（2）串、并联的处理

在有几条串联支路相并联时，应将触点最多的那个串联支路放在梯形图的最上面；在有几个并联回路相串联时，应将触点最多的并联回路放在梯形图的最左面。这种安排，所编制的程序简洁、明了、语句较少，如图2—99所示。

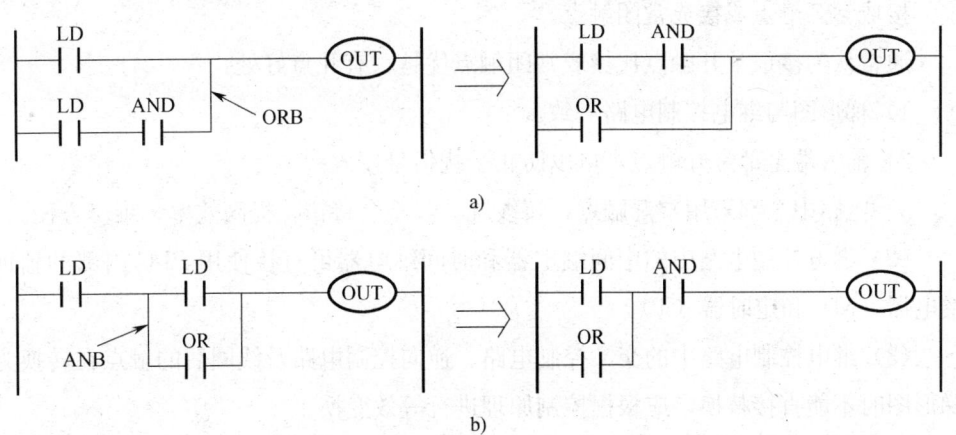

图2—99 串、并联回路的处理

a）串联支路的处理　b）并联回路的处理

(3) 线圈的安排

梯形图的每一逻辑行必定从左边母线以触点输入开始,以线圈结束,即线圈右面不能再放触点。如图 2—100 所示。

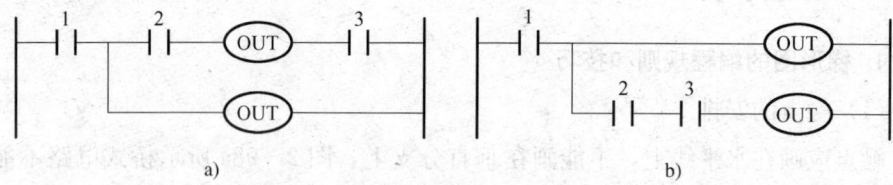

图 2—100 梯形图中线圈的安排

a) 不正确的画法　b) 正确的画法

(4) 不允许双线圈输出

如果在同一程序中,同一元件的线圈使用两次或多次,则称为双线圈输出。这时前面的输出无效,只有最后一次才有效,所以不应出现双线圈输出(见图 2—101)。

2. 将继电控制电路替换成 PLC 梯形图时应注意的问题

(1) 主令电器(按钮、行程开关、接近开关等)、热继电器触点、速度继电器触点、油压继电器触点等都作为输入信号,接在 X 端口。对于

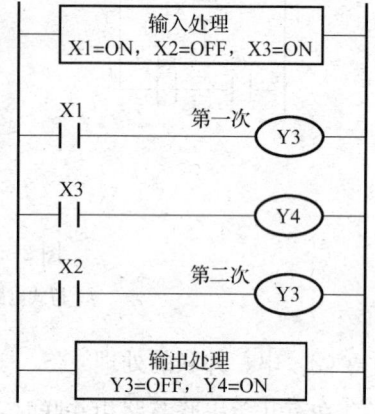

图 2—101 错误的双线圈输出

上述这些继电控制电路图中的常闭触点在作为 PLC 的输入信号时,有两种接线方式:接成常开触点或接成常闭触点。

通常认为接成常开触点比接成常闭触点优越,有几点好处:

1) 梯形图与继电控制电路一致。

2) 输入端全部常开触点,可以防止干扰信号侵入。

3) 电路中全部采用常开触点,接线统一,不会接错,提高效率,维修方便。

(2) 继电控制电路中的中间继电器和时间继电器可直接使用 PLC 内部的辅助继电器(M)和定时器(T)。

(3) 继电控制电路中的交叉控制电路、逆向控制电路及线圈后的触点在转换为梯形图时不能直接替换,应根据控制原理进行等效变换。

第3节　松下可编程控制器控制电路装调

学习单元1　松下可编程控制器的认识和接线

学习目标

1. 了解 PLC 的结构与特点。
2. 了解 PLC 输入、输出接口的基本结构。
3. 掌握常用输入、输出设备与 PLC 的正确连接方法。

知识要求

一、松下 FP0 系列可编程控制器概述

松下 FP0 系列 PLC 的外形如图 2—102 所示。

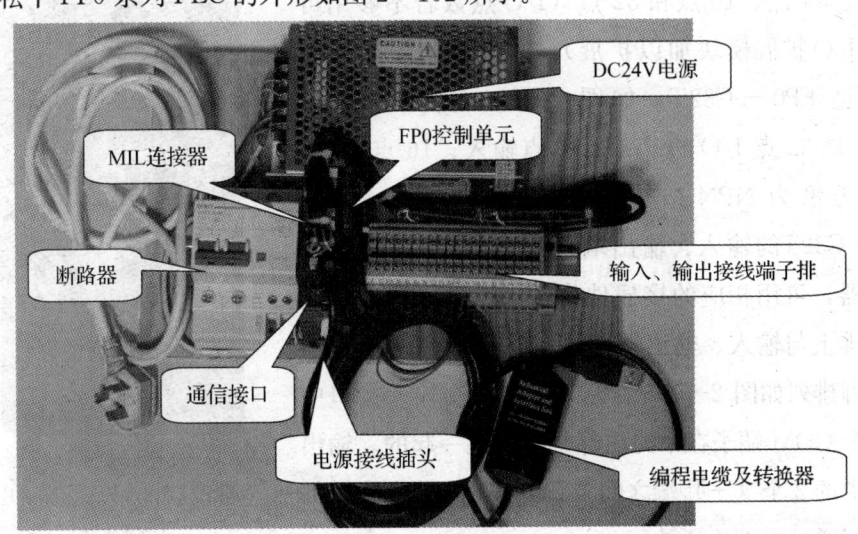

图 2—102　松下 FP0 系列 PLC 外形图

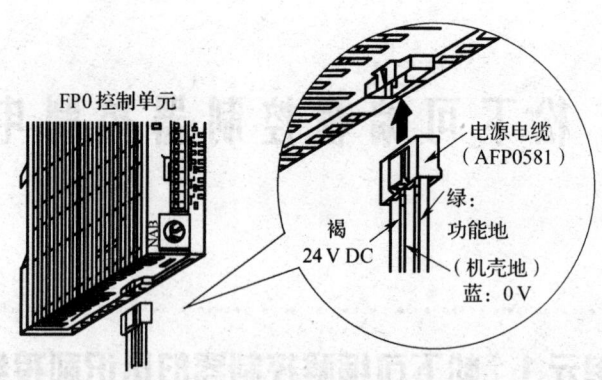

图 2—103 控制单元与电源之间的连接

FP0 系列 PLC 是模块式的结构，分为电源单元、控制单元及其他扩展模块。其中电源可选用 FP0－PSA4 电源单元，它能向 FP0 系列 PLC 提供 DC24 V、0.7 A 的直流电源。也可选用其他能提供 DC24 V 的直流电源。本例中即使用了 DC24 V、3 A 的直流开关电源。控制单元与电源之间使用随控制单元提供的电源电缆（AFP0581）进行连接，如图 2—103 所示。该电缆中有 3 根线：褐色的是正极（24 V＋），蓝色的是 0 V（24 V－），绿色的是功能地（机壳地）。

控制单元有 FP0－C10、FP0－C14、FP0－C16、FP0－C32 等规格，分别表示其 I/O 点数为 10 点、14 点、16 点和 32 点（I/O 点数若不够用可通过 I/O 扩展模块加以扩展）。本例中使用的控制单元是 FP0－C32T，如图 2—104 所示。FP0－C32T 是 32 点 I/O 的 PLC，16 点输入、16 点输出，输出类型为 NPN 型三极管集电极开路的输出。FP0－C32T 的输入、输出端口为 4 个 10 针的 MIL 连接器，可用相应的接插件将输入、输出端口引到端子排上与输入、输出器件进行连接。MIL 连接器的引脚排列如图 2—105 所示，其中 2 个输入接口中的 4 个 COM 端子在单元内部是连接在一起的。输出接口中的 2 个（＋）端之间及 2 个（－）端之间也都是分别通过内部连通的。

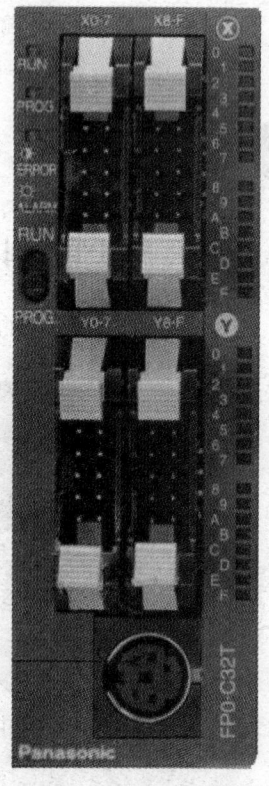

图 2—104 FP0－C32T 控制单元

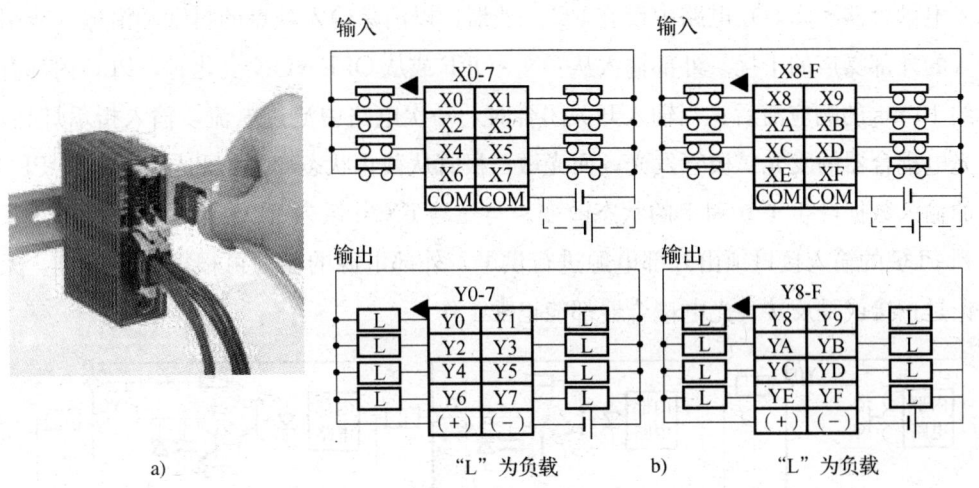

图 2—105　FP0－C32T 的 I/O 引脚排列

a) MIL 连接器通过 I/O 电缆引出 I/O 端子　b) MIL 连接器的引脚排列

二、松下 FP0 系列可编程控制器的输入、输出电路

在 PLC 内部，由于 CPU 本身工作电压比较低（一般 5 V 左右），而输入、输出信号电压一般比较高（如直流 24 V 和交流 220 V），所以 CPU 不能直接与外部输入、输出装置连接，而由输入、输出接口电路转接。这样，输入、输出接口电路除了传递信号外，还有电平转换和噪声隔离的作用。FP0 系列 PLC 的输入、输出电路分别如图 2—106 和图 2—107 所示。

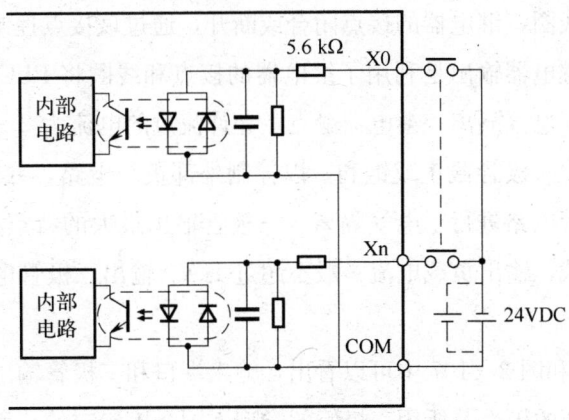

图 2—106　FP0 的输入电路

图 2—106 给出了松下 FP0 系列 PLC 的输入接口电路。外部输入开关是通过输入端（例如 X0、X1……）与 PLC 连接。输入接口电路的一次电路与二次电路间用

光电耦合器隔离,在电路中设有 RC 滤波器,以消除输入触点的抖动和沿输入线引入的外部噪声的干扰。外部输入从 ON→OFF 或从 OFF→ON 变化时,PLC 内部有约 10 ms 的响应滞后。当输入开关闭合时,一次电路中流过电流,输入指示灯亮,光电耦合器的发光二极管发光,而光敏三极管从截止状态变为饱和导通状态,PLC 的输入数据产生了 0 和 1 的状态改变。与三菱 FX2n 系列 PLC 不同,松下 FP0 系列 PLC 的输入接口须由外部电源进行供电,外部电源的极性可根据需要确定,无论是正接或是反接,光电耦合器都能正常工作。

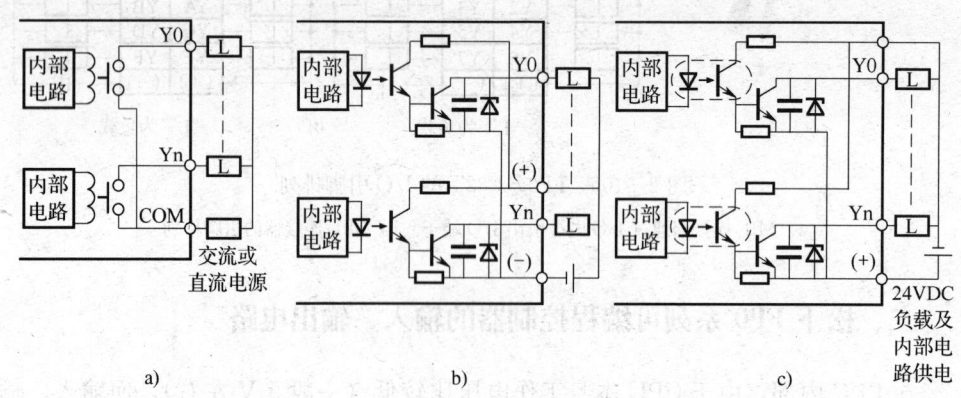

图 2—107 FP0 的输出电路
a) 继电器输出型 b) 三极管输出型(NPN) c) 三极管输出型(PNP)

图 2—107 给出了 PLC 的输出接口电路图,输出电路的负载电源须由外部提供。FP0 的输出电路以继电器输出型最常用。当 CPU 有输出时,接通或断开输出电路中继电器的线圈,继电器的接点闭合或断开,通过该接点控制外部负载电路的通断。很显然,继电器输出是利用了继电器的接点和线圈将 PLC 的内部电路与外部负载电路进行了电气隔离。继电器触点上允许流过的电流为 2 A。三极管输出型是通过光电耦合使三极管截止或饱和,以控制外部负载电路,并同时对 PLC 内部电路和输出三极管电路进行了电气隔离。三极管输出最大的特点是响应速度较快,但只能带直流负载,输出负载电流一般不超过 1 A。输出三极管电源也由外部电源提供。

从图 2—106 和图 2—107 中可以看出,输入端口和三极管输出端口中电流的方向,根据外接电源的极性及所用三极管的类型不同是不确定的,用户必须根据外部设备的需要,确定外接电源的极性及选择 NPN 型或 PNP 型的输出电路。在 PLC 产品中,往往用源型或漏型来表示输入/输出端口中电流的方向。对漏型的 PLC,其输入电流是从 PLC 内部流出输入端口的,输入端的公共端口(COM)应连接外部DC24 V电源的正极;输出电流是从输出端口流进PLC的,输出端的公共端口(一)应接外部直流电源的负极。对源型的PLC,其输入电流是从输入端口流进PLC内部的,输入端的公共端口(COM)应连接外部DC24 V电源的负极;输出电流是从PLC内部流出输出端口的,输出端的公共端口(十)应接外部直流电源的正极。松下FP0系列PLC既可作漏型的PLC,也可作源型的PLC。

 技能操作

松下可编程控制器的接线

一、操作要求

1. 在PLC输入端口上正确连接按钮、开关、接近开关。
2. 在PLC输出端口上正确连接指示灯、继电器。

二、操作准备

项目所需设备、工具、材料见表2—11。

表2—11　　　　　　项目所需设备、工具、材料

序号	名称	规格型号	数量	备注
1	PLC	松下FP0型	1台	事先已下载好附注中的试验程序
2	按钮		2个	
3	钮子开关		1个	
4	接近开关	电感式	1个	NPN型
5	指示灯	24 V	1个	
6	继电器	DC24 V	1个	带底座
7	二极管	1N4001	1个	
8	直流电源	DC24 V,2 A	1台	
9	十字旋具	75 mm	1个	
10	剥线钳		1个	
11	压接钳		1个	
12	U形冷压接线端子	4 mm	20个	
13	软接线	0.8 mm²	10 m	分红、蓝、黑等几种颜色

三、操作步骤

1. 按要求在 PLC 输入端口上连接按钮、开关、接近开关。

参照图 2—108 的接法，在 COM 端子上接外接电源正极，外接电源的负极作为按钮、开关和接近开关的公共线。将接近开关接到输入端子 X0 上，钮子开关接到 X1 上，2 个按钮的常开触点分别接到 X2 和 X3 上。接近开关的输出引线中，棕色的线接到 PLC 的"COM"，蓝色引线接到输入公共线上，黑色引线接到 X0 上。X、Y 等端子已经由 I/O 电缆线引到了接线端子排上，接线时，要用压接钳在各导线上压接 U 形接线端头后接到端子排上，且每个端子上最多只可接 2 根线。

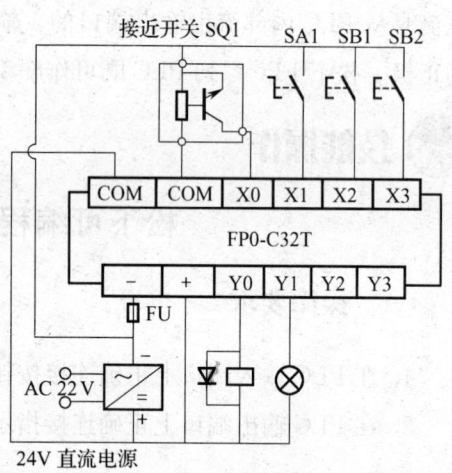

图 2—108　FP0 的输入、输出接线图

2. 按要求在 PLC 输出端口上连接指示灯、继电器。

参照图 2—108 的接法，用压接好接线端头的软接线将继电器底座上线圈的一端接到输出端子 Y0 上，指示灯的一端接到 Y1 上，外接 24 V 直流电源的正、负极分别接 PLC 输出的"＋""－"端子，电源正极还要与继电器线圈和指示灯的另一端接在一起，并在继电器底座上线圈的两端并接上续流二极管。接线时应注意继电器线圈及指示灯有无极性要求，如有极性要求则应注意将其负极的一端接到 PLC 的输出端子上，续流二极管的阴极也应如图所示接在线圈正极一端。

3. 操作输入元件，观察输出元件的状态。

接通 PLC 的电源和外接 24 V 直流电源。PLC 的运行模式开关先放置在 PROG 位置，分别拨动钮子开关、按下按钮、将金属物体移近接近开关等，观察 PLC 输入指示灯的状态变化。再将运行模式开关放置在 RUN 位置，在程序运行的状态下，先后按下按钮 SB1 和 SB2，观察继电器和 PLC 上输出指示灯的状态变化；将金属物体移近和离开接近开关，观察在钮子开关接通和断开两种情况下指示灯的亮、暗变化。

四、注意事项

输入端口中 COM 端作为各输入端子内部电路的公共端，需连接到外接电源上。若输入元件全部是无源触点时,输入端口上外接电源的极性可以任意安排;但若要驱动接近开关、光电开关等传感器时,输入端口上外接电源的极性应按照传感器输出晶体管是 NPN 型还是 PNP 型来安排。在图 2—108 中所用的接近开关是 NPN 型的,若是 PNP 型的话,则应考虑到输入电流方向,COM 端应接电源的负极,而电源的正极作为各输入元件的公共线。传感器的正、负极分别接到电源正极和 COM 端,传感器的信号端接到 PLC 的输入端子上。

1. 熔断器的使用

为防止负载短路等故障烧断 PLC 内部的印制电路板铜箔或损坏输出继电器,应在输出端子的公共端上设置 1 个 5 A 的熔断器。对继电器输出端口,熔断器应接在输出端口的 COM 端;对 NPN 型或 PNP 型三极管输出,熔断器应接在输出端口的(—)或(+)端子上。

2. 继电器负载上续流二极管和浪涌吸收器的使用

为保护 PLC 的输出电路,在带电感性负载(如继电器、电磁阀线圈等)时,应加接过电压保护电路:直流感性负载应接续流二极管;交流感性负载应接浪涌吸收器(电容器 0.1 μF,电阻器 100 Ω)。

学习单元 2 编程软件 FPWIN-GR 的使用

 学习目标

1. 熟悉编程软件的基本使用方法。
2. 掌握用编程软件输入程序、修改程序的方法。
3. 掌握向 PLC 下载程序的方法。

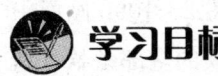 知识要求

一、编程软件 FPWIN-GR 的主要功能

松下电工的 FPWIN-GR 是专为 FP 系列 PLC 设计的编程软件,可在 Windows 操作系统环境下运行,其界面和帮助文件都已经汉化,安装后约占 38 MB 硬盘空间,功能较强。

编程软件 FPWIN-GR 的主要功能是：

1. 可用［符号梯形图］、［布尔梯形图］和［布尔形式非梯形图］三种编辑模式来创建 PLC 的程序，并可将程序存储为文件，可打印；在本单元中，主要是以［符号梯形图］为主说明程序的生成及编辑方法。

2. 通过计算机的 USB 接口，用 USB-AFC8513 型编程电缆和（FP0/FP2）PLC 连接，可将用户程序下载到 PLC，也可将 PLC 中（未设置口令）的用户程序读入计算机。

3. 可以实现各种监控和测试功能，例如梯形图监控、数据监控、触点监控、强制输入、输出等。

二、编程软件 FPWIN-GR 的安装、启动和退出

1. 编程软件 FPWIN-GR 的安装

安装 FPWIN-GR 时，务必以 Administorators（管理员）权限的账户进行安装。启动、操作时，只能使用 Administorators（管理员）或 Power User 权限的账户。如果以 User 或 Guests 账户进行注册，则不能通信。

以松下电工 FP 系列 PLC 编程软件 FPWIN-GR V2.8 的安装为例，在安装软件包中包括有安装程序 setup.exe，双击安装文件 setup.exe 的图标，即会顺序出现如图 2—109a 至图 2—109f 所示的各个界面。在启动安装程序之后，首先将出现图 2—109a 画面所示的确认信息对话框，确认其中的内容后单击［下一步（N）］。如需要终止安装时，可单击［取消］按钮。接着显示图 2—109b 画面中关于使用许可协议的对话窗，如果同意其中所显示的使用许可协议的全部条款，请单击［是（Y）］，开始安装过程。如果选择［否（N）］，则终止 FPWIN-GR 的安装。单击［是（Y）］后显示图 2—109c 关于用户信息的对话窗，在相应位置输入［姓名］及［公司名称］、［产品序列号］，再单击［下一步（N）］按钮。［产品序列号］写在 FPWIN GR 软件包装中附带的用户登记卡上。请正确输入该号码。在接着出现的如图 2—109d 所示画面中，选择需要安装的程序模块。如果安装所有显示的程序模块，请单击［下一步（N）］按钮。不需要安装所列的程序模块时，请将该项目之前的选中标记清除。此时出现如图 2—109e 所示安装进度画面。当全部安装工作完成后，画面中将显示如图 2—109f 所示的关于确认重新启动计算机的对话窗，用单选按钮选择［是，立即重新启动计算机］或［不，稍后再重新启动计算机］，然后再单击［完成］按钮。即完成安装过程。使用 FPWIN-GR 时，需要重

新启动计算机,因此应选择重新启动计算机。

图 2—109　FPWIN—GR 的安装画面

a)显示确认信息　b)确认使用许可协议　c)登录用户信息

d)选择需要安装的程序单元　e)开始安装过程　f)确认重新启动计算机

2. FPWIN-GR 的启动和退出

安装好软件后,在桌面上会自动生成 FPWIN-GR 的图标,如图 2—110 所示,用鼠标左键双击该图标即可打开该编程软件。

图 2—110　FPWIN-GR 的图标

在已打开的软件界面中执行菜单命令〔文件〕→〔退出〕,即可退出编程软件,如图 2—111 所示。

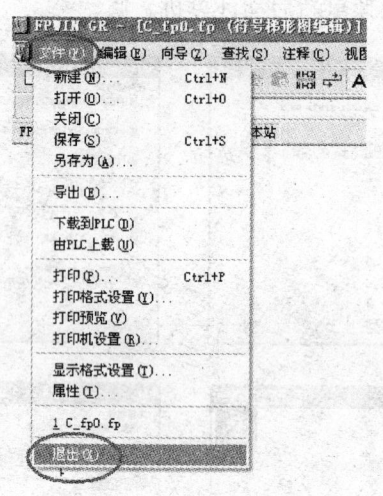

图 2—111 FPWIN-GR 的退出

三、编程软件 FPWIN-GR 的基本界面及编辑画面的切换

在编程软件启动时出现的如图 2—112a 所示启动画面中，选择"创建新文件"，或在已打开的界面中执行菜单命令〔文件〕→〔新建〕，就会出现图 2—112b 所示选择 PLC 机型的窗口，在 PLC 机型窗口中选择 PLC 类型（FP0 C32），然后单击〔OK〕键后即进入编程软件 FPWIN-GR 的基本界面。

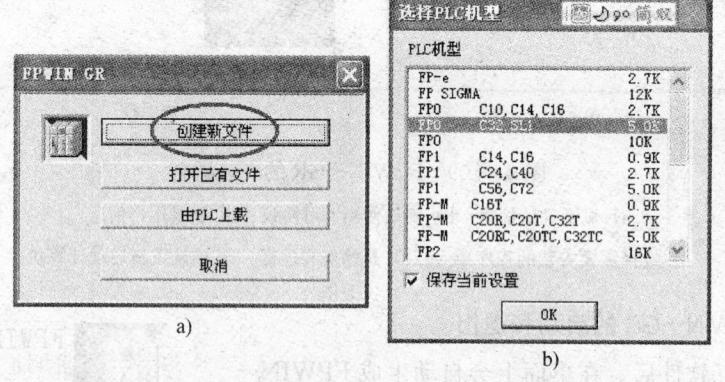

图 2—112 创建新文件及选择 PLC 类型
a) 启动画面 b) 选择 PLC 类型

在编程软件 FPWIN-GR 基本界面的上部有菜单命令行和工具栏图标行，工具栏图标行的下面有状态栏，表示程序的长度、在线或离线状态及 PLC 的类型等

信息。中间是编辑画面，PLC 的梯形图程序或指令表程序就是在此画面中进行录入或修改的。用户录入的梯形图程序或指令表程序在相应的编辑画面中显示，两种形式的程序可自动进行转换。基本画面的下部可放置功能键栏，供输入编程元件用，如图 2—113 所示。

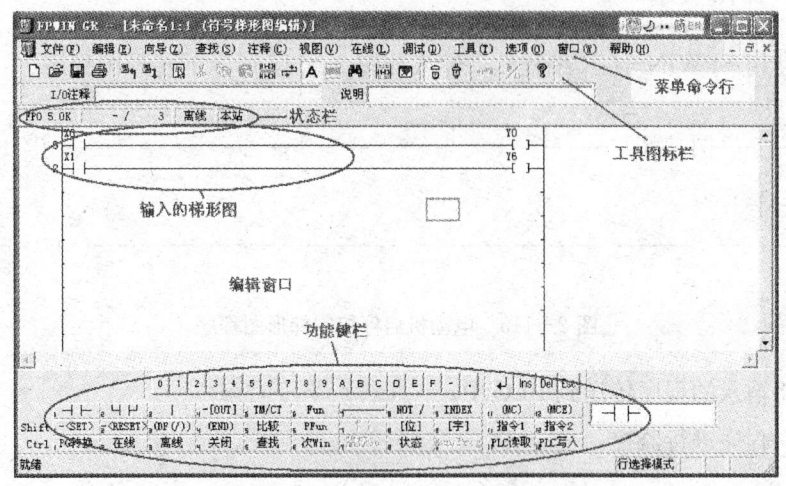

图 2—113　FPWIN-GR 的基本界面

在基本界面中可执行菜单命令〔视图〕→〔符号梯形图编辑〕或〔布尔非梯形图编辑〕，可显示梯形图编辑画面或指令语句表编辑画面，如图 2—114 所示。通过此操作也可在梯形图画面或指令表画面之间进行转换。

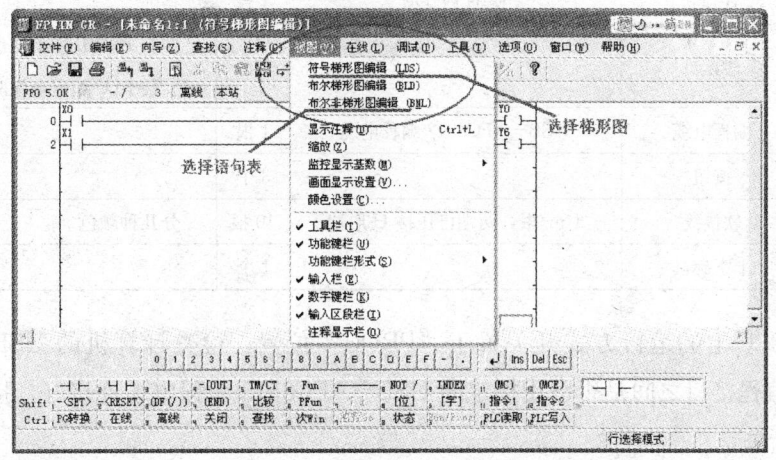

图 2—114　梯形图和指令表画面转换

使用编程软件 FPWIN-GR 向 PLC 下载程序

一、操作要求

1. 使用 FPWIN-GR 编程软件输入如图 2—115 所示的梯形图程序。

```
    X0    X1    X2                              Y0
0 ──┤├──┤/├──┤/├─────────────────────────────( )─
    Y0
  ──┤├──
5                                              ( ED )
```

图 2—115 电动机启停控制梯形图程序

2. 将输入的程序传送到 PLC 中。
3. 对程序进行监控。

二、操作准备

项目所需设备、工具、材料见表 2—12。

表 2—12　　　　　　　　项目所需设备、工具、材料

序号	名称	规格型号	数量	备注
1	PLC	松下 FP0 型	1 台	
2	计算机		1 台	装有 FPWIN-GR 编程软件，已安装 PLC 编程电缆驱动
3	编程电缆	USB-AFC8513 编程电缆	1 根	
4	按钮		3 个	
5	软接线	1 m/根，两端已压接 U 形端子	10 根	分几种颜色
6	十字旋具		1 个	

将 PLC 上的运行方式开关置于 "PROG" 位置，检查计算机的 USB 接口与 PLC 的编程接口之间是否已用指定的 USB-AFC8513 编程电缆连接好，接通 PLC 的电源开关。

按照输入端口分配表（表 2—13）在 PLC 的输入端子 X0～X2 上分别接入启动按钮、停止按钮和代表热继电器触点的按钮（接常开触点），在按钮触点的公共线与 COM 之间接上外接 24 V 直流电源，接通计算机电源，启动计算机。

表 2—13　　　　　　　　　输入端口分配表

名称	输入端口	元器件
启动按钮	X0	SB1
停止按钮	X1	SB2
热继电器	X2	SQ1

三、操作步骤

1. 启动编程软件 FPWIN-GR。

双击计算机桌面上的编程软件 FPWIN-GR 图标，启动编程软件。

2. 新建 1 个程序文件。

在启动画面中选择〔创建新文件〕，在 PLC 类型设置选择框中选择 PLC 类型为"FP0 C32"，按〔OK〕键进入编辑界面。执行菜单命令〔文件〕→〔保存〕，在如图 2—116 所示的文件保存窗口中的"文件名"一栏中填写文件名如"TEST"，其余各栏不填写，用鼠标单击〔保存〕按钮，此文件就已经以"TEST.fp"为文件名被建立在编程软件默认的文件夹"c：\Program Files\Panasonic-EW Control\FPWIN GR 2\Documents"中了。以后可以用〔打开〕命令打开此程序文件进行修改。

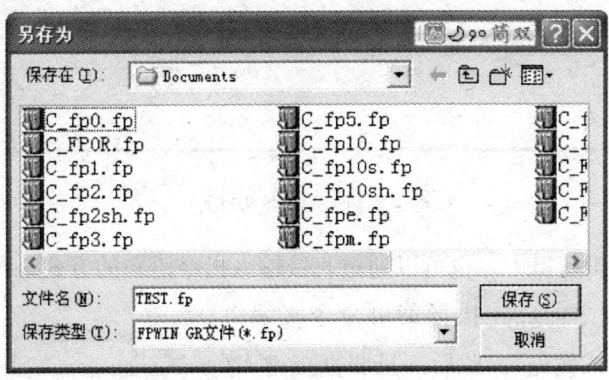

图 2—116　文件保存窗口

3. 在梯形图视图中输入提供的梯形图程序。

在编辑画面中单击菜单命令〔视图〕，在下拉式菜单中先后选择"符号梯形图编辑""功能键栏"，并在"功能键栏形式"的子菜单中选择"功能键栏 3 段显示"，则在梯形图编辑画面下部会出现 1 个由各种触点、线段等图标组成的工具窗口。如

图 2—117 所示。在功能键栏中单击某个触点或线圈符号，并在随后出现的编程元件栏中（见图 2—118）点击所需元件名称和编号及单击"↵"（写入）按钮后，此触点或线圈就会出现在编辑画面中光标所在位置上。注意，如果要输入 1 个常闭触点时，可先在功能键栏中选择 1 个常开触点，然后在编程元件栏中单击"NOT/"按钮，此常开触点就会变为常闭触点。

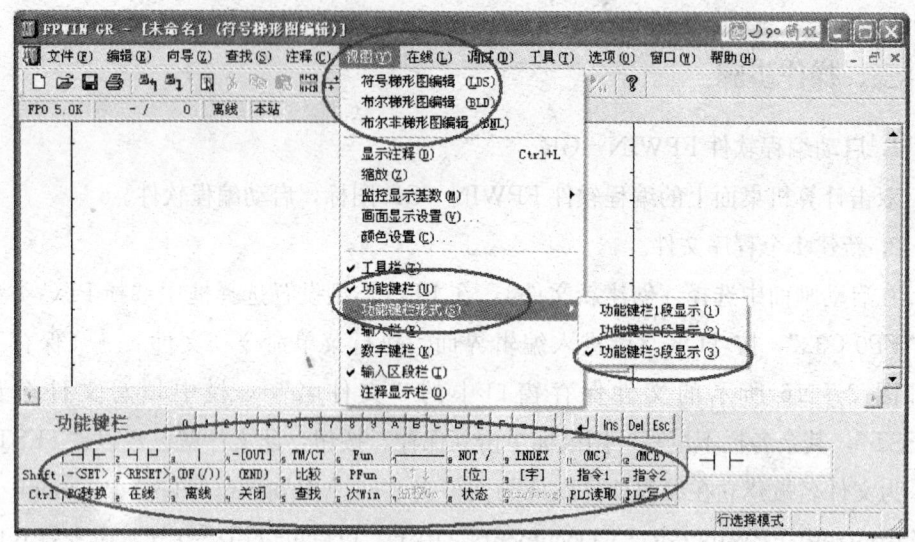

图 2—117 功能键栏的设置

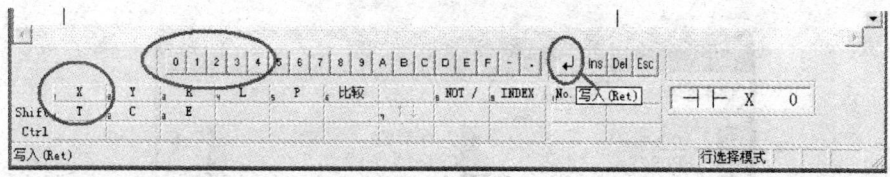

图 2—118 编程元件栏

在梯形图编辑窗口中，也可以通过直接输入指令语句的方式来画出梯形图，但在使用此种方式之前应先执行菜单命令〔编辑〕→〔文本输入模式优先〕。此后，只要直接键入所需的指令（如 ST X0），并单击浮动的指令输入窗口中的"OK"按钮或按回车键，此元件就直接出现在梯形图编辑画面中光标所在位置上。如果输入的元件名称、编号不正确（如将 X0 输入为 XO），画面上就会出现提示窗口标明输入错误，如图 2—119 所示。

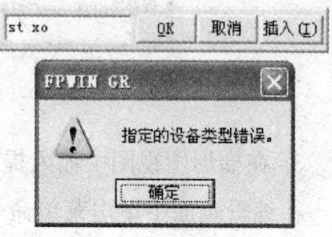

图 2—119 输入指令错误提示窗口

在梯形图编辑画面上按照提供的梯形图程序，选择合适的光标位置，依次输入各触点、线圈和竖线，直至完成梯形图的录入。

画竖线或删除竖线时都使用"｜"图标，此时目标对象的位置是在光标的左方。在光标的左方无竖线时，单击"｜"图标会在光标左方画出1段竖线；而在光标的左方已有竖线时，单击"｜"图标会将该竖线删除。

在输入梯形图程序时，每完成一部分程序的输入，应及时执行一次菜单命令〔编辑〕→〔程序转换〕，（或工具图标栏中的"转换程序"工具图标 ）使输入的梯形图得到确认，此时灰色背景变为白色背景。

4. 切换到指令语句表视图对程序进行修改，并切换回梯形图视图进行查阅。

梯形图输入完成后，可执行菜单命令〔视图〕→〔布尔非梯形图编辑〕，试将画面切换到指令表画面，可以看到已经自动将梯形图转换为语句指令。可以在指令表画面中以指令语句的形式输入程序或修改程序。例如，在指令表画面中用键盘中的"DEL"键删除语句"OR Y0"，再切换回梯形图画面，可以看到原来在触点X0下面并联的触点Y0不见了。

将光标放到触点X0下方，执行菜单命令〔编辑〕→〔插入空行〕，在触点X0的下方（光标位置处）被插入了一个空行，重新输入并联的常开触点Y0并转换，程序恢复了正常。

5. 保存程序文件。

执行菜单命令〔文件〕→〔保存〕，在出现的"另存为"窗口中输入文件名后再用鼠标单击〔保存〕，此程序文件就被保存完毕。

6. 向PLC下载程序。

确认PLC的电源已接通、通信电缆已接好、PLC的运行开关处于"PROG"位置，就可以向PLC下载程序了。在下载程序之前，应先检查PLC所设置的通信端口与实际通信电缆所接的计算机串口是否一致：

首先打开计算机中的"控制面板"，检查"系统"→"设备管理器"的端口中对应编程电缆的串口编号，如图2—120所示，看到对应的串口为COM9。

执行菜单命令〔选项〕→〔通信设置〕，弹出通信设置窗口。在通信设置窗口中按照实际使用的串口编号进行设置（见图2—121），用

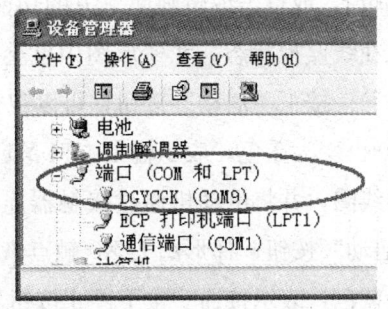

图2—120 检查实际使用的串口号

鼠标单击〔OK〕按钮，串口就设置好了。

通信端口设置完成后，执行菜单命令〔文件〕→〔下载到PLC〕，弹出如图2—122所示的下载窗口。通信参数也可在此窗口中单击"通信设置"按钮来设置。单击"是（Y）"按钮，就会自动向PLC写入用户程序。

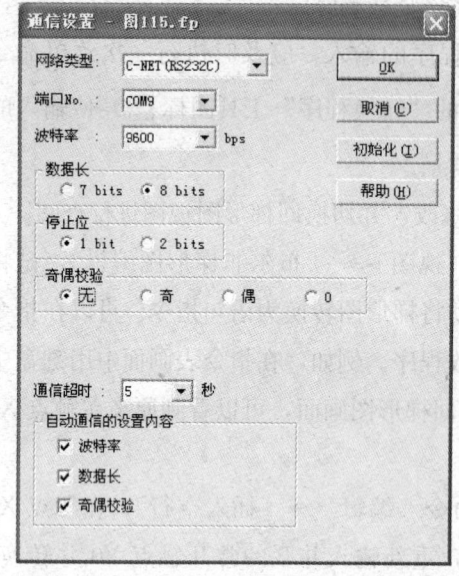

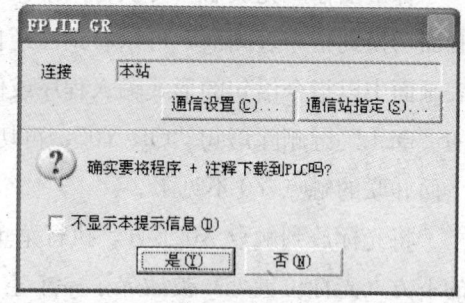

图2—121　通信设置窗口　　　　　图2—122　PLC程序下载窗口

向PLC下载程序也可通过梯形图编辑画面下部功能键栏中的"PLC写入"按钮执行。

7. 使PLC运行，并在编程软件中用监控方式观察程序的运行情况。

将PLC的运行开关置于"RUN"位置，PLC即进入运行状态，自动执行用户程序。

在编程软件梯形图编辑画面中执行菜单命令〔在线〕→〔执行监控〕和〔在线编辑〕，或点击编辑画面下方的功能键栏中的"在线"和"监控"2个按钮，就进入在线监控状态。在梯形图中就会用蓝色方块表示所接通的触点或线圈（状态为"1"）。按下"启动"按钮，可以观察到梯形图中X0常开触点变为蓝色，同时线圈Y0也变为蓝色，表示输出端口Y0已经接通。如果在输出端口Y0上是连接有接触器线圈，并将电动机通过接触器连接电源的话，此时电动机就会启动运转。松开"启动"按钮，梯形图上X0触点恢复白色，但通过Y0的自锁触点，Y0的线圈仍为蓝色，表示接通。按下停止按钮X1或代表热继电器触点的按钮X2，Y0的自锁解除，Y0的线圈变为白色，表示输出端口Y0被切断，电动机停止运行。

观察完毕，再次执行菜单命令〔在线〕→〔执行监控〕和〔在线编辑〕；或在功能键栏中单击"在线"和"监控"2个按钮，即退出在线监控状态。关闭计算机，切断计算机和PLC电源，拆除连接线，整理工具、设备和场地，做好记录。

四、注意事项

1. PLC只有在处于"PROG"状态时才能进行程序的下载。若下载前未将PLC的工作模式开关选择为"PROG"，编程软件会自动检测PLC的工作模式，并发出提示，经确认同意后，即遥控转入PROG模式进行下载，下载完成后，再经提示确认遥控进入RUN模式，自动开始执行所下载的用户程序。

2. 如果在程序下载前未设置好通信端口，编程软件会在经过一段延时后自动检测通信参数。只要通信端口选择正确，就能自动检测通信参数后进行下载。若通信端口设置错误的话，在检测完成后，会出现无法向PLC下载程序的提示。

3. 在输入程序时，在"符号梯形图编辑"画面中是用触点、线圈等图形符号来画出梯形图；在"布尔梯形图编辑"画面中是用输入指令来画出梯形图；而"布尔非梯形图编辑"画面中是输入指令来生成语句表程序的。这3种编辑画面可相互转换。

学习单元3　编制和模拟调试 PLC 简单程序

 学习目标

1. 熟悉 PLC 的编程语言及应用程序的编写方法。
2. 熟悉 FP0 系列 PLC 的主要编程元件。
3. 掌握 FP0 系列 PLC 基本逻辑指令的格式和含义。
4. 掌握用基本逻辑指令编写简单控制程序的方法。

 知识要求

一、松下 FP0 系列 PLC 的主要编程元件

PLC 是借助于大规模集成电路和计算机技术开发的一种新型工业控制器。使

用者可以不必考虑 PLC 内部元器件具体组成线路,可以将 PLC 看成由各种功能软元件组成的工业控制器,利用编程语言对这些软元件的线圈、触点等进行编程以达到控制要求,为此使用者必须熟悉和掌握这些软元件的功能、编号及其使用方法。每种软元件都用特定的字母来表示,如 X 表示输入继电器、Y 表示输出继电器、R 表示辅助继电器、T 表示定时器、C 表示计数器等,并对这些软元件给予规定的编号。使用时一般可以认为软元件和继电器元件相类似,具有线圈和常开、常闭触点。当线圈通电时,常开触点闭合,常闭触点断开,反之,当线圈断开时,常开触点断开,常闭触点接通。但软元件和继电器元件在本质上是不相同的,软元件仅仅是 PLC 中存储单元,线圈通电仅是表示该元件存储单元置"1",反之,线圈断电表示该元件存储单元置"0"。由于软元件是存储单元,可以无限次地访问,因而软元件可以有无限个常闭触点和常开触点,这些触点在 PLC 编程时可以随意使用。下面对主要软元件进行说明。

1. 外部输入继电器和外部输出继电器

(1) 外部输入继电器(X)

外部输入继电器是 PLC 中专门用来接收外部用户输入设备,如开关、传感器等输入信号。外部输入继电器只能由外部信号所驱动,而不能用程序指令来驱动。在梯形图中只能出现输入继电器的触点,不能出现输入继电器线圈。它可提供无限个常开触点、常闭触点供编程使用。不同型号的 PLC 拥有的外部输入继电器数量是不相同的,如 FP0 C16 的输入点为 8 点,对应的外部输入继电器的编号为 X0~X7;FP0 C32 的输入点为 16 点,对应的外部输入继电器的编号为 X0~XF。FP0 系列 PLC 可使用的外部输入继电器最多可达 208 点(X0~X12F)。

外部输入继电器(X)、外部输出继电器(Y)、内部继电器(R)等编程元件由于是以 16 点为单位进行处理的,因此它们的编号是以十进制和十六进制数的组合来表达,格式如下:

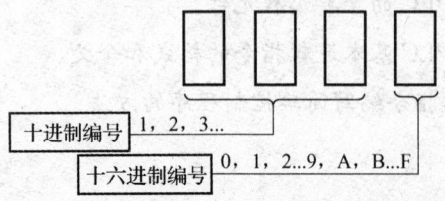

(2) 外部输出继电器(Y)

外部输出继电器是 PLC 中唯一具有外部硬触点的软继电器,PLC 只能通过输出继电器的外部硬触点来控制输出端口连接的外部负载。外部输出继电器只能用程序指令驱动，外部信号无法驱动。外部输出继电器具有1个外部硬触点和无限个常开、常闭软触点供编程使用。它的元件号与外部输入继电器一样，以十进制和十六进制组合的方法进行编号，如Y0～YF、Y10～Y1F……，不同型号PLC的输出继电器数量是不相同的，如FP0 C16的输出点为8点，对应的外部输出继电器的编号为Y0～Y7；FP0 C32的输出点为16点，对应的外部输出继电器的编号为Y0～YF。FP0系列PLC可使用的输出继电器最多可达208点（Y0～Y12F）。

2. 内部继电器（R）

内部继电器的作用与继电器控制电路中的中间继电器类似，但是它的触点不能直接驱动外部负载。内部继电器与输出继电器一样，它的线圈只能用程序指令驱动，外部信号是无法驱动的。它可提供无限个常开触点、常闭触点供编程使用。内部继电器的元件号按十进制和十六进制组合编号，不同型号的PLC中内部继电器的数量是不同的，FP0 C32中内部继电器编号为R0～R62F，共有1 008点。内部继电器可分为通用继电器、断电保持继电器、特殊功能继电器三种类型。

（1）通用继电器（R0～R54F）共880点。当PLC在运行中若发生停电，通用辅助继电器将全部成为OFF状态。

（2）断电保持继电器（R550～R62F）共128点，该类继电器是用锂电池供电的内部继电器，具有记忆能力。当PLC在运行中若发生停电，断电保持继电器仍能保持原来停电前的状态。

（3）特殊功能继电器（R9000～R903F）共64个，这些特殊功能辅助继电器每个都具有特定的功能。如R9020——PLC运行时接通，可作为PLC运行（RUN）监控；R9013——仅在PLC运行开始瞬间接通，产生初始脉冲。R9018、R901A、R901C、R901E等都是时钟脉冲继电器，分别为每隔10 ms、100 ms、1 s及1 min发一脉冲。具体功能可查看PLC的编程手册。

在程序中访问外部输入继电器（X）、外部输出继电器（Y）、内部继电器（R）等编程元件时，通常可将16点作为一组，分别用WX、WY、WR表示。例如WX0表示是X0～XF这16点输入继电器的组合，WR20表示是R200～R20F这16点内部继电器的组合，如下所示。

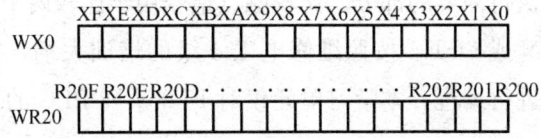

当X、Y、R等继电器的状态改变时，WX、WY、WR的内容也随之发生变化。

3. 定时器（T）

PLC 中定时器 T 相当于继电器控制电路中的时间继电器，它可提供无限个常开触点、常闭触点供编程使用。定时器元件号按十进制编号，对 FP0 C32，从 T0~T99 共有 100 个定时器。定时器的最小时间单位可分为 0.01 s、0.1 s、1 s 3 种，可通过定时器指令来设定。PLC 中定时器 Tn 为字、位复合软元件，由预置值寄存器 SVn、经过值（当前值）寄存器 EVn 和定时器的触点组成。预置值寄存器存储计时时间设定值，经过值寄存器则记录计时的当前值。定时器 T 是根据时钟脉冲累积计时的，实质上是对时钟脉冲计数。当定时器 T 满足控制条件开始计时，经过值寄存器则开始从预置值开始对时钟脉冲进行减法计数，当经过值减到零时，定时器触点动作，其常开触点接通，常闭触点断开。定时器可以使用立即数 K 作为预置值，也可用数据寄存器的内容作为预置值。

4. 计数器（C）

计数器在程序中用做计数控制。在 FP0 系列 PLC 中，计数器与定时器使用同一个存储区域，因此计数器与定时器是统一编号的。定时器编号为 T0~T99，计数器编号为 C100~C143，共 44 个。与定时器相类似，计数器也是字、位复合软元件，由预置值寄存器 SV、经过值寄存器 EV 和计数器的触点组成。计数器可以使用立即数 K 作为预置值，也可用数据寄存器的内容作为预置值。它可提供无限个常开触点、常闭触点供编程使用。FP0 系列 PLC 中计数器都是减法计数器，当计数器 C 满足控制条件开始计数时，经过值寄存器则开始从预置值开始对外部脉冲信号进行减法计数，当经过值减到零时，计数器触点动作，其常开触点接通，常闭触点断开。

二、FP0 系列 PLC 的基本逻辑指令

FP0 系列 PLC 的指令可分为基本指令、基本功能指令、控制指令和比较触点指令等几类。基本指令是按位进行逻辑运算的指令，是继电器顺序控制回路的基本构成，是由继电器线圈和触点组合成的表达式。基本功能指令包括定时器、计数器和寄存器移位指令。控制指令用于确定程序的处理顺序和执行流程，可以根据条件执行某些处理或只执行需要的部分。比较触点指令用于比较两个数据，根据比较的结果将触点变为 ON 或 OFF。按照维修电工 4 级的培训大纲，要求能应用基本指令和基本功能指令进行编程。本学习单元仅对 FP0 系列 PLC 的基本指令和基本功能指令进行介绍。

FP0 常用的基本指令和基本功能指令有 ST、ST/、OT、AN、AN/、OR、

OR/、ANS、ORS、PSHS、RDS、POPS、MC、MCE、SET、RST、DF、DF/、NOP、ED等。指令由操作码和操作数两部分组成：操作码用助记符表示，常用 2~4 个英文字母组成（简称指令），表示该指令的作用，操作数即指令的操作对象，是执行该指令所选用的元件、设定值等。在基本指令和基本功能指令中 ANS、ORS、PSHS、RDS、POPS、DF、DF/、NOP、ED 等指令无操作数，而其他指令需要 1~2 个操作数。下面对这些指令逐条加以说明。

1. **逻辑取及输出线圈（ST、ST/、OT）**

ST、ST/指令使用元件 X、Y、R、T、C 的触点，表示梯形图中取 1 个常开（或常闭）触点开始逻辑运算。

OT 指令是对输出继电器（Y）和辅助继电器（R）的线圈驱动指令，对于输入继电器（X）不能使用。

ST、ST/、OT 指令用法如图 2—123 所示。由图 2—123 程序图中可看出：

（1）ST 将常开触点接到左母线上，ST/将常闭触点接到左母线上。另外 ST、ST/指令还可以与后述的 ANS、ORS 指令配合用于电路块的开头。

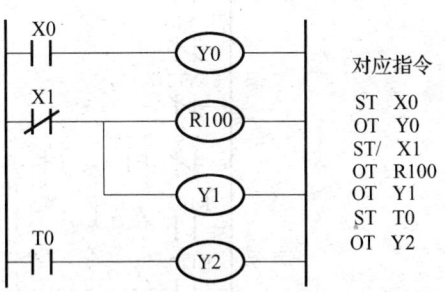

图 2—123 ST、ST/、OT 指令用法

（2）输出线圈指令 OT（即 OUT）可多次并行使用，形成并行输出线圈支路。

（3）输出线圈指令 OT 不能直接接到左母线上，OT 指令与左母线之间至少应有 1 个以上的触点存在。

2. **触点串联（AN、AN/）**

AN（与）功能为常开触点串联连接，AN/（与非）功能为常闭触点串联连接。这两类指令的操作元件为 X、Y、R、T、C。指令应用举例如图 2—124 所示。

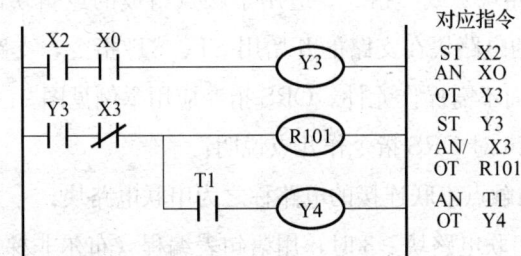

图 2—124 AN、AN/指令的用法

现结合图 2—124 对 AN、AN/、OT 指令应用作几点说明：

AN 指令用于单个常开触点的串联，AN/指令用于单个常闭触点的串联，AN、AN/指令可以多次重复使用。并联电路块之间的串联连接要用后述的 ANS 指令。

OT 指令后，再通过触点对其他线圈使用 OT 指令称之为纵接输出或连续输出，如图中的 OT Y4。在图中驱动 R101 之后，可再通过触点 T1 驱动 Y4。

3. 触点的并联（OR、OR/）

OR（或）功能为常开触点并联连接，OR/（或非）功能为常闭触点并联连接。这两类指令的操作元件为 X、Y、R、T、C。指令应用举例如图 2—125 所示。

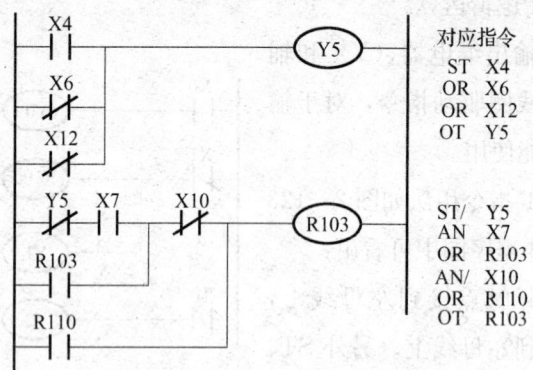

图 2—125　OR、OR/指令的用法

说明：

（1）OR、OR/只能用作为单个触点的并联连接指令。串联电路块之间的并联连接要用后述的 ORS 指令。

（2）OR、OR/指令是从该指令的所在位置开始，对前面的 ST、ST/指令并联连接。并联连接可多次使用。

4. 串联电路块的并联（电路块"或"指令 ORS）

ORS 指令是电路块"或"指令。适用于触点组成的逻辑块的并联连接。对每个由触点串联组成的电路块在支路的开始用 ST、ST/指令，支路的结束处用 ORS 指令。ORS 指令后面不需操作元件。ORS 指令应用举例见图 2—126 所示。

现结合图 2—126 对 ORS 指令作几点说明：

（1）2 个以上的触点串联连接的电路称之为串联电路块。

（2）当并联的串联电路块≥3 时，用语句表编程（布尔非梯形图编辑）有两种编程方法，即用 ORS 指令将逻辑块逐个并联及将逻辑块全部作好后连续用几个 ORS 指令将逻辑块进行并联。建议最好采用图 2—126b 表示的编程方法，对串联

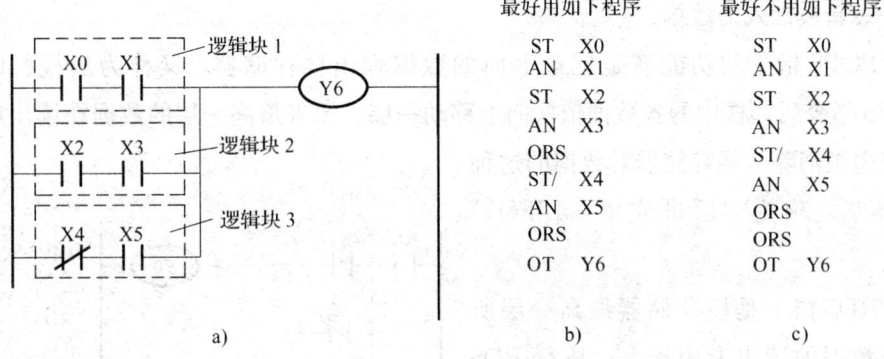

图 2—126 ORS 指令的用法

电路块逐步连接，对每一个电路块使用 1 次 ORS 指令，这样对 ORS 使用次数无限制。采用图 2—126c 编程时，ORS 指令虽然也可连续使用，但重复使用的次数应限制在 8 次之内（少于 8 次）。

5. 并联电路块的串联（电路块"与"指令 ANS）

ANS 是电路块"与"指令。适用于并联电路块之间的串联连接，或称逻辑块的串联。在每个由触点并联组成的电路块中，第一个触点要用 ST 或 ST/指令开始，并联电路块结束时，要用 ANS 指令与前面电路串联。ANS 指令后面无任何操作元件。多个并联电路块可顺次用 ANS 指令与前面电路串联连接。ANS 指令应用如图 2—127 所示。

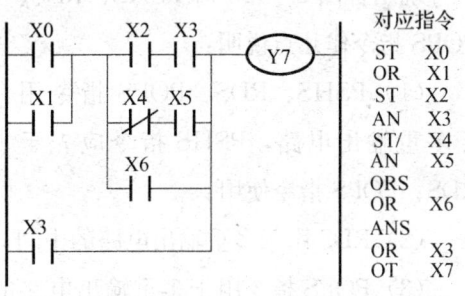

图 2—127 ANS 指令的用法

6. 多重输出电路指令（PSHS、RDS、POPS）

这组指令又称为堆栈指令。其中 PSHS 的功能是存储该指令之前的逻辑运算结果，RDS 为读取由 PSHS 指令所存储的逻辑运算结果，POPS 是读取并清除由 PSHS 所存储的运算结果。利用这组指令可将梯形图中分支点的逻辑运算结果先存储，然后在需要的时候再取出。在 FP0 系列 PLC 中，设计有 8 个存储中间运算结果的存储器，称之为栈存储器。PSHS 指令的功能就是将指令之前的逻辑运算结果送入栈存储器，又称为进栈，使用一次 PSHS 指令，该处的逻辑运算结果就推入栈的最上面一层。再次使用 PSHS 指令时，先前被推入的数据依次向栈的下一层推移,而当前的逻辑运算结果又被推入栈的最上面,因此,栈存储器的最上面一层永远是最新被推入的数据。

POPS 指令的功能就是把最上面的数据弹出栈存储器,又称为出栈。使用 POPS 指令后,栈中的各数据依次向上移动一层。原来最高一层的数据在读出后就从栈内被消除。栈存储器对数据的这种存储方式称为"后进先出(LIFO)"方式。

RDS 指令是栈存储器最高一层所存的数据的读出专用指令。执行 RDS 指令时,栈存储器内的数据不发生上、下移动的变化。

这组堆栈指令都是没有操作元件的指令。图 2—128 是应用堆栈指令编程的例子。

现结合图 2—128 对 PSHS、RDS、POPS 指令作几点说明:

(1) PSHS、RDS、POPS 指令用于多重输出电路,PSHS 指令应先于 RDS、POPS 指令使用。

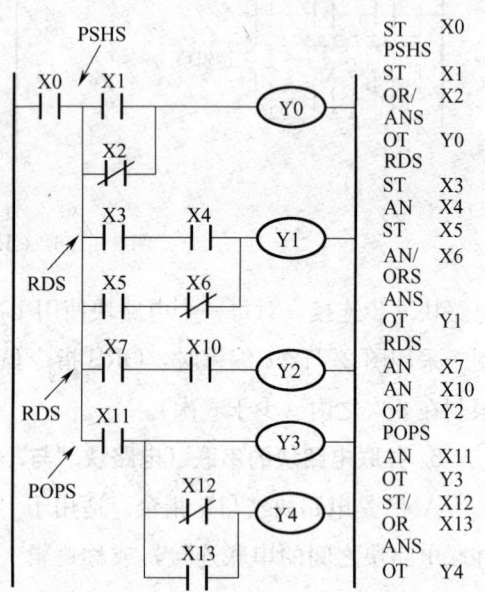

图 2—128 堆栈指令的用法

(2) RDS 用于多重输出电路的中间,RDS 指令可多次使用。

(3) POPS 指令用于多重输出电路的最后,每 1 个 PSHS 指令必须配用 1 个 POPS 指令。

7. 主控继电器、主控继电器结束指令(MC、MCE)

MC 是主控继电器指令,相当于一个条件分支。若符合 MC 的执行条件,则执行 MC 和 MCE 之间的程序,否则程序跳过 MC 和 MCE 之间的程序段去执行后续其他程序。

MCE 是主控继电器结束指令。它与 MC 必须成对使用,即 MC 指令后必定要用 MCE 指令来返回母线。图 2—129 为应用主控继电器指令编程的例子。

在图 2—129 中,当 MC 的执行条件 X0 接通时,执行 MC 与 MCE 之间的指令。MC 与 MCE 之间的母线成为主控母线,主控母线上必须用 ST、ST/指令开始编程。MC 与 MCE 指令所用的主控继电器编号必须一致,FP0 可用的主控继电器编号为 0~31。在程序中可多次使用 MC 指令。在 MC 内部还可以嵌套使用 MC 指

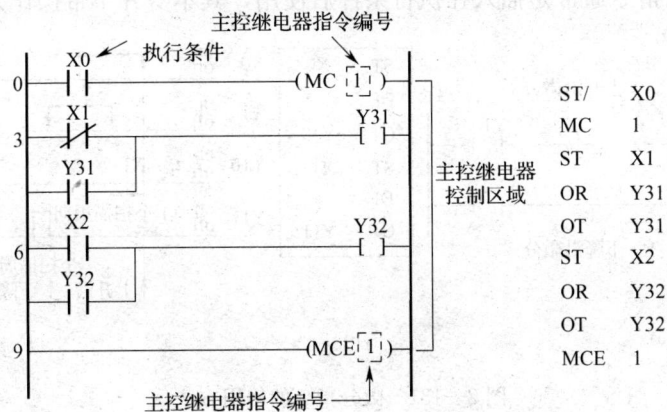

图 2—129　应用主控指令编程

令，但各层 MC 指令所用的主控继电器编号必须不同。嵌套使用 MC 指令的程序举例如图 2—130 所示。

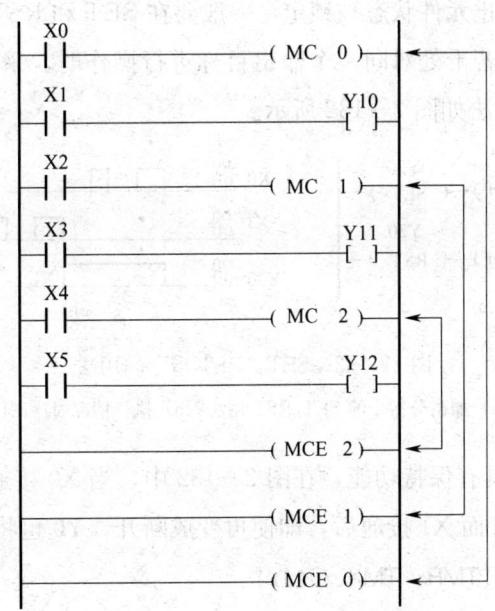

图 2—130　MC 指令的嵌套使用

8. 微分指令（DF、DF/）

DF 是脉冲上升沿微分指令，DF/是脉冲下降沿微分指令，可以认为微分指令对应的是 1 个常开触点。当检测到输入触发信号的上升沿或下降沿时，仅将对应触点闭合一个扫描周期。指令使用方法如图 2—131 所示。

DF、DF/指令通常是插入在执行条件后使用，其本身并不带操作元件。

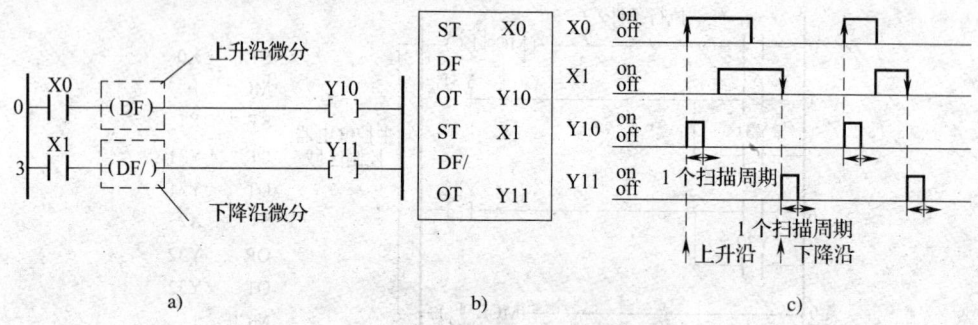

图 2—131 微分指令的使用方法

a）DF、DF/指令的使用 b）对应指令 c）输入输出时序图

9. 置位、复位指令（SET、RST）

SET 是置位指令，置某元件状态为 ON 并保持；RST 是复位指令，置某元件状态为 OFF 并保持。SET、RST 指令使用的操作元件是位元件 Y、R。为了便于调试、优化程序，防止元件状态被锁定，一般要在 SET 和 RST 指令之前加入微分指令。当在程序中有若干处对同一个输出目标进行操作时，采用此方法非常有效。SET、RST 指令的用法如图 2—132 所示。

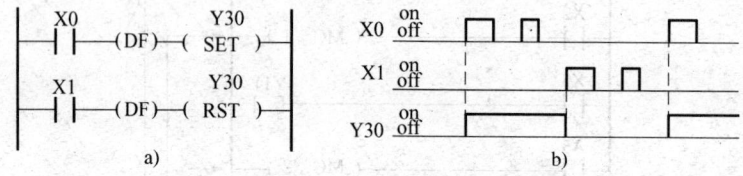

图 2—132 SET、RST 指令的用法

a）加微分指令的 SET/RST 用法 b）执行情况时序图

SET/RST 指令具有保持功能，在图 2—132 中，当 X0 接通后，即使再变成断开，Y0 也保持接通。而 X1 接通后，即使再变成断开，Y0 也将保持断开。

10. 定时器指令（TMR、TMX、TMY）

FP 系列 PLC 的定时器有 100 个，从 T0 到 T99，分为 3 种类型，分别用不同的指令加以区分，而与定时器的编号无关：

TMR：设置以 0.01 s 为定时单位的延时定时器。

TMX：设置以 0.1 s 为定时单位的延时定时器。

TMY：设置以 1 s 为定时单位的延时定时器。

定时器设定时间的计算公式为［定时单位］×［设定值］。定时器的设定值必

须为 $K1$ 至 $K32\,767$ 之间的十进制常数。对上述 3 种定时器，其设定时间的范围分别是：

TMR——$0.01 \sim 327.67$ s，以 0.01 s 递增。

TMX——$0.1 \sim 3\,276.7$ s，以 0.1 s 递增。

TMY——$1 \sim 32\,767$ s，以 1 s 递增。

例如当 TMX 设置为 $K43$ 时，设定时间为 $0.1 \times 43 = 4.3$ s。

当 TMR 设置为 $K500$ 时，设定时间为 $0.01 \times 500 = 5$ s。

在 FP0 系列 PLC 中，还有 1 条 TML 定时器指令，可以以 0.001 s 为计时单位来使用。

定时器指令的格式如图 2—133 所示，TMR、TMY 指令格式及用法与 TMX 指令相同。在进行程序输入时，指令中的经过值并不要输入，它只是在对程序进行监控时才会进行显示。图 2—133b 为对应的语句表。

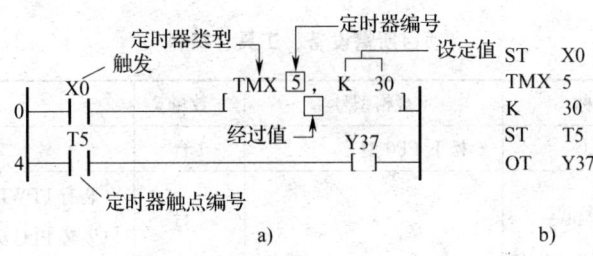

图 2—133　定时器指令的使用

定时器为非保持型，因此若切断电源或 PLC 模式方式由运行（RUN）变为编程（PROG）时，定时器会复位清零。

在 PLC 开始 RUN 时，定时器指令中的设定值被送入相同编号的预置值寄存器 SV5 中。在定时器的触发信号（X0）接通的脉冲上升沿，SV5 中的预置值被送到经过值 EV5 中，并开始进行以 0.1 s 为计时单位作递减计时。当经过值达到零时，定时器触点 T5 闭合。若在运行过程中触发信号断开，则运行停止且经过值复位（清零）。若触发信号断开时定时器触点已经动作的，则触点同时也被复位。

11. 空操作指令（NOP）

执行这条指令不做任何逻辑操作，该指令只占一个步序号位置。当执行程序全部清零操作后，所有指令都变成 NOP。

12. 常规程序结束指令（ED）

在主程序（常规程序）结束时，必须加上一条结束指令 ED（即 END）。如果在该控制程序中还包含有子程序或中断处理子程序,则这些子程序都应在 ED 指令之后再输入。

 技能要求

编制电动机 Y/△启动程序并进行模拟调试

一、操作要求

1. 使用基本逻辑指令编写电动机 Y/△启动的应用程序。
2. 用按钮、指示灯、监控软件对程序进行模拟调试。

二、操作准备

项目所需设备、工具、材料见表 2—14。

表 2—14　　　　　　项目所需设备、工具、材料

序号	名称	规格型号	数量	备注
1	PLC	松下 FP0 型	1 台	
2	计算机		1 台	装有 FPWIN-GR 编程软件,已安装 PLC 编程电缆驱动
3	编程电缆	USB-AFC8513 编程电缆	1 根	
4	按钮		2 个	
5	指示灯		3 个	
6	软接线	1 m/根,两端已压接 U 形端子	10 根	分几种颜色
7	十字螺钉旋具		1 个	

三、操作步骤

1. 启动 FPWIN-GR 并新建一个文件。

双击计算机桌面上的编程软件 FPWIN_GR 图标,启动编程软件。

在打开的在启动画面中选择〔创建新文件〕,在 PLC 类型设置选择框中选择 PLC 类型为"FP0 C32",按〔OK〕键进入编辑界面。执行菜单命令〔文件〕→〔保存〕,在文件保存窗口中的"文件名"一栏中填写文件名如"TEST1",其余各

栏不填写，用鼠标单击〔保存〕按钮，此文件就已经以"TEST1. fp"为文件名被建立在编程软件默认的文件夹"c：\ Program Files \ Panasonic－EW Control \ FPWIN GR 2 \ Documents"中了。以后可以用〔打开〕命令再次打开此程序文件进行修改。

2. 用基本逻辑指令，编写能实现电动机 Y/△ 启动的应用程序。

三相异步电动机 Y/△ 减压启动的电路图如图 2—134 所示。

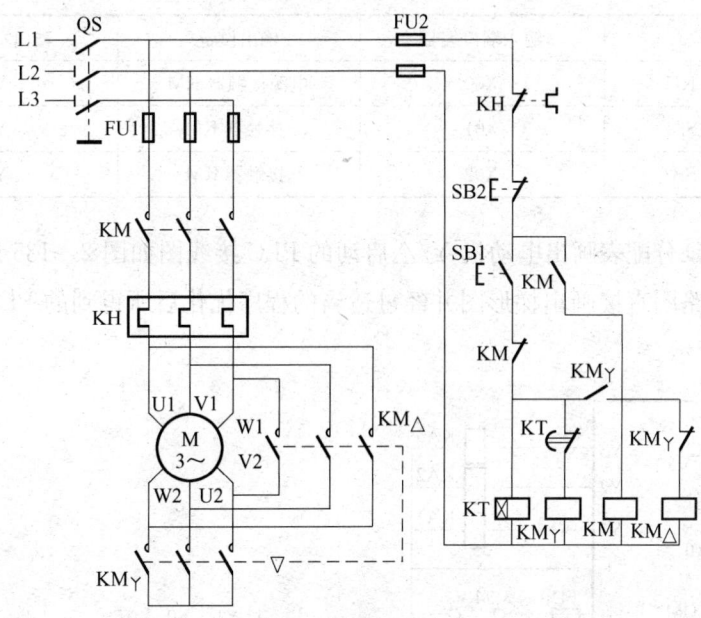

图 2—134　三相异步电动机 Y/△ 减压启动电路图

图 2—134 为继电器控制的三相异步电动机 Y/△ 启动电路。按启动按钮 SB1，接触器 KM$_Y$ 和时间继电器 KT 同时得电，并通过 KM$_Y$ 的常开触点使接触器 KM 也得电，电动机接成 Y 形联结启动，按钮 SB1 也被自保。当延时 3 s 后，KT 常闭触点断开，接触器 KM$_Y$ 失电，KM$_Y$ 的常闭触点接通，使接触器 KM$_\triangle$ 得电，电动机接成 △ 形联结投入运行。当按停止按钮 SB2 或电动机过载使热继电器 KH 动作时，KM、KM$_\triangle$ 接触器失电，电动机停止运行。

要求用 FP0 系列 PLC 按三相异步电动机 Y/△ 启动继电器控制电路图编制 PLC 梯形图、写出语句表。

梯形图的设计可有多种方法，如可按照各输入、输出变量的逻辑关系设计、按经验设计、按照继电控制电路替代设计及按工艺流程设计等。在用 PLC 对旧设备进行改造的场合，采用按照继电控制电路图直接替代成 PLC 梯形图的方法比较简单直观,易于接受。

按照电动机 Y/△启动的继电控制电路图作替代设计梯形图前,首先应确定输入、输出设备与 PLC 输入、输出端口的对应关系,也就是进行 I/O 分配,依据 I/O 分配表画出 PLC 接线图,然后按原控制电路图写出梯形图。根据本例中输入、输出设备情况,作出 I/O 分配表见表 2—15。

表 2—15　　　　　　　　电动机 Y/△启动的 I/O 分配表

输入设备	输入端口编号	输出设备	输出端口编号
热继电器 KH	X00	电源接触器 KM	Y01
启动按钮 SB1	X01	Y 接触器 KM_Y	Y02
停止按钮 SB2	X02	△接触器 $KM_△$	Y03

按照 I/O 分配表画出电动机 Y/△启动的 PLC 接线图如图 2—135 所示,按照继电控制电路图直接画出梯形图并经过适当的程序优化后所得到的 PLC 梯形图如图 2—136 所示。

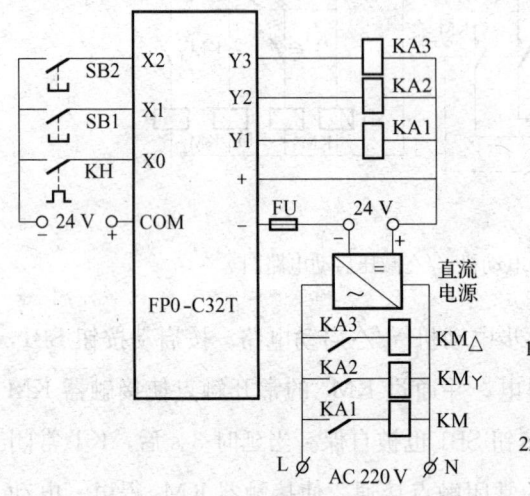
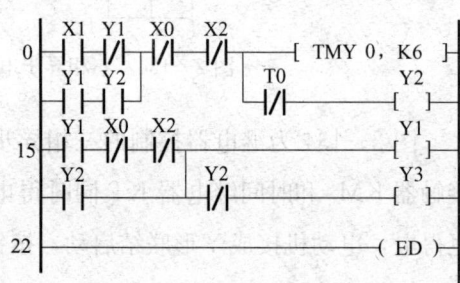

图 2—135　电动机 Y/△启动的 PLC 接线图　　图 2—136　电动机 Y/△启动的 PLC 梯形图

3. 在 FPWIN—GR 的梯形图视图中输入所编写的应用程序。

4. 将程序下载到 PLC。

5. 在 PLC 的 I/O 端口上连接按钮及指示灯。

按图 2—135 所示,在 PLC 的输入端口接上 3 个按钮作为 KH、SB1 和 SB2,在输出端口 Y1、Y2 和 Y3 上接上 3 个指示灯以代替 KM、KM_Y 和 $KM_△$ 供调试时观察控制结果用。3 个指示灯的另一端并接在一起后与输出端的"—"之间应接上

1个直流 24 V 的电源。

6. 调试程序。

接通 PLC 的电源，使 PLC 运行，并在编程软件中用监控方式观察程序的运行情况。先后按下启动及停止按钮，观察指示灯的状态以验证程序运行的正确性。根据程序运行情况对程序进行修改并重复运行及监控。

7. 程序运行正确后保存程序文件，并向指导教师演示程序的运行。

四、注意事项

参见本章第 2 节学习单元 4。

第 4 节　变频器、软启动器的认识和维护

学习单元 1　变频器的认识和维护

学习目标

1. 了解变频调速的基础知识。
2. 了解变频器的基本结构、基础知识、基本操作应用和维护。

知识要求

在过去很长的时期内，由于直流调速系统可通过改变直流电动机的电枢电压、励磁电流等方法进行无级调速，具有较为优良的静态性能和动态性能，因此得到了广泛应用。但直流电动机存在结构复杂、成本高、维护工作量大、事故故障率高等缺点，而交流电动机结构简单、坚固耐用、成本低、维修工作量小、事故故障率低，且可在恶劣的环境中应用，但调速性能差。随着电力电子器件（尤其全控型器件）的制造技术、电力电子变换技术、交流电动机调速控制技术以及带微型计算机的全数字化控制技术发展，交流变频调速系统有了重大突破。目前交流变频调速系

统已逐步取代直流调速系统,应用也越来越广泛。从最初应用的风机、泵类调速领域扩展到生产线、机床、轧机等各类需要高精度、快响应、高性能指标的调速领域。

一、变频调速的基本工作原理

异步电动机的转速表达式为

$$n = \frac{60f_1}{p}(1-s) = n_0(1-s) \qquad (2.4\text{—}1)$$

式中 f_1——定子的电源频率,Hz;
　　n——异步电动机的转速,r/min;
　　n_0——异步电动机的同步转速,r/min;
　　p——异步电动机的极对数;
　　s——异步电动机的转差率。

由式(2.4—1)可知,改变异步电动机的定子的电源频率 f_1,就可以改变异步电动机的同步转速 n_0,从而改变异步电动机的转速 n。这就是变频调速的基本工作原理。

由电机学原理可知,在三相异步电动机中存在下列关系

$$E_q = 4.44 f_1 N_1 k_{N1} \phi_m$$

如忽略定子阻抗压降,则

$$U_1 \approx E_q = 4.44 f_1 N_1 k_{N1} \phi_m \qquad (2.4\text{—}2)$$

式中 U_1——定子相电压,V;
　　E_q——气隙磁通在定子每相绕组中感应电动势的有效值,V;
　　f_1——定子的电源频率,Hz;
　　N_1——定子每相绕组串联匝数;
　　k_{N1}——基波绕组系数;
　　ϕ_m——每极气隙磁通量,Wb。

由式(2.4—2)可知,如果定子电压 U_1 保持不变,只改变定子电源频率 f_1 调速,例如减小 f_1,则 ϕ_m 将增加。由于电动机设计时,ϕ_m 一般选择在定子铁心的临界饱和点,因而减小 f_1,ϕ_m 增加将会使铁心饱和,从而使励磁电流急剧升高,导致铁心损耗急剧增加,严重时会因过热而损坏电动机。反之,当增加 f_1,则 ϕ_m 将减小,ϕ_m 的减小势必导致电动机输出转矩 T_e 减小,使电动机驱动能力降低。

异步电动机调速时希望电动机的主磁通 ϕ_m 保持额定值不变。因此,要求在改

变频率 f_1 的同时改变定子电压 U_1，以维持磁通 ϕ_m 基本不变，即异步电动机变频调速必须对电压和频率进行协调控制。

二、变频器的分类

为实现异步电动机变频调速必须具有能够同时变电压和变频率的交流电源，而交流电网提供的是恒压、恒频的交流电源，所以必须设置专门的变频器，把恒压、恒频的交流电源变换成变电压和变频率的交流电源，供给异步电动机。过去是采用旋转式变频机组，即由直流电动机驱动交流同步发电机，调节直流电动机的转速来改变交流同步发电机输出电压和频率，从而实现异步电动机变频调速。这种旋转式变频机组体积大、效率低、维护困难。随着电力电子技术迅速发展，旋转式变频机组已被电力电子器件组成的静止式变频器所替代，静止式变频器已得到广泛应用。

1. 交—交变频器和交—直—交变频器

静止式变频器从整体结构上可分为交—交变频器和交—直—交变频器。交—交变频器将恒压、恒频（如 50 Hz）的交流电直接变换成变压和变频的交流电，如图 2—137 所示。这种变频器又称为直接式变频器。

交—直—交变频器先将恒压、恒频的交流电通过整流器变换成直流电，再通过无源逆变器将直流电变换成变压和变频的交流电，如图 2—138 所示。由于这类变频器在恒压、恒频的交流电源和输出的变压和变频的交流电源之间有一个中间直流环节，在变压和变频的过程中经历了电能的两次变换，所以又称为间接变频器。

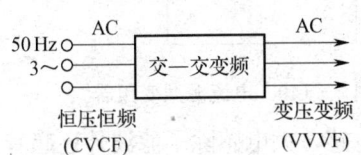

图 2—137 交—交变频器结构图　　图 2—138 交—直—交变频器结构图

2. 电压源型变频器和电流源型变频器

在实际应用中，绝大部分采用交—直—交变频器。交—直—交变频器根据主回路中间直流环节的性质，可分成电压源型变频器和电流源型变频器两大类。

（1）电压源型变频器（简称为电压型变频器）

电压型变频器主回路结构形式如图 2—139 所示。图中变频器主电路的中间直流环节采用大电容滤波，整流器输出电压经大电容的滤波作用后，使直流侧电压波形比较平直。此时在逆变器前级的整流、滤波电路可认为是内抗阻小的恒压源，逆变器输出交流电压波形为矩形波。

在变频调速系统中，变频器的负载是异步电动机，属于感性负载。在中间直流环节与电动机之间，除了有功功率的传递外，还存在无功功率的交换。电

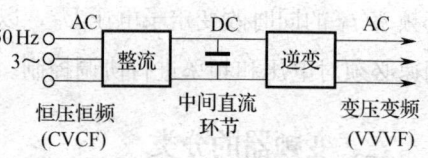

图 2—139 电压源型变频器

压源型变频器中间直流环节储能元件采用大电容，电容除了滤波外还起着无功能量缓冲作用。

采用电压源型变频器给异步电动机供电的交流变频调速系统要实现回馈制动和四象限运行比较困难。当变频调速系统需要制动时，可以在变频器中间直流电路上并联能耗制动电路，将电动机在发电制动状态反送到中间直流电路的能量消耗在制动电阻上，实现能耗制动；或者在输入可控整流器 UR 上反并联一个可控整流器，使它工作在有源逆变状态，将电动机在发电制动状态反送到中间直流电路的能量回馈交流电网，实现回馈制动。电压源型变频器适用于多台电动机同步运行时的供电电源，或单台电动机调速但不要求快速启、制动场合。

(2) 电流源型变频器（简称电流型变频器）

电流型变频器主回路结构形式如图 2—140 所示。图中，变频器主电路的中间直流环节采用大电感滤波，大电感的滤波作用使直流侧电流波形比较平直。此时在逆变器前级的电路可认为是内抗阻很大的恒流源，逆变器输出交流电流波形为矩形波。电流型

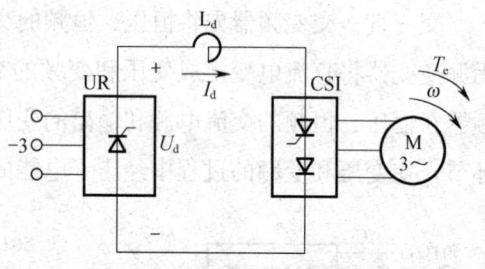

图 2—140 电流源型变频器

变频器主电路的中间直流环节的储能元件采用大电感，大电感除了滤波外还起着无功能量缓冲作用。

采用电流源型变频器给异步电动机供电的交流变频调速系统的最大特点是容易实现回馈制动，从而实现变频调速电动机的四象限运行，适用于需要快速制动和频繁正、反转的场合。

三、变频器的基本组成及性能规格

1. 现阶段市场通用变频器

变频器经过更新换代，在产品性能和可靠性等方面都有了很大提高。目前市场上流行的通用变频器的种类较多，如三菱电机的 FR 系列、西门子公司 6SE70 系列

和 MicroMaster 4（简称 MM4）系列、安川公司的 G7 系列等通用变频器。

三菱电机的 FR 系列通用变频器有 FR－A500、FR－F700、FR－E500、FR－S500E、FR－V500 等系列变频器。FR－A500 系列变频器为多功能高性能变频器，FR－F700 系列变频器为节能型轻负载变频器，FR－E500 系列变频器为经济型高性能变频器，FR－S500E 系列变频器为简易型变频器，分别如图 2—141～图 2—144 所示。三菱通用变频器的特点是采用三菱最新的柔性 PWM 控制技术，实现更低噪音运行；具有可拆卸型冷却风扇和接线端子，维护方便；输入电压范围宽，三相输入电压范围为 323～528 V，单相输入电压范围 170～264 V；过载能力为 150%、60 s，200%、0.5 s，具有反时限特性；随机附带一个简易操作面板（FR—DU04）。

三菱电机的 FR—A540 变频器采用先进磁通矢量控制技术，适用一般工业应用负载，其功率范围为 0.4～375 kW，400 V 系列变频器三相进线电压为 AC380－480 V。

图 2—141　FR—A540 系列通用变频器　　图 2—142　FR—F700 系列通用变频器

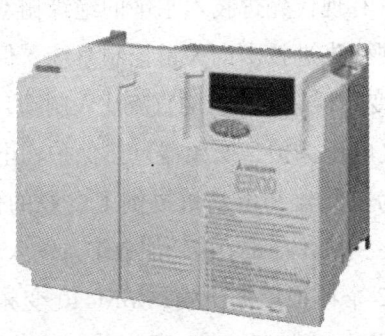 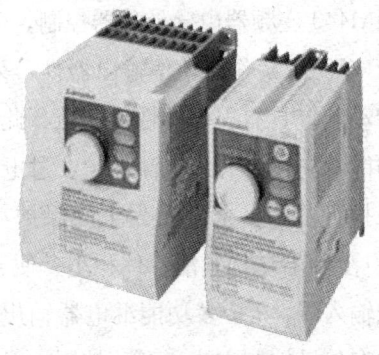

图 2—143　FR—E540 系列通用变频器　　图 2—144　FR—S540E 系列通用变频器

西门子 MicroMaster 4（简称 MM4）系列变频器有 MM410、MM420、MM430、MM440 四个系列变频器。MM410 变频器为"廉价型"变频器，MM420 变频器为"通用型"变频器，MM430 变频器为"水泵和风机专用型"变频器，MM440 变频器为"适用于一切传动装置的矢量型"变频器，分别如图 2—145～图 2—148 所示。

图 2—145　MM440 系列通用变频器

图 2—146　MM430 系列通用变频器

图 2—147　MM420 系列通用变频器

图 2—148　MM410 系列通用变频器

MM440 变频器由微处理器控制，采用具有现代先进技术水平的绝缘栅双极型晶体管（IGBT）作为功率输出器件，采用现代先进技术的矢量控制系统，保证变频器传动装置具有很高的性能品质。此外，变频器具有内置的直流注入制动、复合制动功能，它还具有过电流保护、过电压/欠电压保护、变频器过热保护、电动机过热保护等功能，全面而完全的保护功能为变频器和电动机提供了良好的保护。MM440 变频器结构紧凑、体积小、便于安装。它具有 6 个多功能数字量输入端、2 个模拟输入端、3 个多功能继电器输出端、2 个模拟量输出端。MM440 变频器控制方式有矢量控制方式和 V/f 控制方式。MM440 变频器可以作为许多生产设备的传动装置，例如，物料运输系统，纺织工业，电梯，起重设备，机械加工设备以及食品,饮料和烟草工业。MM440 变频器有多种型号,额定功率范围从 0.12~250 kW。

2. 通用变频器的基本组成

通用变频器的基本组成如图 2—149 所示,由主电路(包括整流电路、中间直流滤波电路、制动电路、逆变电路)和控制电路组成,分述如下:

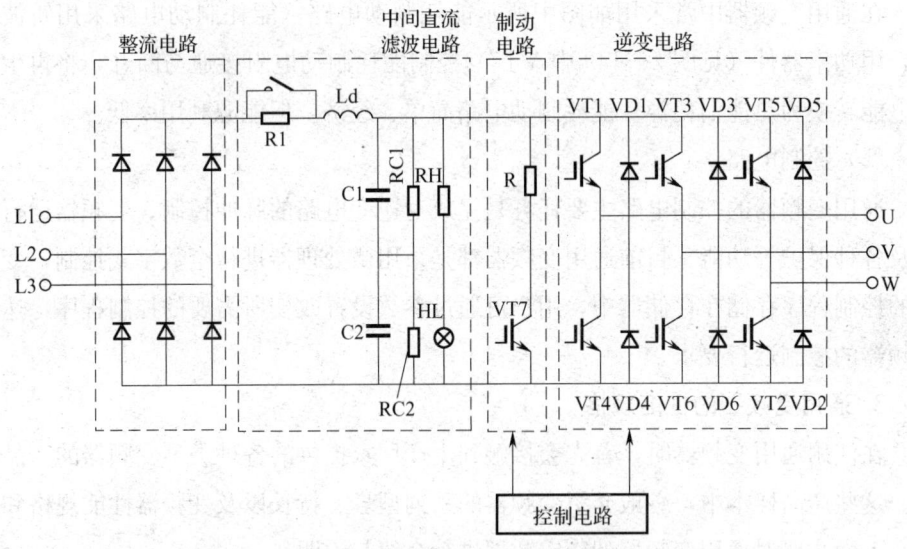

图 2—149 通用变频器的基本组成

(1) 整流电路

通用变频器中,三相变频器一般采用二极管三相桥式整流电路(单相变频器一般采用二极管单相桥式整流电路)把交流电压变为直流电压。

(2) 中间直流滤波电路

中间直流滤波电路采用大电容滤波,由于受到电解电容器的电容量和耐压能力的限制,滤波电路通常由若干个电容器并联成一组电容器组,再由两组电容器组串联组成,并在两组电容器组的电容上各并联一个均压电阻 RC1 和 RC2,使两组电容器组的电容电压相等。在整流电路和滤波电路之间接入一个限流电阻 R1,以限制充电电流。当直流电压(电容器组的电容端电压)上升一定值时用接触器(或晶闸管等器件)将限流电阻 R1 短路。为了减小电网交流侧高次谐波,使输入电流连续,提高变频器的功率因数,在中间直流滤波电路中串接直流电抗器 Ld。

有的变频器中间直流滤波电路还有直流电压指示环节,如图 2—149 所示中 RHL 和 HL。在维修变频器时,必须等 HL 指示灯熄灭后才能进行。

(3) 逆变电路

逆变电路采用 SPWM 逆变电路,其功能把直流电转换成电压、频率可调的三相交流电。目前中小容量的通用变频器中，SPWM 逆变电路中的功率开关器件大部分采用 IGBT，它由六只 IGBT 组成三相桥式结构，每个桥臂上反并联了反馈二极管。IGBT 器件需要有自己特有驱动电路、保护电路和缓冲电路。

(4) 制动电路

在通用变频器中常采用如图中所示能耗制动电路。能耗制动电路采用斩波方式，用功率器件（见图 2—149 中 VT7）控制能耗制动电阻接通与断开，将再生回馈电能转换为热能消耗掉。能耗制动电路简单、经济，但能源利用率低。

(5) 控制电路

通用变频器的控制电路主要任务是完成对逆变电路的脉冲控制、变频器运行控制及各种保护等功能。目前通用变频器都是采用微处理器进行全数字式控制，变频器的控制程序存储在存储器中，用户可通过参数设置改变所需要的控制程序，达到变频器的控制运行要求。

3. 通用变频器的性能规格

在使用通用变频器时，首先会接触到生产厂家提供的各种类型变频器的产品样本。这些产品样本中，一般介绍变频器的系列型号、特长以及变频器性能规格和功能。下面主要对通用变频器的额定数据进行介绍与说明。

(1) 输入侧（电源侧）的额定数据

变频器对输入侧（电源）的要求主要有电压、频率、电压与频率允许变动率三个方面。

1) 额定电压。中小容量的通用变频器的输入额定电压主要有三相交流 380 V，单相交流 220 V，其中三相交流 380 V 通用变频器应用最为广泛。

2) 额定频率。通用变频器的额定频率有 50 Hz 或 60 Hz。在我国，通用变频器的额定频率为 50 Hz。

3) 电压与频率允许变动率。它是指输入电压幅值和频率的允许波动的范围，一般电压允许波动为额定电压的 ±10% 左右，三相电源不平衡度 ≤3%；而频率波动一般允许为额定频率的 ±5%。

(2) 输出侧的额定数据

1) 额定输出电流（A）。额定输出电流是反映变频器容量的最关键的参数，是变频器中功率开关器件所能承受的电流耐量，是反映变频器的负载能力的最关键的参数，是用户选择变频器的主要依据。选择变频器时，主要考虑额定输出电流这个参数，要考虑变频器的额定输出电流是否满足电动机的运行要求，负载总电流不能超过变频器的额定输出电流。

2) 额定容量（kV·A）。额定容量为变频器在额定输出电压和额定输出电流下的三相视在输出的功率（kV·A）。由于变频器的额定容量与额定输出电压有关，因此，变频器的额定容量不能确切表达变频器的负载能力，只能作为变频器的负载能力的一种辅助参考值。

3) 最大适配电动机的容量（kW）。最大适配电机的容量是指变频器允许配用的最大电动机的容量。应该注意，最大适配电动机的容量（kW）一般是以 4 极标准异步电动机为对象，是针对一种特定电动机而标出，可视为一种参考值。因此在驱动 4 极以上电动机及特殊电机时，就不能单单依据此项指标选择变频器。

4) 最大输出电压。变频器的输出电压一般是按 v/f 曲线变化，变频器性能规格表中给出的输出电压是变频器的可能最大输出电压。

5) 输出频率。变频器的输出频率的调节范围。

6) 过载能力。变频器的过载能力是指其输出电流超过额定电流的允许范围。通用变频器的过载能力一般用额定电流百分比和持续时间来表示。如西门子 MM440 系列通用变频器过载能力采用 150% 额定电流、持续时间 60 s 或 110% 额定电流、持续时间 60 s 来表示。与异步电动机的过载能力相比较，通用变频器的过载能力小，允许过载时间短，在通用变频器应用时必须注意。

现以三菱 FR－A540 通用变频器和 MM440 系列通用变频器为例说明通用变频器的性能规格。三菱 FR－A540 系列（400V）变频器的主要技术数据见表 2—16。

MM440 系列变频器有多种型号，额定功率范围从 120 W～200 kW（恒定转矩（CT）控制方式）或 250 kW（可变转矩（VT）控制方式），供用户选用。MM440 变频器系列常规的技术数据见表 2—17。

表 2—16　　　三菱 FR－A540（400V）系列变频器技术数据表

	型号 FR－A540－□□K－CH	0.4	0.75	1.5	2.2	3.7	5.5	7.5	11	15	18.5	22	30	37	45	55
	适用电动机容量（kW）（注1）	0.4	0.75	1.5	2.2	3.7	5.5	7.5	11	15	18.5	22	30	37	45	55
输出	额定容量（kVA）（注2）	1.1	1.9	3	4.2	6.9	9.1	13	17.5	23.6	29	32.8	43.4	54	65	84
	额定电流（A）	1.5	2.5	4	6	9	12	17	23	31	38	43	57	71	86	110
	过载能力	150%　60 s，200%　0.5 s（反时限特性）														
	电压	三相 380～480 V　50 Hz/60 Hz														
	再生制动转矩　最大值/时间	100%　5 s								20						
	再生制动转矩　允许使用率	2%　ED								连续						

续表

电源	额定输入交流电压频率	三相 380~480 V 50 Hz/60 Hz											
	交流电压允许波动范围	323~528 V 50 Hz/60 Hz											
	允许频率波动范围	±5%											
	电源容量(kVA)(注6)	1.5	2.5	4.5	5.5	9	12	17	20	28	34	41	52	66	80	100
保护结构(JEM1030)		封闭型(IP20 NEMA1)											
冷却方式		自冷					强制风冷						
大约质量(kG)连同DU		3.5	3.5	3.5	3.5	3.5	6.0	6.0	13.0	13.0	13.0	13.0	24.0	35.0	35.0	36.0

注：1. 表示适用电机容量是以使用三菱标准4极电动机时的最大适用容量。
2. 额定输出容量是假定400 V系列变频器输出电压为440 V。

表2—17　　　　　**MICROMASTER 440 的技术规格**

特性	技术规格
电源电压和功率范围	1 AC 200 至 240 V±10% CT：0.12 kW~3.0 kW　　(0.16 hp~4.0 hp) 3AC 200 至 240 V±10% CT：0.12 kW~45.0 kW　(0.16 hp~60.0 hp) 　　　　　　　　　　　VT：5.50 kW~45.0 kW　(7.50 hp~60.0 hp) 3 AC 380 至 480 V±10% CT：0.37 kW~200 kW　　(0.50 hp~268 hp) 　　　　　　　　　　　VT：7.50 kW~250 kW　(10.0 hp~335 hp) 3AC 500 至 600 V±10% CT：0.75 kW~75.0 kW　(1.00 hp~100 hp) 　　　　　　　　　　　VT：1.50 kW~90.0 kW　(2.00 hp~120 hp)
输入频率	47 至 63 Hz
输出频率	0 至 650 Hz
功率因数	0.98
变频器的效率	外形尺寸 A 至 F：　　96%至97% 外形尺寸 FX 和 GX：　97%至98%
过载能力 — 恒转矩(CT)	外形尺寸 A 至 F：1.5x 额定输出电流（即150%过载），持续时间60 s，间隔周期时间 300 s 以及 2x 额定输出电流（即200%过载），持续时间3 s，间隔周期时间300 s 外形尺寸 FX 和 GX：1.36 额定输出电流（即136%过载），持续时间57 s，间隔周期时间 300 s 以及 1.6 额定输出电流（即160%过载），持续时间3 s，间隔周期时间300 s
过载能力 — 变转矩(VT)	外形尺寸 A 至 F：1.1x 额定输出电流（即110%过载），持续时间60 s，间隔周期时间 300 s 以及 1.4x 额定输出电流（即140%过载），持续时间3 s，间隔周期时间300 s 外形尺寸 FX 和 GX：1.1x 额定输出电流（即110%过载），持续时间59 s，间隔周期时间 300 s 以及 1.5x 额定输出电流（即150%过载），持续时间1 s，间隔周期时间300 s

续表

特性	技术规格
合闸冲击电流	小于额定输入电流
控制方法	线性 U/f 控制，带 FCC（磁通电流控制）功能的线性 U/f 控制，抛物线 U/f 控制，多点 U/f 控制，适用于纺织工业的 U/f 控制，适用于纺织工业的带 FCC 功能的 U/f 控制，带独立电压设定值的 U/f 控制，无传感器矢量控制，无传感器矢量转矩控制，带编码器反馈的速度控制，带编码器反馈的转矩控制
脉冲调制频率	外形尺寸 A 至 C： 1/3AC 200 V 至 5.5 kW（标准配置 16 kHz） 外形尺寸 A 至 F： 其他功率和电压规格：2 kHz 至 16 kHz（每级调整 2 kHz）（标准配置 4 kHz） 外形尺寸 FX 和 GX： 2 kHz 至 8 kHz（每级调整 2 kHz）（标准配置 2 kHz（VT），4 kHz（CT））
固定频率	15 个，可编程
跳转频率	4 个，可编程
设定值的分辨率	0.01 Hz 数字输入，0.01 Hz 串行通信的输入，10 位二进制模拟输入（电动电位计 0.1 Hz｜0.1%（在 PID 方式下）
数字输入	6 个，可编程（带电位隔离），可切换为高电平/低电平有效（PNP/NPN）
模拟输入	2 个，可编程，两个输入可以作为第 7 和第 8 个数字输入进行参数化 0 V 至 10 V，0 mA 至 20 mA 和 −10 V 至 +10 V（ADC1） 0 V 至 10 V 和 0 mA 至 20 mA（ADC2）
继电器输出	3 个，可编程 30 V DC/5 A（电阻性负载），250 V AC 2 A（电感性负载）
模拟输出	2 个，可编程（0 至 20 mA）
串行接口	RS−485，可选 RS−232
电磁兼容性	外形尺寸 A 至 C： 选择的 A 级或 B 级滤波器 f 符合 EN55011 标准的要求 外形尺寸 A 至 F： 变频器带有内置的 A 级滤波器 外形尺寸 FX 和 GX： 带有 EMI 滤波器（作为选件供货）时，其传导性辐射满足 EN 55011，A 级标准限定值的要求。（必须安装线路换流电抗器）
制动	直流注入制动，复合制动 动力制动 外形尺寸 A 至 F 带内置制动单元 外形尺寸 FX 和 GX 带外接制动单元
防护等级	IP20
温度范围	外形尺寸 A 至 F： −10℃至+50℃（14°F 至 122°F）（CT） −10℃至+40℃（14°F 至 104°F）（VT） 外形尺寸 FX 和 GX： 0℃至+40℃（32°F 至 104°F），至 55℃（131°F）输出功率随温度升高而降低
存放温度	−40℃至+70℃（−40°F 至 158°F）
相对湿度	<95%RH−无结露
工作地区的海拔高度	外形尺寸 A 至 F： 海拔 1 000 m 以下不需要降低额定值运行 外形尺寸 FX 和 GX： 海拔 2 000 m 以下不需要降低额定值运行
保护的特征	欠电压，过电压，过负载，接地，短路，电机失步保护，电动机锁定保护，电动机过温，变频器过温，参数联锁
标准	外形尺寸 A 至 F： UL，cUL，CE，C−tick 外形尺寸 FX 和 GX：UL（认证正在准备中），cUL（认证正在准备中），CE
CE 标记	符合 EC 低电压规范 73/23/EEC 和电磁兼容性规范 89/336/EEC 的要求

四、通用变频器的安装与接线

虽然市场上流行的通用变频器的种类较多,如三菱电机的 FR 系列、西门子公司 6SE70 系列和 MicroMaster 4(简称 MM4)系列、安川公司的 G7 系列等通用变频器。但这些变频器在安装与接线及应用注意事项方面基本相同,为了更具体介绍通用变频器的安装与接线,现以西门子公司 MM440 系列变频器为例进行叙述。

1. 变频器的安装

(1) 安装环境

变频器是精密的电力电子设备,为确保变频器能稳定地工作,对其使用环境和安装的场所有一定的要求,以使其发挥出应有的功能。

使用环境要求如下:

环境温度:-10～+50℃

相对湿度:<95%RH(无结露)

海拔高度:海拔 1 000 m 以下。当使用环境为海拔 1 000 m 以上时,变频器的额定容量应随之降低。

(2) 安装空间

变频器在运行中会产生热量,因而变频器安装时,要考虑变频器的通风及散热。为了便于通风散热,变频器应垂直安装,变频器周围应留有足够空间,具体要求如图 2—150 所示。

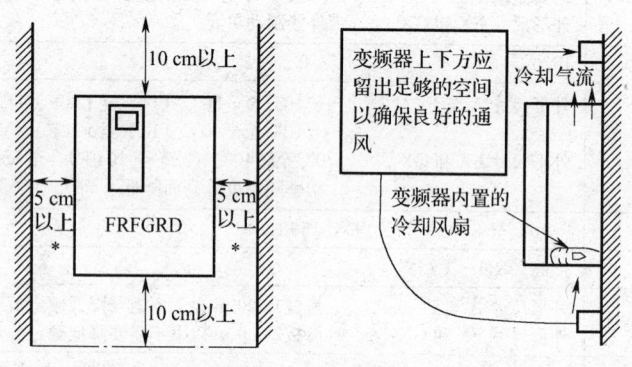

图 2—150 变频器安装空间

2. 通用变频器的端子接线图与端子功能

MM440 变频器方框图如图 2—151 所示。

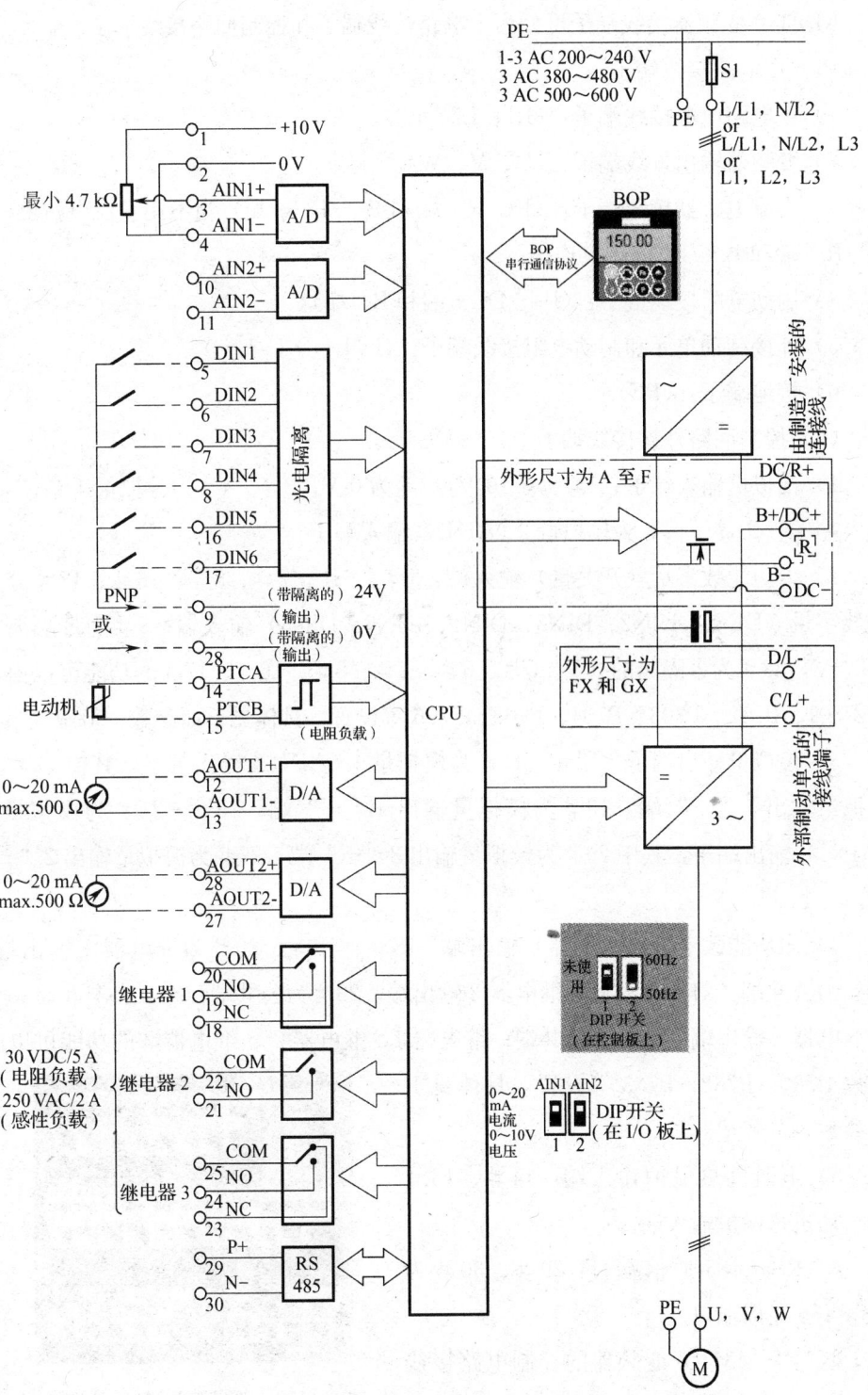

图 2—151 西门子 MM440 变频器方框图

MM440变频器接线端子可分为主电路接线端子和控制回路接线端子。

(1) 主电路接线端子

1) 主电路电源接线端子：(L1、L2、L3)。

2) 变频器输出接线端子：(U、V、W)。

3) 直流电抗器接线端子：(DC/R＋端和B＋/DC＋端) 当不用直流电抗器时，DC/R＋端和B＋/DC＋端应连接。

4) 制动电阻接线端子：(B＋/DC＋端和B－端)。

5) 外接制动单元和制动电阻接线端子：(D/L－、C/L＋)。

6) 接地端子：(PE)。

(2) 控制回路外接接线端子

1) 模拟量输入端子：1♯为＋10 V，2♯为0 V；3♯—4♯为模拟量1 (AIN1) 输入端子；10♯—11♯为模拟量2 (AIN2) 输入端子。

2) 多功能数字量（开关量）输入端：5♯、6♯、7♯、8♯、16♯、17♯分别为数字量（DIN1、DIN2、DIN3、DIN4、DIN5、DIN6）输入端；9♯为带隔离的＋24 V，28♯为带隔离的0 V。5♯、6♯、7♯、8♯、16♯、17♯的功能可以由参数P701、P702、P703、P704、P705、P706等设置，具体见下面参数一节叙述。

3) 模拟量输出端子：12♯—13♯为模拟量1 (AIN1) 输出端子，其中12♯为模拟量输出1"＋"端，13♯为模拟量输出1"－"端；26♯—27♯为模拟量2 (AIN1) 输出端子，其中26♯为模拟量输出2"＋"端，27♯为模拟量输出2"－"端。

4) 多功能数字量（继电器）输出端：18♯、19♯、20♯为继电器1输出端，20♯为公共端；21♯、22♯为继电器2输出端，22♯为公共端；23♯、24♯、25♯为继电器3输出端，25♯为公共端；继电器1、继电器2、继电器3的功能可以由参数P731、P732、P733等设置，具体见下面参数一节叙述。

5) 电动机热保护输入端：14♯、15♯为电动机热保护输入端。

6) RS－485通信端口：29♯、30♯为RS－485通信端口。

西门子MM440变频器的控制电路接线端子如图2—152所示。

图2—152 西门子MM440变频器的控制电路接线端子布置图

五、变频器的维护与故障处理

1. 变频器的日常维护与检查

变频器是一种精密的静止型电力电子装置,其核心部件基本上可以视为免维护的。在日常的运行中,引起变频器发生故障或运行情况不正常的主要原因有变频器使用操作问题、变频器的通风散热问题以及变频器的部分损耗件的老化和磨损等。日常检查与维护中主要是对变频器运行情况(如电源电压和控制电压、输出电流)、变频器的通风散热、变频器的部分损耗件(如通风扇、滤波电解电容器等)的老化和磨损等问题进行维护与检查。

在日常运行维护中,要经常检查变频器的输出电流,如果输出电流在同样工况下高于平时输出电流值,应查明原因。产生输出电流大的原因有机械设备方面的原因、电动机方面的原因及变频器等原因。

在日常运行中,由于室内空调设备、电气控制柜通风机以及变频器内部通风机的故障,会对变频器通风散热产生严重的影响。每班运行前都应该对室内空调设备、电气控制柜通风机以及变频器内部通风机是否正常工作进行直观检查,发现问题及时处理。检查变频器时必须切断电源,还要注意主电路电容器充分放电,确认电容器放电完后再进行检查,以避免电容器残存的电压引起触电危险。

变频器中冷却通风扇、滤波电解电容器等属于变频器的损耗件,需要定期更换。冷却通风扇的更换标准通常是 2~3 年,滤波电解电容器的更换标准通常是 5 年。

2. 通用变频器的故障分析及处理

出现变频器故障时,有可能是外部因素引起的故障,也可能是变频器自身的故障。区分两种不同的情况,是故障处理的首要任务。出现变频器故障后,首先应查看变频器显示的故障信息,然后根据显示的故障信息代码进行变频器故障分析。因此用户要熟悉所使用的变频器有关故障检查功能的步骤与方法。

现以西门子 MM440 系列变频器为例加以说明。变频器故障在基本操作面板(BOP)上分别以 AXXX 和 FXXX 表示报警信号和故障信号。当变频器发生故障时,变频器跳闸,并在基本操作面板(BOP)显示屏上出现一个故障信息码,根据故障码可以分析故障类型,并进行处理。为了使故障信息码复位,可以采用重新给变频器加上电源电压、按下 BOP 上的 Fn 键及通过数字输入端(如数字输入端 7 端)三种方法中的一种。

变频器相关部分故障信息和报警信息分别见表 2—18 和表 2—19。

表 2—18　　　　　　　西门子 MM440 变频器部分故障信息表

故障代号	引起故障可能的原因	故障诊断和应采取的措施
F0001 过电流	1. 电动机的功率（P0307）与变频器的功率（P0206）不对应 2. 电动机的电缆太长 3. 电动机的导线短路 4. 有接地故障	检查以下各项 1. 电动机的功率 P0307 必须与变频器的功率 P0206 相对应 2. 电缆的长度不得超过允许的最大值 3. 电动机的电缆和电动机内部不得有短路或接地故障 4. 输入变频器的电动机参数必须与实际使用的电动机参数相对应 5. 输入变频器的定子绕组电阻值 P0350 必须正确无误 6. 电动机的冷却风道必须通畅，电动机不得过载 7. 适当延长加速时间或选用较大容量的变频器
F0002 过电压	1. 直流回路的电压 r0026 超过了跳闸电平 P2172 2. 由于供电电源电压过高或者电动机处于再生制动方式下引起过电压 3. 减速过快或者电动机由大惯量负载带动旋转而处于再生制动状态下 4. 禁止直流回路电压控制器（P1240=0）	检查以下各项 1. 电源电压 P0210 必须在变频器铭牌规定的范围以内 2. 直流回路电压控制器 P1240 必须有效、而且正确地进行了参数化 3. 减速时间 P1121 必须与负载的惯量相匹配 4. 要求的制动功率必须在规定的限定值以内
F0003 欠电压	1. 供电电源故障 2. 冲击负载超过了规定的限定值	检查以下各项 1. 电源电压 P0210 必须在变频器铭牌规定的范围以内 2. 检查电源是否短时掉电或有瞬时的电压降低
F0004 变频器过温	1. 冷却风量不足 2. 环境温度过高	检查以下各项 1. 负载的情况必须与工作/停止周期相适应 2. 变频器运行时，冷却风机必须正常运转 3. 调制脉冲的频率必须设定为默认值 4. 环境温度可能高于变频器的允许值
F0005 变频器 I^2t 过热	变频器过载 1. 工作/停止间隙周期时间不符合要求 2. 电动机功率 P0307 超过变频器的负载能力 P0206	检查以下各项 1. 负载的工作/停止间隙周期时间不得超过指定的允许值 2. 电动机的功率 P0307 必须与变频器的功率 P0206 相匹配
F0023 输出故障	输出的一相断线	

表 2—19　　　　　　　　西门子 MM440 变频器部分报警信息表

故障	引起故障可能的原因	故障诊断和应采取的措施
A0501 电流限幅	1. 电动机的功率与变频器的功率不匹配 2. 电动机的连接导线太短 3. 接地故障	检查以下各项 1. 电动机的功率（P0307）必须与变频器功率（P0206）相对应 2. 电缆的长度不得超过最大允许值 3. 电动机电缆和电动机内部不得有短路或接地故障 4. 输入变频器的电动机参数必须与实际使用的电动机一致 5. 定子绕组电阻值必须正确无误 6. 电动机的冷却风道是否堵塞，电动机是否过载 7. 适当延长加速时间或选用较大容量的变频器
A0502 过压限幅	达到了过压限幅值。减速时如果直流回路控制器无效（P1240=0）就可能出现这一报警信号	1. 电源电压（P0210）必须在铭牌数据限定的数值以内 2. 禁止直流回路控制器无效（P1240=0），并正确地进行参数化 3. 减速时间（P1121）必须与负载的惯性相匹配 4. 要求的制动功率必须在规定的限度以内
A0503 欠压限幅	供电电源故障（供电电源电压瞬时中断或下降），供电电源电压（P0210）和与之相应的直流回路电压（r0026）低于规定的限定值	电源电压 P0210 必须在铭牌数据限定的数值以内
A0504 变频器过温	变频器散热器的温度 P0614 超过了报警电平，将使调制脉冲的开关频率降低和/或输出频率降低	检查以下各项 1. 环境温度必须在规定的范围内 2. 负载状态和"工作、停止"周期时间必须适当 3. 变频器运行时，冷却风机必须投入运行 4. 脉冲频率（P1800）必须设定为默认值
A0541 电动机数据 自动检测 已激活	已选择电动机数据自动检测（P1910）功能，或检测正在进行	
A0922 变频器 没有负载	1. 变频器没有负载 2. 有些功能不能像正常负载情况下那样工作	1. 检查加到变频器上的负载 2. 检查电动机的参数是否与实际使用的电动机相符 3. 有的功能可能不正确工作因为没有正常的负载条件

在这里对部分比较常见的变频器故障分析及处理作一些介绍。

(1) 过电流故障

过电流是最常见的故障,是由于变频器的输出电流超过变频器的允许电流极限引起的保护动作。在各种型号变频器中都有显示过电流故障信息代码。例如,西门子MM440变频器显示"F0001"故障信息代码。造成这种故障的可能原因有变频器输出侧发生短路、接地、变频器的容量太小、负载过大、加减速时间太短等。在变频器调试与日常使用中遇到最多的情况是由于加速时间设置太短,使过电流保护动作,此时只要适当延长加速时间就可以解决。如果变频器输出侧未发生短路、接地故障,延长加速时间仍出现过电流故障,此时说明所选择变频器的容量太小,与电动机负载不相配,这时只好增大变频器的容量。

(2) 过电压故障

过电压也是最常见的故障,是由于变频器的直流电压超过允许值引起的保护动作。在各种型号变频器中都有显示过电压故障信息代码。例如,西门子MM440变频器显示"F0002"故障信息代码。造成这种故障的可能原因有变频器电源电压过高、减速时间太短、制动电路设计不当或者制动电路部件故障。对于加减速性能无特殊要求的非位能性负载,在变频器调试与日常使用中,遇到最多的情况是由于减速时间设置太短,使过电压保护动作,此时只要适当延长减速时间就可以解决。对于位能性负载来说,多数情况是由于制动电路设计不当或者制动电路自身故障引起过电压保护动作,为此必须修改制动电路设计,或者排除制动电路的自身故障。

(3) 欠电压故障

欠电压故障是由于变频器的直流电压低于下限引起的保护动作。在各种型号变频器中都有显示欠电压故障信息代码。例如,西门子MM440变频器显示"F0003"故障信息代码。造成这种故障的可能原因有变频器输入电源发生缺相、瞬时停电、瞬时电压降低、输入电源的接线松动等。此时应检查与了解变频器的输入电源有否瞬时停电、瞬时电压降低情况,重点检查变频器输入电源有否缺相、输入电源的接线是否松动。

(4) 变频器过温(过热)故障

变频器过温(过热)保护是针对变频器自身的保护,是由于变频器的散热片温度超过允许值产生的。例如,西门子MM440变频器显示"F0004"故障信息代码。造成这种故障的可能原因有变频器的冷却风量不足、周围环境温度过高等。此时应重点检查变频器的冷却风扇工作是否正常,空调设备工作是否正常。

 **技能要求**

进行变频器的基本操作应用

一、操作要求

1. 变频器操作面板（BOP）及其使用。
2. 能够进行变频器的基本操作应用。

二、操作准备

表 2—20　　　　　　　　　项目所需设备、工具、材料

序号	名称	规格型号	数量	备注
1	交流变频调速装置	西门子 MM440 系列变频调速装置	1	
2	三相异步电动机	YSJ7124　$P_N=370$ W，$U_N=380$ V，$I_N=1.12$ A，$n_N=1400$ r/min，$f_N=50$ Hz	1	
3	万用表	指针式万用表或数字式万用表	1	

三、操作步骤

1. 变频器基本操作面板（BOP）及其使用

MM440 变频器在标准供货方式时，装有如图 2—153 所示的状态显示板（SDP）。对于一些用户来说，利用状态显示板（SDP）和制造厂的缺省设置值就可以使变频器投入运行。但对于大多数用户来说，由于工厂的缺省设置值不适合所使用设备的情况，此时可以利用基本操作板（BOP）或高级操作板（AOP）修改参数，使之匹配起来。基本操作板（BOP）如图 2—154 所示，高级操作板（AOP）如图 2—155 所示。基本操作板（BOP）或高级操作板（AOP）是作为可选件供货的。这里以基本操作板（BOP）为例，介绍利用基本操作板（BOP）进行 MM440 变频器的调试方法。

图 2—153　状态显示板（SDP）

图 2—154　基本操作板（BOP）

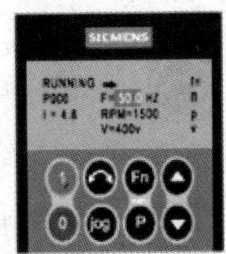

图 2—155　高级操作板（AOP）

MM440 变频器的状态显示板 (SDP) 更换为基本操作板 (BOP) 的操作步骤与方法如图 2—156 所示。

(1) 基本操作面板 (BOP) 各按键的功能作用

基本操作面板 (BOP) 各按键的功能作用见表 2—21。

(2) 变频器基本操作面板 (BOP) 操作方法

下面介绍将参数 P0010 设置值由默认的 0 改为数值 30 及修改下标参数 P0304 的操作步骤，说明变频器操作面板 (BOP) 设置与更改变频器参数方法。按照介绍的类似方法，可以用操作面板 (BOP) 更改任何一个变频器参数。

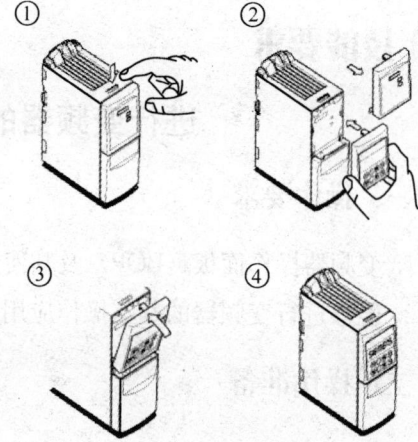

图 2—156 状态显示板 (SDP) 更换为基本操作板 (BOP) 的操作步骤与方法
①按下卡钮　②移去 SDP 装上 BOP
③BOP 上端推进卡钮　④更换完毕

表 2—21　　　基本操作面板 BOP 上的按键的功能作用

显示/按钮	功能	功能的说明
r0000	状态显示	LCD 显示变频器当前的设定值
1	启动电动机	按此键启动变频器。默认值运行时此键是被封锁的。为了使此键的操作有效，应设定 P0700=1
0	停止电动机	OFF1：按此键变频器将按选定的斜坡下降速率减速停车。缺省值运行时此键被封锁，为了允许此键操作，应设定 P0700=1 OFF2：按此键两次或一次但时间较长，电动机将在惯性作用下自由停车。此功能总是"使能"的
↻	改变电动机的转动方向	按此键可以改变电动机的转动方向。电动机的反向用负号表示或用闪烁的小数点表示。缺省值运行时此键是被封锁的，为了使此键的操作有效，应设定 P0700=1
jog	电动机点动	在变频器无输出的情况下，按此键将使电动机启动并按预设定的点动频率运行。释放此键时，变频器停车。如果变频器/电动机正在运行，按此键将不起作用

续表

显示/按钮	功能	功能的说明
Fn	功能	此键用于浏览辅助信息。变频器运行过程中，在显示任何一个参数时按下此键并保持不动 2 s，将显示以下参数值，在变频器运行中从任何一个参数开始 1. 直流回路电压（用 U_d 表示－ 单位：V） 2. 输出电流（A） 3. 输出频率（Hz） 4. 输出电压用（U_o 表示－ 单位：V） 5. 由 P0005 选定的数值：连续多次按下此键将轮流显示以上参数。跳转功能在显示任何一个参数（r××××或P××××）时，短时间按下此键，将立即跳转到 r0000，如果需要的话，您可以接着修改其他的参数，跳转到 r0000 后，按此键将返回原来的显示点。在出现故障或报警的情况下，按此键可以将操作板上显示的故障或报警信息复位
P	访问参数	按此键即可访问参数
▲	增加数值	按此键即可增加面板上显示的参数数值
▼	减少数值	按此键即可减少面板上显示的参数数值

将参数 P0010 设置值由默认的 0 改为 30 数值的操作步骤为：

步骤 1　变频器送电后，操作面板（BOP）显示 0.00。

步骤 2　按"P"键访问参数，操作面板（BOP）显示 r0000。

步骤 3　按"▲"键直到操作面板显示 P0010。

步骤 4　按"P"键进入参数数值访问级，操作面板显示参数默认的数值 0。

步骤 5　按"▲"键或"▼"键达到参数所需要的设定值，操作面板显示需要的设定值 30。

步骤 6　按"P"键确认并存储参数的数值，操作面板显示 P0010，参数 P0010 由原来 0 改为 30。

步骤 7　按"▼"键直到操作面板显示 r0000，或按功能键（Fn 键）返回 r0000。

修改下标参数 P0304 操作步骤为：

步骤1　按"P"键访问参数 操作面板（BOP）显示 r0000。

步骤2　按"▲"键直到操作面板显示 P0304。

步骤3　按"P"键进入参数数值访问级，操作面板显示 in000。

步骤4　按"P"键显示当前的设定值 400。

步骤5　按"▲"键或"▼"键达到参数所需要的设定值，操作面板显示设定值 380。

步骤6　按"P"键确认和存储这一数值，操作面板显示 P0304。

步骤7　按"▼"键直到显示出 r0000。

按照上述方法可对变频器的其他参数进行设置，当所有参数设置完毕后，可按功能键（Fn 键）返回 r0000。

2. 变频器的基本操作应用

变频器的基本操作应用可分为两种。第一种为变频器的控制端子控制变频器的运行（如正转运行、反转运行及停止等），而变频器的输出频率调节，即电动机转速调节由外接模拟量给定电位器来调节。第二种为变频器的基本操作面板（BOP）控制变频器的运行（如正转运行、反转运行及停止等）及变频器的输出频率调节，即电动机转速调节。为了便于进行变频器的基本操作应用，首先对变频器基本参数功能作一些说明。

步骤1　变频器基本参数功能应用

（1）驱动装置的显示参数 r0000

本参数显示用户选定的由 P0005 定义的输出数据。按下 Fn 键并持续 2 秒，用户就可看到直流回路电压、输出电流、输出频率的数值以及选定的 r0000（设定值在 P0005 中定义）。

（2）用户访问级参数 P0003

本参数用于定义用户访问参数组的等级。缺省设置值为 1。

其中：P0003＝1 标准级，可以访问最经常使用的一些参数。P0003＝2 扩展级，允许扩展访问参数的范围例如变频器的 I/O 功能。P0003＝3 专家级，只供专家使用（注意，如要 P0005＝22，显示转速，必须设定 P0003＝3）。

（3）显示选择参数 P0005

本参数用于选择参数 r0000（驱动装置的显示）要显示的参量。缺省设置值为 21。

其中：P0005＝21 实际频率。P0005＝22 实际转速。P0005＝25 输出电压。

P0005=26 直流回路电压。P0005=27 输出电流。

(4) 调试参数过滤器 P0010

本参数用于对与调试相关的参数进行过滤。只筛选出那些与特定功能组有关的参数。缺省设置值为 0。

其中：P0010=0 变频器准备运行，在变频器投入运行前应将 P0010=0。P0010=1 快速调试，在快速调试时，应将 P0010=1。电动机额定参数 P0304～P0311 只能在 P0010=1 时改变。

P0010=30 工厂的设定值，与 P0970=1 一起用于变频器参数复位（复位为缺省设置值）。

(5) 使用地区参数 P0100

本参数用于确定功率设定值。例如，铭牌的额定功率 P0307 的单位是〔kW〕还是〔hp〕。除了基准频率 P2000 以外，还有铭牌的额定频率缺省值 P0310 和最大电动机频率 P1082 的单位也都在这里自动设定。缺省设置值为 0。本参数只能在 P0010=1 快速调试时进行修改。

其中：P0100=0 欧洲——〔kW〕，频率缺省值 50 Hz。P0100=1 北美——〔hp〕，频率缺省值 60 Hz。P0100=2 北美——〔kW〕，频率缺省值 60 Hz。

(6) 电动机的额定电压参数 P0304

本参数用于设置电动机铭牌数据中额定电压（V）。本参数只能在 P0010=1（快速调试时）进行修改。

(7) 电动机额定电流参数 P0305

本参数用于设置电动机铭牌数据中额定电流（A）。本参数只能在 P0010=1（快速调试时）进行修改。

(8) 电动机额定功率参数 P0307

本参数用于设置电动机铭牌数据中额定功率（kW/hp）。当 P0100=0 时，额定功率为 kW、频率缺省值 50 Hz。本参数只能在 P0010=1（快速调试时）进行修改。

(9) 电动机的额定频率参数 P0310

本参数用于设置电动机铭牌数据中额定频率（Hz），缺省设置值为 50.00。本参数只能在 P0010=1（快速调试时）进行修改。

(10) 电动机的额定转速参数 P0311

本参数用于设置电动机铭牌数据中额定转速（r/min）。本参数只能在 P0010=1（快速调试时）进行修改。

(11) 选择命令源参数 P0700

本参数用于选择数字的命令信号源，缺省设置值为 2。

其中，P0700＝1 时，数字操作面板（BOP）设置，即数字操作面板（BOP）控制操作方式。

P0700＝2 时，由端子排输入，即控制端子运行控制操作方式。

(12) 数字输入 1～数字输入 6 的功能参数 P0701～P0706

P0701～P0706 用于选择数字输入 1～数字输入 6 的功能。数字输入 1～数字输入 4 分别对应于多功能输入端 5♯端～8♯端；数字输入 5～数字输入 6 分别对应于多功能输入端 16♯端、17♯端。其中，P0701 缺省设置值为 1，P0702 缺省设置值为 12，P0701～P0706 都可分别设置，当 P0701～P0706 的设置值改变时，多功能输入端 5♯端～8♯端、16♯端、17♯端的具体功能也随之改变。具体功能见下面设置说明。

其中：P0701～P0706＝1 ON/OFF1（接通正转/停车命令 1）。P0701～P0706＝2 ON（reverse）/OFF1（接通反转/停车命令 1）。P0701～P0706＝10 正向点动。P0701～P0706＝11 反向点动。P0701～P0706＝12 反转（转向切换）。

(13) 频率设定值的选择参数 P1000

本参数用于选择频率设定值的信号源。其中，P1000＝1 时，频率设定值由数字操作面板（BOP）电动电位器设定值提供；P1000＝2 时，频率设定值由模拟量设定值提供；P1000＝3 时，频率设定值由固定频率设定值提供。本参数缺省设置值为 2。

(14) 最低频率参数 P1080

本参数用于设定最低的电动机运行频率 [Hz]。缺省设置值为 0.00。

(15) 最高频率参数 P1082

本参数用于设定最高的电动机运行频率 [Hz]。缺省设置值为 50.00。

(16) 斜坡上升时间参数 P1120

本参数用于设定斜坡函数曲线不带平滑圆弧时，电动机从静止状态加速到最高频率 P1082 所用的时间，缺省设置值为 10.00。

(17) 斜坡下降时间参数 P1121

本参数用于设定斜坡函数曲线不带平滑圆弧时，电动机从最高频率 P1082 减速到静止停车所用的时间，缺省设置值为 10.00。

(18) 结束快速调试参数 P3900

本参数用于完成优化电动机的运行所需的计算，在完成计算以后，P3900 和

P0010 自动复位为 0。缺省设置值为 0。其中，当 P3900＝1 时，结束快速调试，并按工厂设置参数复位；当 P3900＝3 时，结束快速调试，只进行电动机数据的计算。

步骤 2　变频器的控制端子控制及模拟量给定操作应用

按图 2—157 所示的变频器控制端子控制及模拟量给定操作系统接线图进行接线。在确定接线无误的情况下，经检查后，接通电源开关。

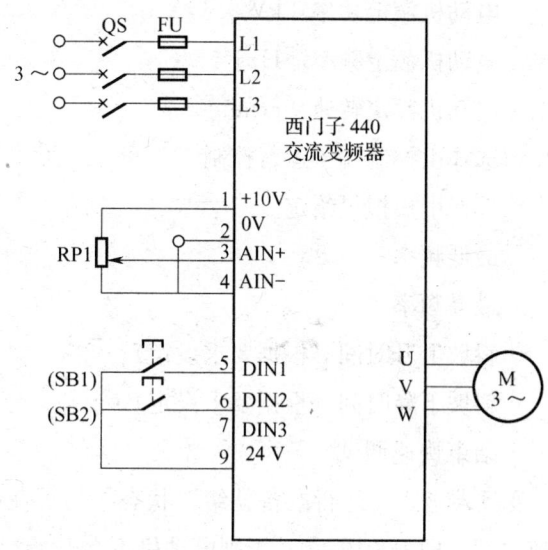

图 2—157　MM440 变频器控制端子控制及模拟量给定操作系统接线图

（1）变频器参数复位为出厂时缺省设定值的操作

为了将变频器所有参数复位为出厂时的缺省设定值，应按下面的步骤设置参数。

P0010＝30

P0970＝1　恢复出厂设置。

复位过程需要 1～3 min 才能完成，将变频器的参数复位为工厂的缺省设置值。

（2）快速调试

快速调试是西门子 MM440 系列变频器在调试阶段最重要的工作之一，它对于变频器长期安全稳定运行是非常关键的。快速调试包括电动机的参数和斜坡函数等参数的设定。快速调试的进行与参数 P3900 的设定有关，当 P3900＝1 时，快速调试结束后，要完成必要的电动机计算，并使其他所有参数复位为工厂的缺省设定值；在 P3900＝1，并完成快速调试以后，变频器即已做好了运行准备。MM440 系列变频器快速调试有一个标准的流程图，但牵涉到设置的参数较多，这里按上面所介绍基本参数为例说明快速调试的步骤。

P0003＝3

P0010＝1　　　　　快速调试

P0100＝0　　　　　功率用［kW］

P0304＝380　　　　电动机额定电压［V］

P0305＝1.12　　　 电动机额定电流［A］

P0307＝0.37　　　 电动机额定功率［kW］

P0310＝50　　　　 电动机额定频率［Hz］

P0311＝1400　　　 电动机额定转速［r/min］

P0700＝2　　　　　选择由控制端子运行控制

P1000＝2　　　　　选择由模拟量给定

P1080＝0　　　　　最低频率

P1082＝50　　　　 最高频率

P1120＝8　　　　　斜坡上升时间（根据要求设定）

P1121＝5　　　　　斜坡下降时间（根据要求设定）

P3900＝1　　　　　结束快速调试

快速调试结束，变频器进入"运行准备就绪"状态。为了使电动机开始运行，必须将 P0010 返回到"0"，即 P0010＝0，否则电动机不会开始运行。当 P3900＝1 时，快速调试结束后，自动将 P0010 返回到"0"，即 P0010＝0，变频器进入"运行准备就绪"状态。如果未设置 P3900 参数，则必须将 P0010＝0。

(3) 运行工艺参数

P0003＝3

P0005＝22

P0701＝1　 运行指令。接通（ON）—正转运行，断开（OFF）—停止运行。

P0702＝12　转向切换指令。断开（OFF）—正转运行，接通（ON）—反转运行。

(4) 变频器的控制端子控制及模拟量给定操作

按下自锁按钮 SB1，5#端接通，电动机正转运行，其转速由外接模拟量给定电位器 RP1 控制。调节 RP1 使给定电压达到所要求值，记录此时转速、输出频率、输出电压、输出电流等数据。断开 SB1，5#端断开，则电动机将减速停车。按下自锁按钮 SB1、SB2，5#端、6#端接通，电动机反转运行。调节 RP1 使给定电压达到所要求值，记录此时转速、输出频率、输出电压、输出电流等数据。断开

SB1，5#端断开，则电动机将减速停车。

注意，上述变频器参数设置中运行工艺参数还可设置为下列数据：

P0701＝1　运行指令。接通（ON）—正转运行，断开（OFF）—停止运行。

P0702＝2　运行指令。接通（ON）—反转运行，断开（OFF）—停止运行。

此时变频器的控制端子控制及模拟量给定操作为：按下自锁按钮 SB1，5#端接通，电动机正转运行，其转速由外接模拟量给定电位器 RP1 控制。调节 RP1 使给定电压达到所要求值，记录此时转速、输出频率、输出电压、输出电流等数据。断开 SB1，5#端断开，则电动机将减速停车。按下自锁按钮 SB2，6#端接通，电动机反转运行。调节 RP1 使给定电压达到所要求值，记录此时转速、输出频率、输出电压、输出电流等数据。断开 SB2，6#端断开，则电动机将减速停车。

从上述例子可看出，变频器参数设置可以有不同方法，在变频器应用中要熟悉并灵活使用。

步骤3　基本操作面板（BOP）控制变频器的操作应用

按图 2—158 所示的基本操作面板（BOP）操作系统接线图进行接线。在确定接线无误的情况下，经检查后，接通电源开关。

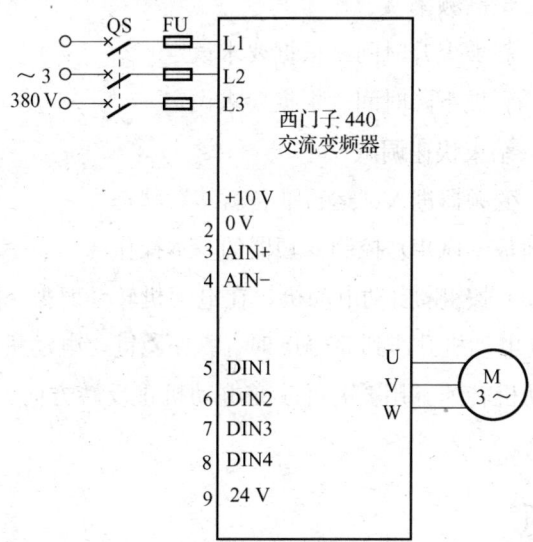

图 2—158　基本操作面板（BOP）操作系统接线图

(1) 变频器参数复位为出厂时缺省设定值的操作

为了将变频器所有参数复位为出厂时的缺省设定值，应按下面的步骤设置参数。

P0010＝30

P0970＝1　　　　恢复出厂设置。

复位过程需要 1～3 min 才能完成,将变频器的参数复位为工厂的缺省设置值。

(2) 快速调试

P0003＝3

P0010＝1　　　　快速调试

P0100＝0　　　　功率用 [kW],频率默认为 50 Hz

P0304＝380　　　电动机额定电压 [V]

P0305＝1.12　　 电动机额定电流 [A]

P0307＝0.37　　 电动机额定功率 [kW]

P0310＝50　　　 电动机额定频率 [Hz]

P0311＝1400 电动机额定转速 [r/min]

P0700＝1　　　　选择基本操作面板(BOP)控制

P1000＝1　　　　选择 电动电位计(MOP)给定

P1080＝0　　　　最低频率

P1082＝50　　　 最高频率

P1120＝8　　　　斜坡上升时间(根据要求设定)

P1121＝5　　　　斜坡下降时间(根据要求设定)

P3900＝1　　　　结束快速调试

快速调试结束,变频器进入"运行准备就绪"状态。

(3) 基本操作面板(BOP)控制变频器的基本操作

按下绿色(启动)按键◉启动电动机,在电动机转动时按下◉键,使电动机升速,升到 50 Hz。在电动机升速到 50 Hz 时,按下◉键,电动机转速降低。用◉键或◉键可以调节电动机转速。用◉键可改变电动机正反转方向。按下红色(停止)◉按键,停止电动机。

四、注意事项

1. 接线完成后,必须认真检查接线,只有接线正确并经过许可后,才能进行通电调试。

2. 在通电调试过程中,应观察变频器面板显示器以监视系统运行状况,如有不正常现象,应立即采取相应措施加以解决,否则将可能造成事故。

3. 技能操作实训中,必须用电安全,杜绝产生人身和设备安全事故。

学习单元 2 软启动器的认识和维护

学习目标

了解软启动器的基本结构、基础知识、简单应用和维护。

知识要求

一、软启动器概述

三相异步电动机以其优良的性能，结实耐用，简单的结构形式和免维护等优点，在各行各业中得到广泛的应用。当三相异步电动机采用全压直接启动的方式时，电动机的启动电流很大，一般为电机额定电流的 7~8 倍，对供电电网造成较大冲击影响。同时，直接启动时启动转矩和启动应力亦较大，对负载设备造成较大机械冲击影响，使负载设备的使用寿命降低。为了减小电动机的启动电流，一般采用星—三角（Y/△）启动，自耦减压启动、电抗器减压启动、延边三角形减压启动等传统方法来实现三相异步电动机减压启动。但是，这些减压启动方法都是有级减压启动，虽然可以起到减小电动机启动电流的作用，但是启动过程存在二次冲击电流，对供电电网和负载设备有冲击影响。另外，三相异步电动机停机时，一般传统的控制方法都是通过瞬间停电完成的。但是在部分应用场合，不希望交流电动机采用瞬间停电、停机。例如：高层建筑、大楼的水泵系统，如果异步电动机采用瞬间停电、停机，会产生巨大的"水锤效应"，使管道，甚至水泵遭到损坏。为减少和防止"水锤"效应，需要异步电动机逐渐停机，即软停车。一般三相异步电动机传统的控制方法都无法实现软停车。

随着微电子技术、电力电子技术、传动控制技术及计算机技术的快速发展，采用晶闸管为主要功率器件、微处理器（或单片机）为控制核心的智能型电动机启动设备——电子式软启动器（简称软启动器）是一种集软启动、软停车、轻载节能和多功能保护于一体的新颖电动机控制装置。它可以使电动机在整个启动过程中实现无冲击而平滑的启动，而且可根据电动机负载的特性来调节启动过程中的参数，如启动电压、启动电流、启动时间等。同时，软启动器所具有的软停车功能可有效地避免水泵停止时所产生的"水锤效应"。

软启动器具有良好的人机交互界面,便于操作与调试。可以设置多种启动模式和停止模式,具体应用时可以根据电动机负载的特性来选择合适的启动模式和停止模式,并可以对启动时间、软停时间进行设置。软启动器具有完善的保护功能,可灵活设置相关保护参数,并具有故障信号报警等功能;软启动器还具有控制信号输入和输出等多种控制信号,有些型号软启动器还具有先进的 RS—485 等通信功能,可以与可编程控制器 (PLC) 等构成自动化控制系统;

由于软启动器性能优良、体积小、质量轻,并且具有智能控制及多种保护功能,负载适应性很强,逐步取代星—三角(Y/△)启动,自耦减压启动、电抗器减压启动、延边三角形减压启动等传统的减压启动设备,在各行各业得到越来越多的应用。

二、软启动器的工作原理与主要功能

1. 软启动器的工作原理

软启动器主要构成是串接于三相交流电源与被控电动机之间的三相反并联晶闸管及其电子控制电路,如图 2—159 所示。

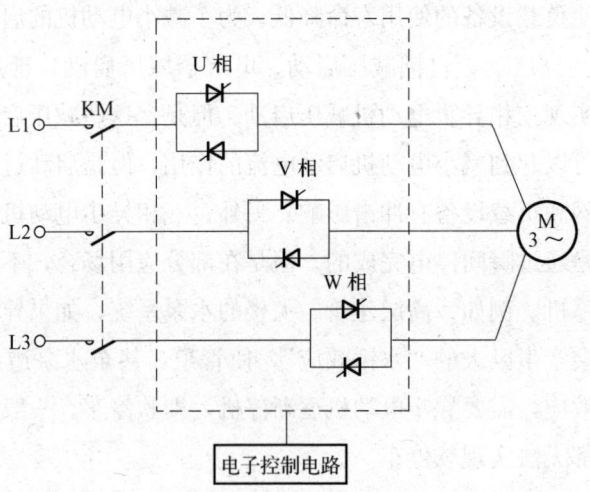

图 2—159 软启动器的原理图

由图 2—159 可知,软启动器主电路就是采用相位控制的三组反并联晶闸管组成的交流调压电路。在每一相中均拥有两个反并联接法的晶闸管,其中一只晶闸管用于正半周,另一只用于负半周。软启动器中电子控制电路是以微处理器(或单片机)为控制核心器件。电子控制电路控制晶闸管的触发脉冲控制角 α 大小来调节晶闸管的导通角,从而改变软启动器输出电压,即三相交流电动机定子电压的大小。它可以使软启动器输出电压即电动机定子电压从零以预设函关系逐渐上升,直至启动结束。此时,晶闸管完全导通,电动机在额定电压下运行,从而实现软启动。由于异步电动机的启动电流与异步电动机定子电压成正比,异步电动机的启动转矩与异步电动机定子电压的平方成正比,所以控制异步电动机定子电压就可以控制异步电动机的启动电流和启动转矩。在软启动过程中,电动机启动转矩逐渐增加,转速也逐渐增加,从而实现无冲击而平滑的启动。对于如图 2—160 所示的带内置旁路接触器的软启动器或带旁路接触器的软启动器,在电动机完成启动加速之后,电动机在额定电压下运行。由于在运行过程中没有必要调节电动机定子电压,因此将通过内部安装的旁路触点或旁路接触器将晶闸管短接。这样就可在连续运行过程中,减少晶闸管损耗功率以及所产生的热量排放,因此也可降低设备周围环境的受热温度,延长软启动器的使用寿命。

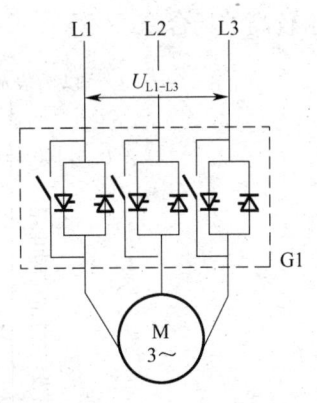

图 2—160 带内置旁路接触器的软启动器的原理图

软启动器除了软启动功能外,还具有软停车功能。软停车与软启动过程相反,软启动器得到停机指令后,晶闸管从全导通逐渐地减小导通角,输出电压逐渐降低,电动机转速逐渐下降到零。

由上分析可知,软启动器实际上是采用相位控制的交流调压电路,仅仅是改变输出电压,而频率是不变的。

2. 软启动器的启动方式和停车方式

(1) 软启动器的启动方式

软启动器一般有下面几种软启动方式:

1) 电压斜坡软启动方式。这种启动方式最简单,不具备电流闭环控制,仅调整晶闸管导通角,使之与时间成一定函数关系增加。用户可以预先设置一个启动电压和启动时间。在加速斜坡时间内,电动机的定子电压从某一个可设置的启动电压均匀升高到电源电压,然后由延时控制,旁路接触器闭合,电机启动过程结束,进入运行阶段。斜坡升压软启动曲线如图 2—161 所示。

采用电压斜坡软启动方式时,应选择合适启动电压和启动时间。启动电压的高低决定了电动机的启动电流和启动转矩。较小的启动电压会产生较小的启动转矩和较小的启动电流。启动时间的长短可决定在什么时间内将电机电压从所设置的启动电压升高到电源电压。当启动时间较长时，就会在电动机启动过程中产生较小的加速转矩，这样就会使电动机加速时间变长，从而实现软启动。应适当选择启动时间的长短，使得电动机在该时间内达到其额定转速。如果所选择的启动时间太短，也就是当启动时间在电动机完成加速之前就已结束时，这时将会出现很大的启动电流。

一般而言，电压斜坡软启动模式适用于对启动电流要求不严而对启动平稳性要求较高的场合。

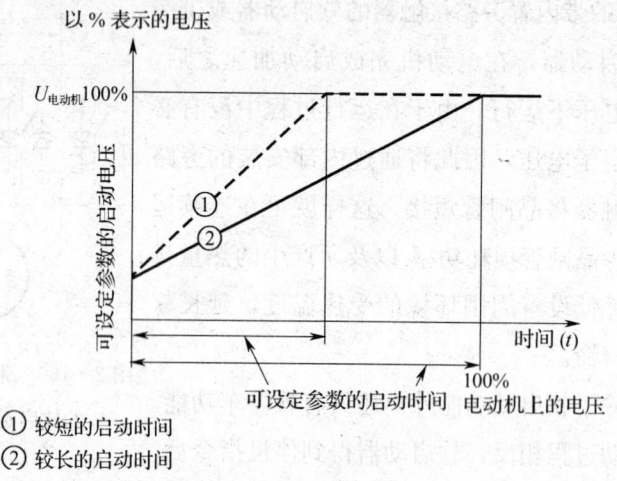

图 2—161　电压斜坡软启动曲线

2）限电流软启动方式。这种启动方式是在电动机启动时，输出电压迅速增加，直到电动机电流达到设定的限流值 I_1，并保持电动机电流不大于该值，然后随着输出电压的逐渐升高，电动机逐渐加速，当电动机达到额定转速时，旁路接触器吸合，输出电流迅速下降到电动机额定电流 I_e 或以下，启动过程完成。启动过程中，电流上升变化的速率是可以根据电动机负载调整设定。电流上升速率大，则启动转矩大，启动时间短。限电流软启动曲线如图 2—162 所示。

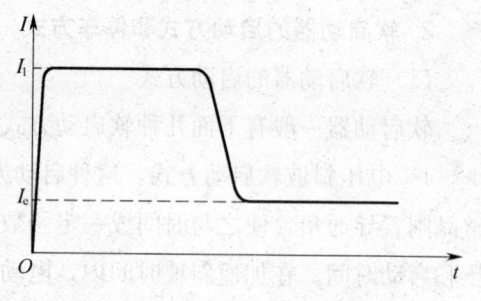

图 2—162　限电流软启动曲线

一般而言，限电流启动方式用于对电流有限制要求的场合，如具有较大惯性质量且因此具有较长启动时间的通风机、泵类负载的启动。

3）突跳＋限流或突跳＋电压启动方式。在启动开始阶段，提供一个短时的较大转矩，满足在启动时需要一个较高启动转矩的负载，以克服负载的静摩擦力，然后按限电流或电压斜坡的方式启动。在启动时，先对电动机施加一个较高的固定电压并维持有限的一段时间，以克服电动机负载的静摩擦力使电动机转动，然后按限电流或电压斜坡的方式启动。此种启动方式适用于带较重负载启动或负载静摩擦力较大的场合。突跳＋限流的启动曲线如图 2—163 所示，突跳＋电压的启动曲线如图 2—164 所示。

在采用突跳＋限流或突跳＋电压启动方式前，应先采用非突跳方式启动电动机，若电动机因静摩擦力太大不能转动时，再选用此方式，否则应避免采用此方式启动，以减少不必要的大电流冲击。

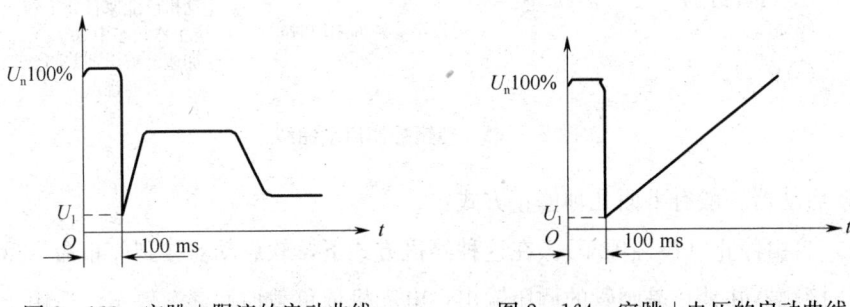

图 2—163　突跳＋限流的启动曲线　　　图 2—164　突跳＋电压的启动曲线

4）转矩控制启动方式。这种启动方式是利用电压和电流有效值以及电源电压和电动机电流之间的相应相位信息，计算出电动机转速和转矩，并对电动机电压进行相应调节。进行转矩控制时，会在某一个可设置的启动时间内，以线性方式将电动机中所产生的转矩从某一个可设定参数的启动转矩升高到某一个可设定参数的最终转矩。与电压斜坡相比，其优点是改善了电动机的机械加速特性。软启动器可根据所设置的参数，以连续线性方式，对电动机上所产生的转矩进行调节，一直到完成电动机加速时为止。启动转矩的高低可决定电动机的启动电流。较小的启动转矩值会产生较小的启动电流。极限转矩的高低用来确定在加速过程中应在电动机中产生的最大转矩。启动时间的长短可决定在什么时间内将启动转矩升高到最终转矩。

当启动时间较长时，就会在电动机启动过程中产生较小的加速转矩。这样就可实现较长时间的电动机软加速。转矩控制启动曲线如图 2—165 所示。

转矩控制启动方式特别适用于负载需要均匀、平稳驱动的启动情况。转矩控制启动方式可以和突跳组成突跳＋转矩控制启动方式，典型的应用如有磨碎机、破碎机或者带有滑动轴承的驱动装置。

（2）软启动器的停止方式

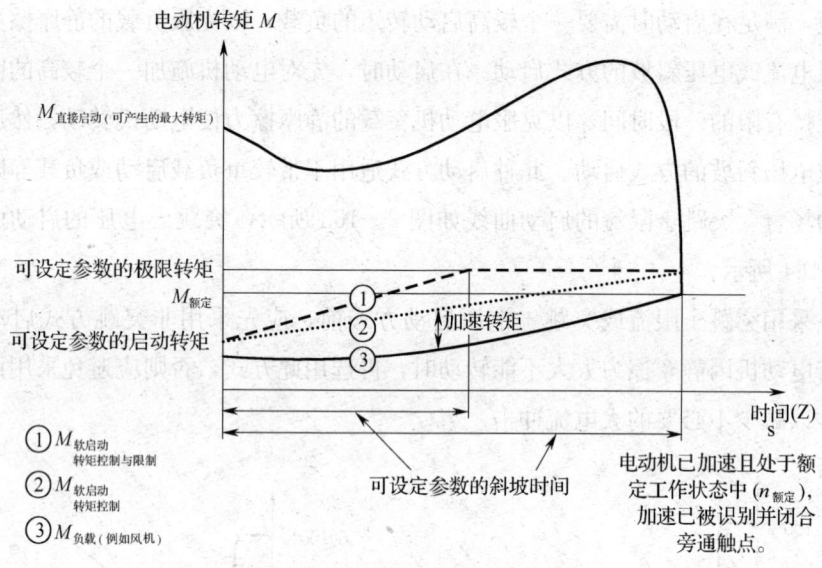

图 2—165 转矩控制启动曲线

软启动器一般有下面几种停止方式：

1) 自由停止（慢性停车）。在这种停机方式下，软启动器接到停止命令后即断开旁路接触器并禁止晶闸管的调压输出，电动机依负载惯性逐渐停车。适用于对停车时间和停车距离无要求的负载设备。

2) 软停止/泵停止。在这种停机方式下，电动机的供电由旁路接触器切换到晶闸管调压输出，输出电压由全压逐渐减小，使电动机转速平稳降低，直至停止。适用于对停车时间有要求和柔性停机要求的泵类负载等场合。

3) 直流制动（DC 制动）停止。一般软启动器不具备此种功能。软启动器接到停机信号后，由旁路接触器切换为晶闸管供电，由晶闸管主电路向电动机输入（可控）直流电流，从而加快制动，制动时间可调，用于对停车时间和停车距离有要求的工作场合，在一定程度上代替了反接制动停车。

上述三种停止方式曲线如图 2—166 所示。

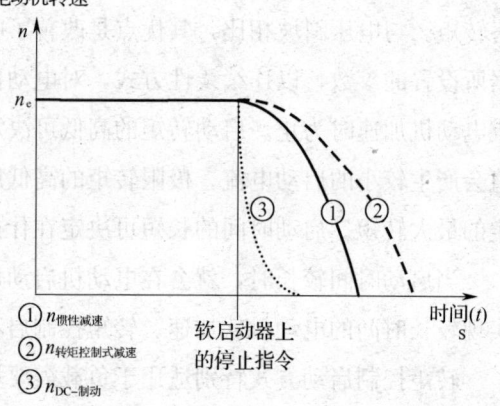

图 2—166 停止方式曲线

(3) 软启动器与传统的减压启动方法的不同之处

三相异步电动机传统的减压启动方法有星—三角（Y/△）启动、自耦减压启动、电抗器减压启动、延边三角形减压启动等。这些启动方法都属于有级减压启动，如星—三角减压启动器，启动电压为三相220 V，运行电压为三相380 V，电动机只能在此两个电压点上运行，为有级减压启动模式。同时，这些启动方法电压切换过程中都会出现冲击电流，对负载设备造成机械和电气冲击等问题。而软启动器的软启动与上述传统的减压启动方法的不同之处是：

1) 软启动器的输出电压连续调节，无冲击电流。软启动器在电动机启动过程中，通过逐渐增大晶闸管导通角，可以使电动机定子电压从零线性上升至额定电压，减小电动机的启动电流和启动转矩，减小对电动机及负载设备造成机械和电气冲击，提高了供电可靠性，平稳启动，延长机器使用寿命。不同启动方法的电动机启动电压、启动电流和启动转矩如图2—167、图2—168、图2—169所示。

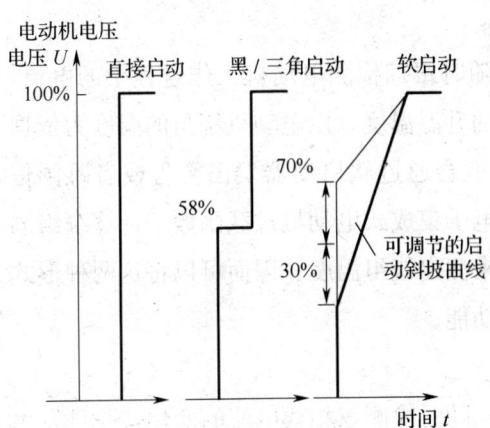

图2—167 不同启动方法的电动机启动电压

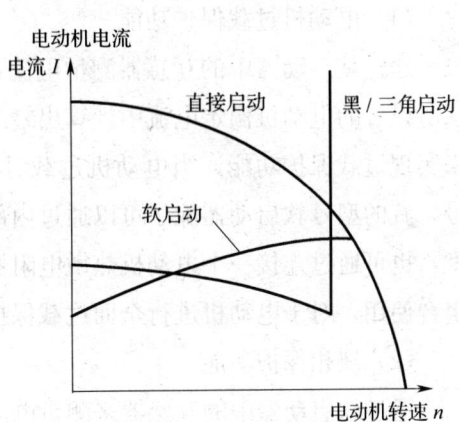

图2—168 不同启动方法的电动机启动电流

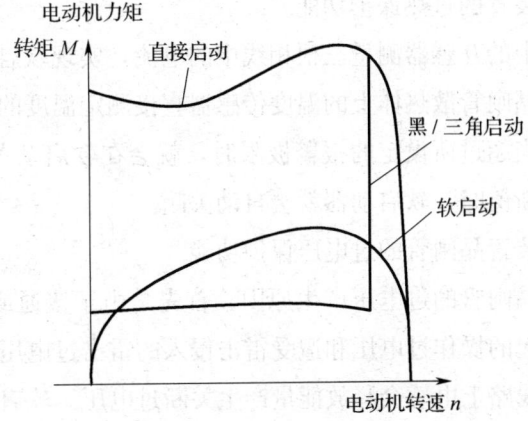

图2—169 不同启动方法的电动机启动转矩

2) 软启动器具有多种软启动模式，可以根据负载设备及工艺要求选择软启动模式，并且可以设置启动电压、启动时间等参数，来满足不同的生产工艺要求。

3) 软启动器具有有软停车功能，即平滑减速，逐渐停机，它可以克服瞬间断电停机的弊病，减轻对重载机械的冲击，避免高程供水系统的水锤效应，减少设备损坏。

软启动器和变频器都可以实现软启动，但是软启动器和变频器是两种完全不同用途的产品。软启动器实际上是个相位控制的交流调压器，用于电动机启动时，只是改变电动机定子电压并没有改变频率，软启动器没有调速的功能。而变频器是个变压变频装置，其输出不但改变电压而且同时改变频率，变频器既能实现软启动，又能进行调速控制。但变频器的价格比软启动器贵，结构也复杂。在不需要调速控制的场合，尽可能采用软启动器实现软启动。

3. 软启动器的保护功能

不同型号的软启动器有不同的保护功能，通常都具有下面保护功能：

(1) 电动机过载保护功能

通过软启动器中的互感器测量电流，随时跟踪检测电动机工作过程中的电流，从所设置的电动机额定电流中计算出绕组的升温温度，以电动机绕组的温度为依据来实现过载保护功能。当电动机过载时，就会通过软启动器发出警告或者跳闸信号。有的型号软启动器除了可以通过内部电子集成式电动机过载函数来计算绕组温度，也可通过连接一个电动机热敏电阻器来测定绕组温度。因而可以将这两种形式组合使用，对于电动机进行全面过载保护功能。

(2) 缺相保护功能

通过软启动器中的互感器来测量电流，随时检测三相线电流的变化，一旦发生断流，即可作出缺相保护反应。软启动器还可以进行三相电流不平衡保护。

(3) 软启动器装置的过热保护功能

通过软启动器中的互感器测量三根相线中的电流，实现软启动器装置的过热保护功能，也可通过晶闸管散热体上的温度传感器直接测定温度的方式，来实现装置的过热保护功能。当超过所设定的报警极限时，就会在软启动器上发出报警信号。当达到所设定的切断值时，软启动器就会自动关闭。

(4) 软启动器装置晶闸管的过电压保护功能

软启动器装置晶闸管的过电压产生原因，首先是由于接通或断开交流电源时，出现暂态过程而引起的操作过电压和遭受雷击侵入的雷击过电压，其次由于晶闸管从导通到关断时，线路上电感会释放能量产生关断过电压。软启动器装置晶闸管的过电压保护一般采用压敏电阻器和阻容过电压吸收电路。

(5) 软启动器装置的过电流保护功能

通过软启动器中的互感器测量三根相线中的电流大小,来实现装置的过电流保护功能,当超过所设定的电流极限值时,就会在软启动器上发出报警信号。这里要特别注意,为了防止晶闸管因短路而损坏(例如电路损坏或者电动机中的绕组间短路),软启动器装置应用时必须串联半导体保护熔断器(快速熔断器)进行保护。

三、软启动器的应用

软启动器最为主要的优点是软启动和软停止,转换无中断,不会使电网承受电流峰值,对电动机及负载设备的电气、机械冲击小。凡是不需要进行转速调节或者要求特别高的启动转矩的各种应用场合,均可使用软启动器。软启动器特别适用于各种泵类负载或风机类负载,需要软启动与软停车的场合。以前仅可使用变频器进行控制的许多驱动装置,只要不需要进行转速调节或者要求特别高的启动转矩,均可使用软启动器。软启动器主要应用在水处理、水泥、隧道、冶金、造纸、石化、空调、造船、矿山机械、建筑机械等行业。具体设备例如带式输送机、滚柱式输送机、风机、水泵、液压泵、搅拌装置、破碎机等。

1. 软启动器的性能规格

目前有许多型号软启动器,例如 ABB 软启动器、西门子软启动器、施奈德软启动器、AB 软启动器等。西门子软启动器有 3RW30 系列、3RW40 系列、3RW44 系列等软启动器,西门子 3RW 系列软启动器外形如图 2—170~图 2—171 所示。

图 2—170 3RW30
软启动器

图 2—171 3RW40
软启动器

图 2—172 3RW44
软启动器

3RW30、3RW40 和 3RW44 系列软启动器,设备已经内置有旁路接触器,因此无须单独选择外置旁路接触器。3RW 系列软启动器启动完成后,有两种运行方式:持续运行和旁路运行供用户选择。3RW 系列软启动器启动完成后,晶闸管处于全导通情况，系统进入全压恒速运行状态。此时最好采用旁路方式运行，即当启动结束达到全电压后，将主回路切换至与晶闸管并联的旁路接触器上。这样可减少晶闸管的运行时间，提高晶闸管使用寿命，从而降低维护成本。同时又可降低晶闸管导通时的热损耗，有利于设备散热并可有效降低设备功耗。3RW30系列软启动器为标准型软启动器，采用的是两相控制技术和获得专利的"相位平衡"控制原理，其功率范围为1.1~55 kW。3RW40系列软启动器由于采用创新的控制原理，使其能够在5.5 kW（400 V）至250 kW（400 V）的功率范围内进行两相控制。3RW44软启动器为高性能型软启动器，功能强大，采用转矩控制原理，使其可以用于额定功率高达710 kW（400 V）的驱动系统中（标准接线方式）或额定功率高达1 200 kW的驱动系统中（内三角接线方式），而且操作方便、舒适。

ABB软启动器有PSR紧凑型、PSS通用型和PST（PSTB）智能型系列软启动器，如图2—173~图2—175所示。

图2—173 PSR型软启动器　　图2—174 PSS型软启动器　　图2—175 PST型软启动器

PSR紧凑型系列软启动器是ABB软启动器家族的最新成员，设计独特、安装调试方便，外形紧凑，尤其适用于安装空间有限的场合。PSR软启动器电流范围为3.9~105 A（400 V，1.5~55 kW），主回路电压范围为208~600 V AC，控制回路电压范围为24 V DC或100~240 V AC。所有PSR软启动器均带有一个运行信号继电器，25 A及以上的PSR软启动器还带有一个全压信号继电器。PSR软启动器的启动能力达到每小时10次以上，如安装了辅助冷却风扇则可启动20次以上。PSR软启动器采用一体化设计，除了与ABB手动电动机启动器实现完美的配合外，还可安装ABB的总线适配器（FBP）实现遥控操作。PSR软启动器的技术数据见表2—22。

表 2—22 PSR3 系列软启动器技术数据

		PSR3	PSR6	PSR9	PSR12	PSR16	PSR25	PSR30	PSR37	PSR45	PSR60	PSR72	PSR85	PSR105
额定绝缘电压 U_i		600 V												
额定工作电压 U_N		208~600 V												
额定供电电压 U_s	100~240 V AC	100~240 V AC 或 24 V DC												
	24 V DC													
功耗		12 VA	12 VA	12 VA	12 VA	12 VA	12 VA	12 VA	10 VA	10 VA	10 VA	10 VA	10 VA	10 VA
		5 W	5 W	5 W	5 W	5 W	5 W	5 W	5 W	5 W	5 W	5 W	5 W	5 W
额定工作电流 I_N		3.9 A	6.8 A	9 A	12 A	16 A	25 A	30 A	37 A	45 A	60 A	72 A	85 A	105 A
启动能力 I_T		$4 \times I_N (6\ s)$												
每小时启动次数	标准	$10(4 \times I_n\ 6\ s)$												
	带风扇	$20(4 \times I_N\ 6\ s)$												
工作系数		100%												
环境温度	运行时	−25℃ 至 +60℃												
	储存时	−40℃ 至 +70℃												
海拔		4 000 m												
防护等级	主回路	IP20	IP20	IP20	IP20	IP20	IP20	IP20	IP10	IP10	IP10	IP10	IP10	IP10
	控制回路	IP20	IP20	IP20	IP20	IP20	IP20	IP20	IP20	IP20	IP20	IP20	IP20	IP20

续表

项目			PSR3	PSR6	PSR9	PSR12	PSR16	PSR25	PSR30	PSR37	PSR45	PSR60	PSR72	PSR85	PSR105
接线	主回路		1×0.75~2.5 mm²				1×2.5~10 mm²		1×6~35 mm²		1×10~95 mm²				
			2×0.75~2.5 mm²				2×2.5~10 mm²		2×6~16 mm²		2×6~35 mm²				
	控制回路		1×0.75~2.5 mm²												
			2×0.75~2.5 mm²												
信号继电器	运行信号	电阻性负载	240 V,2 A				250 V,5 A								
		AC-15(接触器)	240 V,0.5 A				250 V,0.5 A								
	全压信号	电阻性负载	—				250 V,2 A								
		AC-15(接触器)	—				250 V,0.5 A								
LED	得电/就绪		绿色												
	运行/全压		绿色												
设定	启动		1~10 s												
	停止		0~20 s												
	初始和结束电压 U_{IN}		30%~70%												

PSS通用型系列软启动器适合电动机电流从18~515 A的应用。它是一种应用很灵活的软启动器，提供了内接或外接两种不同的接线方式供用户选择，如图2—176所示。采用"内接"可减少42%流经软启动器的电动流，用户有可能用58 A的软启动器来启动和运行100 A的电动机。该系列软启动器设置简单，用三个旋钮便可在应用中设定软启动器。

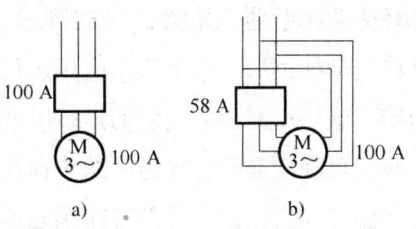

图2—176 PSS软启动器的内接
或外接的接线方式
a) 外接方式 b) 内接方式

PST/PSTB智能型系列软启动器是基于微处理器的软启动器，设计应用了最新技术，为电动机提供软启动和软停止功能。PST软启动器覆盖电动机电流从30 A至1 810 A，其中外接接线方式电流等级为30 A至1 050 A，内接接线方式电流等级为52 A至1 810 A。PST软启动器可使用或不使用旁路接触器，在大规格的PSTB370~PSTB1050软启动器内置有旁路接触器。PST软启动器具有独特的转矩控制功能、中文文本菜单、完善的电动机保护功能、模拟量输出信号、可编程信号继电器以及可配置的强大的通信功能，引导式菜单可帮助用户选择最佳的设置及快速排除故障。

2．软启动器的选用

（1）软启动器分类

软启动器有在线型软启动器，旁路型软启动器及内置旁路型软启动器。

1）在线型软启动器。早期软启动器产品大部分为在线型软启动器。这种软启动器在电动机启动结束后软继续参与运行，晶闸管处于全导通状态，电动机全电压运行。这种软启动器的晶闸管长期在线运行，存在功耗大、热损耗大等问题，容易造成晶闸管损坏，同时晶闸管导通时的热损耗大，需要风冷等冷却设备，从而提高维护成本，并造成能源浪费。

2）旁路型软启动器。针对在线型软启动器存在的缺点，对在线型软启动器进行改进，在软启动器晶闸管两端并联外接旁路接触器，如图2—177所示。这种软启动器在电动机启动结束后、电动机全电压运行时，用外接旁路接触器将软启动器内部晶闸管短接，这样可减少晶闸管的运行时间，提高晶闸管使用寿命，从而降低维护成本。同时又可降低晶闸管导通时的热损耗，有利于设备散热并可有效降低设备功耗。

3）内置旁路型软启动器。内置旁路型软启动器是在软启动器内部晶闸管两端并联旁路接触器,如图 2—178 所示。它的工作原理与旁路型软启动器相同,在电动机启动结束后、电动机全电压运行时,用内置旁路接触器将软启动器内部晶闸管短接,这样可减少晶闸管的运行时间,提高晶闸管使用寿命,从而降低维护成本。同时又可降低晶闸管导通时的热损耗,有利于设备散热并可有效降低设备功耗。内置旁路型软启动器将外部旁路接触器移到软启动器的内部,组成一个整体。由于晶闸管和旁路接触器组合一体化设计,使内置旁路型软启动器性能优于旁路型软启动器。另外,内置旁路型软启动器的体积小,占用空间小,便于成套安装。

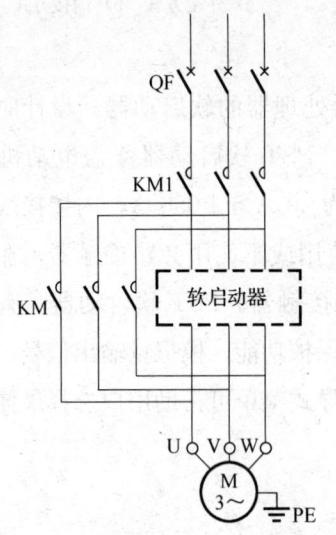

图 2—177　旁路型软启动器主电路　　图 2—178　内置旁路型软启动器主电路

(2) 软启动器的选用

选择软启动器时,首先应考虑软启动器能否满足负载工作情况。例如负载工作需要进行电动机调速控制的情况下就不能选择软启动器,因为软启动器没有调速的功能,此时应选择变频器。变频器既能实现软启动,又能进行调速控制。对于特殊负载,尤其是启动转矩大、加速转矩大、启动时间长的重载情况,也应充分考虑软启动器能否适合负载特性。

当确定采用软启动器时,首先应考虑软启动器类型。一般情况应采用内置旁路型软启动器或旁路型软启动器。其次应确定负载类型,根据负载类型选用软启动器型号。对于要求启动转矩小、启动时间少于 20 s 的常规负载,如一般风机、泵类负载,可选择标准型软启动器。对于启动转矩大、启动时间长的重载情况,如破碎机、提升机、罗茨式风机等,应选择高性能型软启动器。接下来应根据电动机额定电流、额定电压选择软启动器具体型号规格和容量。这里要特别注意,选择软启动器具体容量时,应根据电动机额定电流来选择,并留有一定的余量。电动机功率作为参考数据,不能作为主要选择依据。一般情况,软启动器额定电流稍大于电动机工作电流。另外,还应考虑软启动器保护功能是否完备,例如:缺相保护、短路保护、过载保护、逆序保护、过压保护、欠压保护等。

此外,还应根据所选择的软启动器的控制电压,现场环境温度,通风散热情况,海拔高度,每小时启动次数等参数与现场实际情况进行校核。对于高温、高海拔、高启动频率的应用环境,应考虑放大软启动器具体型号规格和容量。

3. 软启动器的安装、接线及其调试

(1) 软启动器的安装

1) 安装环境。为了保证软启动器正常运行,对其使用环境和安装的场所有以下要求:

环境温度。运行时:-25℃至+60℃(在40~60℃的范围内,软启动器额定电流每度递减0.8%)。储存时:-40℃至+70℃。

环境湿度:95%(无冷凝)。

海拔高度:海拔1 000 m以下。当使用环境为海拔1 000 m以上时,软启动器的额定容量应随之降低。

2) 安装方法。软启动器应垂直安装,请勿倒置、斜装、水平安装。应使用螺钉安装在牢固的结构上。

软启动器在运行中会产生热量,因而安装时,要考虑软启动器的通风及散热。为了便于通风散热,软启动器应垂直安装,软启动器周围应留有足够空间,具体要求如图2—179所示。

(2) 软启动器的接线

按软启动器系统原理图或接线图对软启动器进行接线。

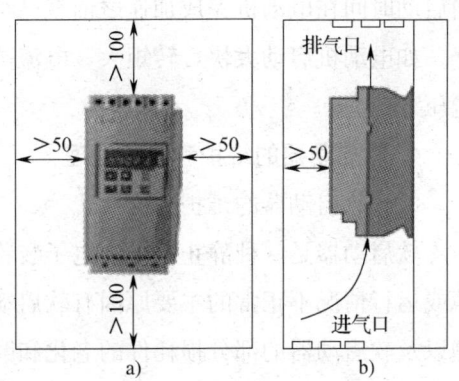

图2—179 软启动器安装空间
a) 正面 b) 侧面

这里要注意是:如采用旁路型软启动器时,软启动器的主电路接线时要注意外接旁路接触器相序不能接错。为了安全和减少噪声,软启动器的金属外壳必须良好接地。

(3) 软启动器的通电调试与运行

软启动器的通电调试与运行以前,应确认软启动器的输入相数、额定输入电压值应和交流电源的相数、电压值一致。软启动器的调试与运行时,不能采用主电路电源开/关的方法来控制软启动器运行和停止,应待软启动器通电以后,用软启动器上的控制端子的启动/停止来控制软启动器的运行和停止。

软启动器的通电调试前,首先进行软启动器的参数设置。主要应根据负载类型设置启动方式及其相关参数,其次设置停止方式及其相关参数。另外,有些软启动器还需设置电动机保护功能及相关参数。

一般情况下,软启动器的参数设置主要有启动时间、停止时间、初始电压(启动电压)及电流限制值等。软启动器的参数设置完成后,可以进行试运行,根据电动机启动和停车运行情况再对启动时间、停止时间、初始电压及电流限制值等参数设置值进行修改调整,使电动机启动和停车达到生产工艺要求。

1)初始电压(启动电压)的高低决定了电动机的启动电流和启动转矩。较小的初始电压(启动电压)会产生较小的启动转矩和较小的启动电流。如电动机启动速度太快,则应降低初始电压(启动电压)的设置值。

2)启动时间的长短可决定在什么时间内将电动机电压从所设置的启动电压升高到电源电压。当启动时间较长时,就会在电动机启动过程中产生较小的加速转矩,这样就会使电动机加速时间变长,从而实现软启动。应适当选择启动时间的长短,使得电动机在该时间内达到其额定转速。如果所选择的启动时间太短,也就是当启动时间在电动机完成加速之前就已结束时,这时将会出现很大的启动电流。

如电动机启动太快,转矩大,电流高,应增加启动时间或减少初始电压(启动电压)。

4. 软启动器的维护和故障处理

(1) 软启动器的维护

软启动器是一种静止型电力电子装置,在日常的运行中,引起软启动器发生故障或运行情况不正常的主要原因有软启动器使用操作问题、软启动器的通风散热问题以及软启动器的部分损耗件的老化和磨损等。日常检查与维护中主要是对软启动器运行情况(如电源电压和控制电压、输出电流)、软启动器的通风散热、软启动器的部分损耗件(如通风扇等)的老化和磨损等问题进行维护与检查。

在日常运行维护中,要经常检查软启动器控制柜通风机以及软启动器内部通风机工作情况,检查软启动器冷却通道不被脏物和灰尘堵塞。在停电时可检查通风机,转动叶片应无阻碍,转动灵活。

(2) 软启动器的故障及其分析处理

1)按启动信号时,电动机不启动故障。此时首先应检查软启动器三相交流电源是否正常,有无缺相。如果软启动器三相交流电源不正常,有缺相现象,则重点检查软启动器三相交流电源，输入端快速熔断器是否熔断开路，晶闸管是否开路，晶闸管线是否接触良好等。然后检查软启动器输出三相交流电压是否正常，有无缺相。如软启动器输出三相交流电压不正常，有缺相现象，则应检查输出回路及电动机连接线，晶闸管线是否接触良好，晶闸管是否损坏等。如是带旁路接触器的软启动器还应检查旁路接触器及其控制电路工作是否正常。

按启动信号时，电动机不启动故障除了软启动器主电路原因外，还有控制电路原因。此时应检查软启动器控制电路电源电压是否正常，启动信号是否正常，热过载保护继电器是否脱扣及断开主接触器控制电路等。

2）无启动信号时，电动机嗡嗡欲动故障。此时应重点检查软启动器输出三相交流电压。这种情况下，软启动器中一个或多个晶闸管可能已击穿而损坏。如是带旁路接触器的软启动器还应检查旁路接触器及其控制电路工作是否正常，旁路接触器是否卡在闭合位置上。

3）软启动器过热故障。此时应首先检查冷却风扇工作是否正常，同时检查冷却风道是否被脏物和灰尘堵塞。另外软启动器启动过于频繁或电动机功率与软启动器不匹配，也会引起软启动器过热故障现象。

 **技能要求**

软启动器的接线及应用

一、操作要求

1. 进行软启动器的接线。
2. 进行软启动器的操作应用。

二、操作准备

项目所需设备、工具、材料见表2—23。

表2—23　　　　　　　项目所需设备、工具、材料

序号	名称	规格型号	数量	备注
1	软启动器装置	PSR软启动器装置	1	
2	三相异步电动机	$P_N=1.5$ kW，$U_N=380$ V，$n_N=1\,460$ r/min，$f_N=50$ Hz	1	
3	万用表	指针式万用表或数字式万用表	1	

三、操作步骤

1. 按软启动器系统原理图及要求在软启动器装置上完成接线。

按图2—180所示的软启动器系统原理图进行接线。在确定接线无误的情况下,经检查后接通电源开关。

2. 按设备及工艺要求,在软启动器装置上完成通电调试与运行。

接线完成后,经过检查确定接线无误的情况下,可接通电源开关进行通电调试。调试时首先应根据负载类型及生产工艺要求,进行软启动器的参数设置。PSR软启动器主要设定启动时间、停止时间及初始电压等参数,如图2—181所示。

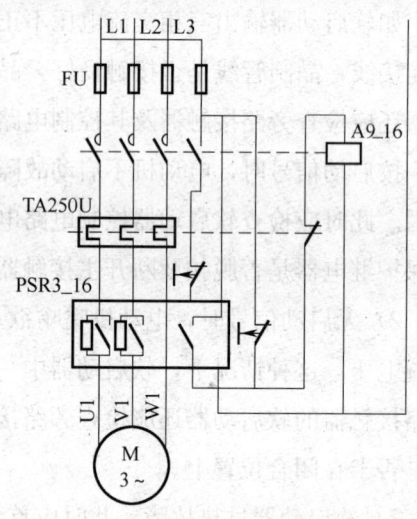

图2—180 PSR系列软启动器系统原理图

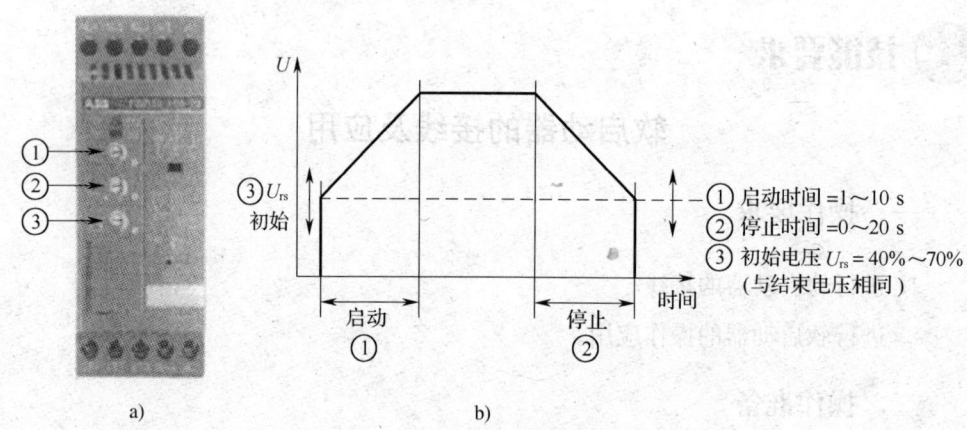

图2—181 PSR系列软启动器的参数设定
a) 软启动器的前面板 b) 工艺参数示意图

软启动器参数设定完成后,可以进行试运行。根据电动机启动情况调整启动时间及初始电压等参数,使电动机实现软启动。

四、注意事项

1. 软启动器的主电路电源端子1L1、3L2、5L3通过带隔离开关熔断器组、接触器连接至三相交流电源，不需考虑连接相序。

2. 软启动器输出端子 2T1、4T2、6T3 按正确相序连接至电动机。如电动机的旋转方向不符，则可换接输出端子 2T1、4T2、6T3 中任意两相的接线。软启动器输出端不能连接电容器。

3. 软启动器和电动机之间的电缆线很长时，电线间的分布电容会产生较大的高频电流，可能造成软启动器过电流跳闸、漏电流增加、电流显示精度差等。因此，建议电动机连接线不要超过软启动器说明书中规定长度。

4. 接线完成后必须认真检查接线，只有接线正确后才能进行通电调试。

5. 在通电调试过程中，应监视系统运行状况，如有不正常现象应立即采取相应措施加以解决，否则将可能造成事故。

6. 技能操作实训中，必须注意用电安全，杜绝产生人身和设备的安全事故。

第 3 章
基本电子电路装调维修

第 1 节 仪表仪器选用

学习单元 1 直流电桥的使用

 学习目标

1. 掌握直流电桥的工作原理。
2. 了解并掌握直流单臂电桥用于测量中值电阻的方法。
3. 了解并掌握直流双臂电桥用于测量小电阻的方法。

 知识要求

一、直流单臂电桥

1. 基本结构

电阻是一切电学元器件的重要参数之一,因此测电阻就成为一种最基本的电学测量。测电阻的方法很多,直流单臂电桥又称惠斯顿电桥,是一种专门用来测量中值电阻的精密测量仪器，测量简便而且准确度高。

直流单臂电桥的原理电路如图 3—1。

电阻 R_X、R、R1 和 R2 连成一个四边形，每一边称为电桥的一个桥臂。以四边形对角顶点 A、B 作为输入端，与电源 GB 相连；另两顶点 C、D 作为输出端，与检流计相连。检流计用来比较两输出端的电位，检验有无电流输出。支路 $A-GB-B$ 和 $C-G-D$ 称电桥的两个桥路。

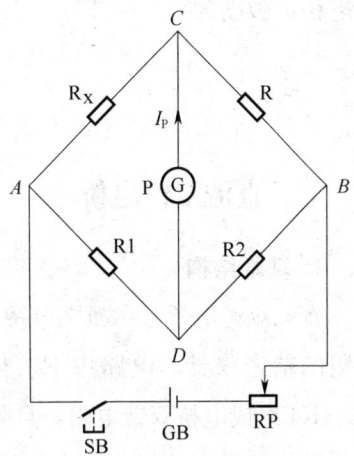

图 3—1 直流单臂电桥原理电路图

2. 工作原理

设 R_X 是待测电阻，其他三个是已知标准电阻，且可调其阻值。只调 R，或调 R1 和 R2 的比值，就可使 C、D 两点电位相等，电桥无输出，通过检流计的电流 I_G 为零（指针不偏转），这种状态称为电桥的平衡。此时，通过 R1 和 R2 的电流相同，设为 I_1，通过 R 和 R_X 的电流也相同，设为 I_2，四个桥臂上的电压有如下关系

$$U_{AC} = U_{AD}, U_{CB} = U_{DB} \tag{3.1—1}$$

即
$$I_2 R_X = I_1 R_1, I_2 R = I_1 R_2$$

两式相除，得平衡条件

$$\frac{R_1}{R_2} = \frac{R_X}{R} \text{ 或 } R_X R_2 = R_1 R \tag{3.1—2}$$

即电桥任一相对桥臂上电阻的乘积等于另一相对桥臂上电阻的乘积。

由平衡条件得待测电阻

$$R_X = \frac{R_1}{R_2} R \tag{3.1—3}$$

式中，R1 和 R2 称为比例臂，R 称为比较臂。

根据式（3.1—3），测 R_X 时有两种调平衡的方法：一种是选定比例臂的比率（倍率）$\frac{R_1}{R_2}$，调比较臂电阻 R；另一种是选定比较臂电阻 R，调比例臂电阻之比 $\frac{R_1}{R_2}$。当 $\frac{R_1}{R_2} = 1$ 时，$R_X = R$，电桥就好似一架等臂天平，R_X 与 R 分别相当于待测质量和砝码。而 $\frac{R_1}{R_2} \neq 1$ 的情况，则如一个杆秤。

电桥平衡后，若改变任一桥臂电阻，必然会破坏平衡，使检流计指针发生偏

转。设电桥平衡后，将某一桥臂 R 改变一小量 ΔR，引起检流计偏转为 ΔI_P，则定义电桥灵敏度为

$$S = \frac{\Delta I_p}{\frac{\Delta R}{R}}$$

二、直流双臂电桥

1. 基本结构

直流双臂电桥又称凯文电桥，如图 3—2 所示，是专门用来测量 1 Ω 以下低值电阻的精密仪器。电路中 R_X 为待测电阻，R_S 为比较用的标准电阻。R1、R2、R3、R4 组成电桥双臂电阻，且阻值较大（$10 \sim 10^3$ Ω）。设桥路中 P_1、P_2、S_1、S_2 处的导线电阻和接触电阻分别为 r_1、r_2、r_3、r_4，当它们作为附加电阻加入 R1、R2、R3、R4 桥臂电阻中时，因 R1～R4 远大于 r_1～r_4（约 $10^{-2} \sim 10^{-5}$ Ω），且 r/R 很小，故其影响可忽略不计。至于 C1、C2、D1、D2 处的导线电阻和接触电阻（总称附加电阻）是在电桥的外电路上，与电桥平衡无关。设 r 为 C2、D2 间附加电阻的总和，且 C2 和 D2 间用短而粗的导线连接，使 $r \to 0$。试验表明，只要适当调节 R1、R2、R3、R4 和 R_S 的阻值，就可以消除 r 对测量结果的影响。

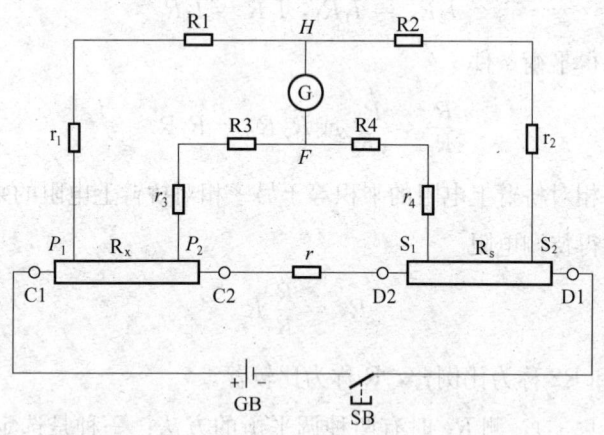

图 3—2 直流双臂电桥电路原理图

QJ42 型携带式直流双臂电桥面板配置如图 3—3 所示。各部分名称如下：①检流计，其上有机械调零器；②电位端接线柱（P1、P2）；③电流端接线柱（C1、C2）；④倍率开关；⑤电源选择开关；⑥外接电源接线柱；⑦标尺；⑧读数盘 Rb；⑨检流计按钮开关；⑩电源按钮开关。

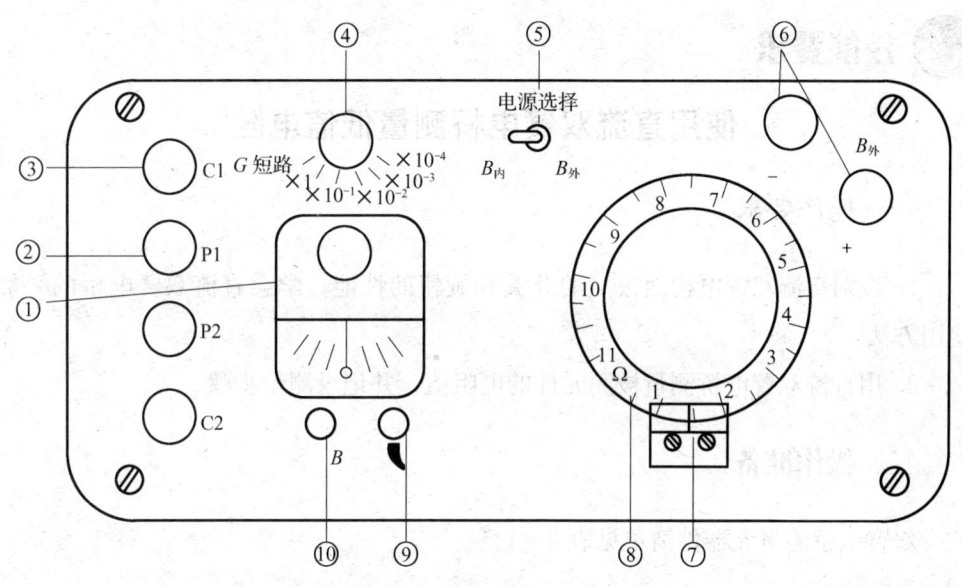

图 3—3 面板配置

2. 工作原理

直流双臂电桥中，电阻 R_X 和比较用的标准电阻 R_S 都有四个接线端，如图 3—4 所示，即电流接头和电压接头分开，从而可以把各部分的导线电阻和接触电阻分别引入检流计回路或电源回路中，使它们或者与电桥平衡无关，或者被引入大电阻的支路中，目的是大大减小导线电阻和接触电阻的影响，这类接线方式的电阻被称为四端电阻。由于流经 C1、C2 的电流较大，C1、C2 端常被称为"电流端"，而流经 P1、P2 的电流较小，P1、P2 端常被称为"电压端"。

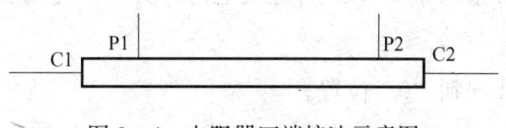

图 3—4 电阻器四端接法示意图

直流双臂电桥的原理与直流单臂电桥类似，其不同之处是被测电阻 R_X 与 R3 串联后组成电桥的一个桥臂；标准电阻 R_S 与 R4 串联后组成电桥的另一个桥臂，它相当于直流单臂电桥的比较臂。R1、R2 组成电桥的比例臂。R1～R4 均可调节，且在结构上做成 R1 和 R3、R2 和 R4 同步调节，即始终保持 R1＝R3、R2＝R4。在此条件下，忽略 r 的影响，然后仿照直流单臂电桥的推导方法，可得到直流双臂电桥的平衡条件与直流单臂电桥相同，即为

$$R_X = \frac{R_1}{R_2} R_S \tag{3.1—4}$$

技能要求

使用直流双臂电桥测量低值电阻

一、操作要求

1. 识别直流双臂电桥面板上的开关和旋钮的性能，学会直流双臂电桥的一般使用方法。

2. 用直流双臂电桥测量被测元件的电阻值，并记录测量步骤。

二、操作准备

双臂电桥测量元器件清单见表3—1。

表3—1　　　　　　　　双臂电桥测量元器件清单

序号	名称	规格型号	数量	备注
1	双臂电桥	QJ42型携带式直流双臂电桥	1台	
2	被测元件	自选	1套	

三、操作步骤

1. 在仪器底部电池盒中装上3～6节1号干电池，或在外接电源接线柱"B外"上接入1.5～2 V、容量大于10 Ah的直流电源，并将"电源选择"开关拨向相应位置。

2. 将检流计指针调到"0"位置。

3. 将被测电阻 R_X 的四端接到双臂电桥的相应四个接线柱上。

4. 估计被测电阻值将倍率开关旋到相应的位置上。

5. 当测量电阻时，应先按"B"后按"G"按钮，并调节读数盘 Rb，使电流计重新回到"0"位。断开时应先放"G"后放"B"按钮。注意：一般情况下，"B"按钮应间歇使用。此时电桥已处平衡，而被测电阻 R_X 为

$$R_X =（倍率开关的示值）\times（读数盘的示值）\Omega$$

6. 使用完毕，应把倍率开关旋到"G短路"位置上。

学习单元 2　双踪示波器的使用

 学习目标

1. 了解双踪示波器的工作原理。
2. 掌握双踪示波器的使用方法。

 知识要求

一、双踪示波器概述

1. 基本结构

示波器的核心部件是示波管。示波管的结构如图 3—5 所示。

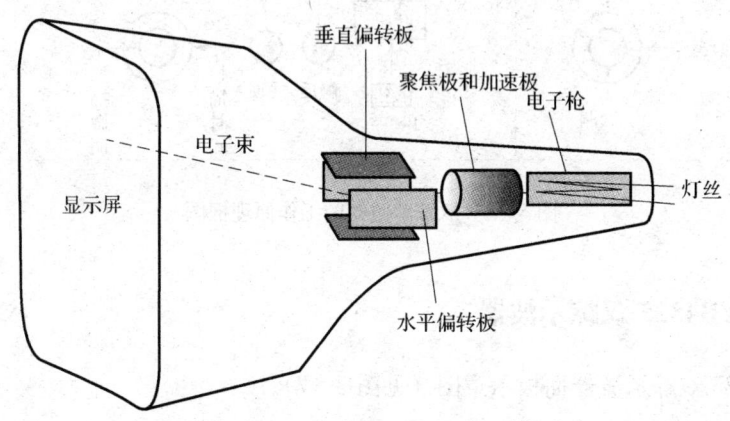

图 3—5　示波管内部结构

电子枪被灯丝加热后发射电子。聚焦极将电子枪发射的电子聚焦为极细的电子束，可使波形显示清晰。加速极上加有较高的正电压，吸引电子脱离电子枪高速运动；显示屏上加有极高的正电压，吸引电子撞击在显示屏面上，使显示屏面涂的荧光材料发光。垂直偏转板和水平偏转板上加有偏转电压，偏转电压的极性和幅值控制电子束撞击显示屏面的位置。当偏转电压跟随输入信号变化时，就可以使电子束在屏面上"画"出信号波形。

2. 工作原理

双踪示波器具有两路输入端,可同时接入两路电压信号进行显示。在示波器内部,将输入信号放大后,使用电子开关将两路输入信号轮换切换到示波管的偏转板上,使两路信号同时显示在示波管的屏面上,便于进行两路信号的观测比较。双踪示波器的工作原理框图如图3—6所示。

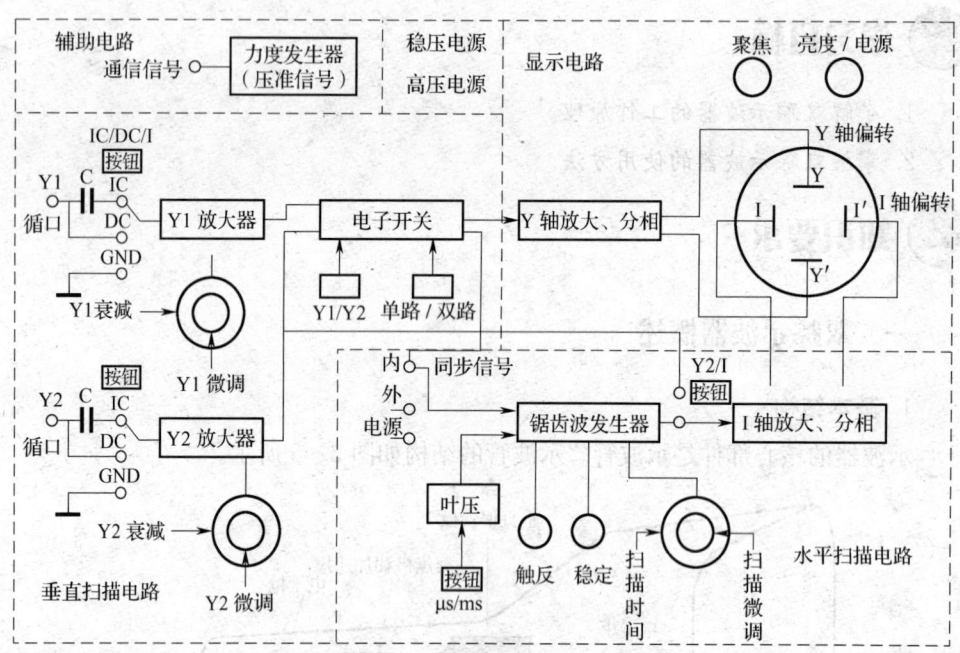

图3—6 双踪示波器的工作原理框图

二、YB4325双踪示波器

YB4325双踪示波器面板示意图(见图3—7)。

1. YB4325双踪示波器面板说明及各控制机件的功能介绍

示波器面板功能图如图3—8所示。

示波器面板分为5大功能区域。

(1) 电源和显示部分

1) 校准信号输出端子(CAL)45。提供$1\pm2\%$kHz,$2\pm2\%$V$_{P-P}$方波作本机Y轴、X轴校准用。

2) 辉度旋钮(INTENSITY)44。控制光点和扫描线的亮度,顺时针方向旋转旋钮,亮度增强。

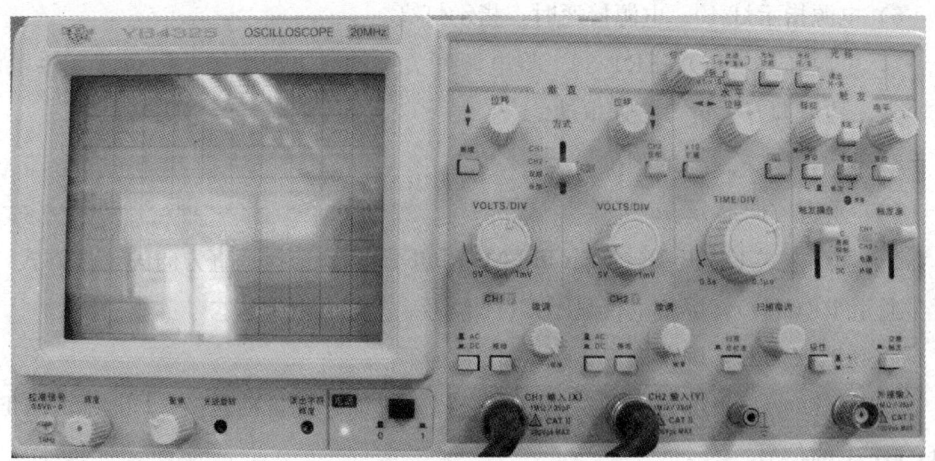

图 3—7 示波器面板示意图

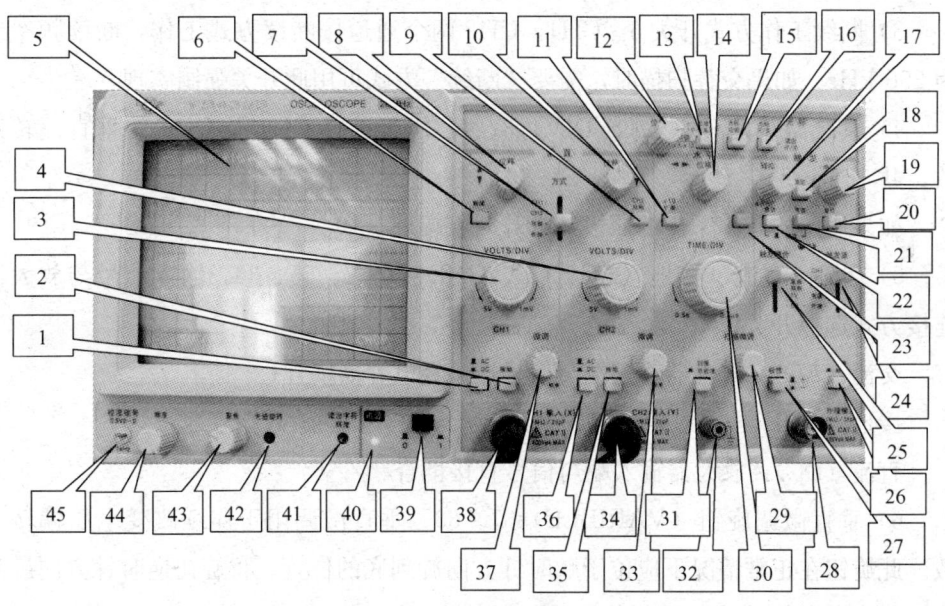

图 3—8 示波器面板功能图

3）聚焦旋钮（FOCUS）43。用辉度控制钮将亮度调至合适的标准，然后调节聚焦控制旋钮，直至光迹达到最清晰的程度。虽然调节亮度时，聚焦电路可自动调节，但聚焦有时也会轻微变化，如果出现这种情况，需重新调节聚焦旋钮。

4）光迹旋转（TRACE ROTATION）42。由于磁场的作用，当光迹在水平方向轻微倾斜时，该旋钮用于调节光迹与水平刻度平行。

5）读出字符辉度（READOUT INTEN）41。用于调节读出字符和光标亮度。

6) 电源指示灯 40。电源接通时，指示灯亮。

7) 电源开关（POWER）39。将电源开关按键弹出即为"关"位置，将电源线接入，按电源开关键，接通电源。

8) 显示屏 5。仪器的测量显示终端。

(2) 垂直方向部分

1) 垂直方式工作开关（VERTICAL MODE）7。选择垂直方向的工作方式

通道 1（CH1）：屏幕上仅显示 CH1 信号。

通道 2（CH2）：屏幕上仅显示 CH2 信号。

双踪（DUAL）：屏幕上显示双踪，交替或断续方式自动转换，同时显示 CH1 和 CH2 上的信号。

叠加（ADD）：显示 CH1 和 CH2 输入信号的代数和。

2) 垂直位移（POSITION）8、10。调节光迹在屏幕中的垂直位置。

3) 断续工作方式开关 6。CH1、CH2 两个通道按断续方式工作，断续频率约为 250 kHz。如果交替扫描时，需要"断续"方式可用此开关强制实现。

4) 衰减器开关（VOLTS/DIV）3、4。用于选择 CH1 及 CH2 的垂直偏转系数，共 12 挡。

如果使用的是 10∶1 的探极，计算时将幅度×10。

5) 交流－直流－接地（AC、DC、GND）1、2、35、36。输入信号与放大器连接方式选择开关。

交流（AC）：放大器输入端与信号连接经电容器耦合；

接地（GND）：输入信号与放大器断开，放大器的输入端接地；

直流（DC）：放大器输入端与信号直接耦合。

6) 垂直微调旋钮（VARIBLE）37、33。垂直微调用于连续改变电压偏转系数。此旋钮在正常情况下应位于顺时针方向旋到底的位置。将旋钮逆时针方向旋到底，垂直方向的灵敏度下降到 2.5 倍以上。

7) 通道 1 输入端【CH1 INPUT（X）】38。该输入端用于垂直方向的输入，在 X－Y 方式时，作为 X 轴输入端。

8) CH2 极性开关（INVERT）9：按此开关时 CH2 显示反相信号。

9) 通道 2 输入端【CH2 INPUT（Y）】34。和通道 1 一样，但在 X－Y 方式时，作为 Y 轴输入端。

(3) 水平方向部分

1) 水平位移（POSITION）14。用于调节光迹在水平方向移动。

顺时针方向旋转该按钮向右移动光迹，逆时针方向旋转该按钮向左移动光迹。

2) 扩展控制键（MAG×10）11。按下去时，扫描因数×10 扩展。扫描时间 Time/vid 开关指示数值的 1/10。

3) X－Y 控制键 23：按入此键，CH1 信号接入水平偏转，CH2 信号接入垂直偏转。

4) 主扫描时间系数选择开关（TIME/DIV）30。主扫描时间系数选择开关共 20 挡，在 0.1 μs～0.5 s/div 范围选择扫描速率。

5) 扫描非校准状态开关键 31：按入此键，扫描时基进入非校准调节状态，此时调节扫描微调有效。

6) 扫描微调控制键（VARIBLE）29：此旋钮顺时针旋到底时，处于校准位置，扫描由 Time/div 开关指示。

此旋钮逆时针旋到底时，处于校准位置，扫描减慢 2.5 倍以上。当按键（27）未按入，旋钮（28）调节无效，即为校准状态。

7) 接地端子 32：示波器外壳接地端。

(4) 触发部分

1) 释抑（HOLDOFF）17：当信号波形复杂，用电平旋钮不能稳定触发时，可用"释抑"旋钮使波形稳定同步。

2) 电平锁定（LOCK）18：无论信号如何变化，触发电平自动保持在最佳位置，不需人工调节电平。

3) 触发电平旋钮（TRIG LEVEL）19。用于调节被测信号在某选定电平触发，当旋钮转向"+"时显示波形的触发电平上升，反之触发电平下降。

4) 触发方式选择（TRIG MODE）和复位（RESET）。

自动（AUTO）22：在"自动"扫描方式时，扫描电路自动进行扫描。在没有信号输入或输入信号没有被触发同步时，屏幕上仍然可以显示扫描基线。

常态（NORM）21：有触发信号才能扫描，否则屏幕上无扫描线显示。当输入信号的频率低于 50 Hz 时，请用"常态"触发方式。

单次（SINGLE）：当自动（AUTO）、常态（NORM）两键同时弹出即为单次触发工作状态。

当触发信号来时，准备（READY）指示灯亮，单次扫描结束后指示灯熄灭，复位键（RESET）20 按下后电路又处于待触发状态。

5) 触发耦合选择开关 25。

交流（AC）：这是交流耦合方式。

高频抑制（HF REJ）：触发信号通过交流耦合电路和低通滤波器作用到触发电路。

电视（TV）：TV 触发，以便于观察 TV 视频信号。

直流（DC）：这是直流耦合方式。

6) 触发源选择开关（SOURCE）24：通道 1 X－Y（CH1，X－Y）：CH1 通道信号为触发信号，当工作方式在 X－Y 方式时，拨动开关应设置于此挡。

通道 2（CH2）：CH2 通道的输入信号是触发信号。

电源（LINE）：电源频率信号为触发信号。

外接（EXT）：外触发输入端的触发信号是外部信号，用于特殊信号的触发。

7) 触发极性按钮（SLOPE）27：触发极性选择。用于选择在信号的上升沿触发或下降沿触发。

8) 交替触发（TRIG ALT）26：在双踪交替显示时，触发信号来自于两个垂直通道，此方式可以用于同时观察两路不相关信号。

9) 外触发输入插座（EXT IPUT）28：用于外部触发信号的输入。

(5) 光标控制部分

1) 光标位移 12：旋转此控制旋钮可将选择的光标移位。

读出开/关：按下"光标开/关"键可以打开或关闭示波器读出功能。

探极×1/×10：指示探极状态×1/×10，按下"光迹_▽_▼（基准）"键的同时旋转光标"位移"（39）旋钮，可选择×1/×10 探极状态。

2) 光标_▽_▼（基准）13：按此键选择移动的光标，被选中的光标带有"▽"或"▼"标记；当两个光标均带有标记时，两个光标可同时移动。

3) 光标功能 15：按此键选择下列测量功能。

ΔV：电压差测量。

$\Delta V\%$：电压差百分比测量（5 div=100%）。

ΔVdB：电压增益测量（5 div=0 dB）。

ΔT：时间差测量。

$1/\Delta T$：频率测量。

DUTY：占空比（时间差的百分比）测量（5 div=100%）。

PHASE：相位测量（5 div=360°）。

4) 光标开/关 16：按此键可以打开/关闭光标测量功能。

 **技能要求**

使用 YB4325 双踪示波器对波形的幅值、频率的测量

一、操作要求

1. 识别示波器面板上的开关和旋钮的性能,学会示该器的一般使用方法。
2. 用示波器测量给定信号电源的幅值、频率,并记录测量步骤。

二、操作准备

示波器测量元器件清单见表 3—2。

表 3—2　　　　　　　　示波器测量元器件清单

序号	名称	规格型号	数量	备注
1	单相交流电源	～220 V	1 台	
2	直流电源	自选	1 台	
3	万用表	自选	1 台	
4	双踪示波器	自选	1 台	
5	函数信号发生器	自选	1 台	

三、操作步骤

1. 按表 3—3 设置示波器的开关及控制旋钮或按键。

表 3—3　　　　　　　　示波器设置

项目	设置	项目	设置
电源(POWER)	弹出	耦合(COUPLING)	AC
辉度(INTENSITY)	顺时针 1/3 处	触发极性(SLOPE)	+
聚焦(FOCUS)	适中	交替触发(TRIG ALT)	弹出
垂直方式(MODE)	CH1	电平锁定(LOCK)	按下
断续(CHOP)	弹出	释抑(HOLDOFF)	最小(逆时针方向到底)
CH2 反相(INV)	弹出	触发方式	自动
垂直位移(POSITION)	适中	水平衰减(TIME/DIV)	0.5 ms/div
衰减开关(VOLT/DIV)	0.5 V/DIV	扫描非标准(SWP UNCAL)	弹出
微调(VORIABLE)	校准位置	水平位移(POSITION)	适中
AC-DC-接地(GND)	接地(GND)	×10 扩展(×10MAG)	弹出
触发源(SOURCE)	CH1	X-Y	弹出

2. 将电源线接到交流电源插座，然后按如下步骤操作：

步骤1　打开电源开关，电源指示灯变亮，约20 s后，示波管屏幕上会显示光迹，如60 s后仍未出现光迹，应按上表检查开关和控制按钮的设定位置。

步骤2　调节辉度辉度（INTENSITY）和聚焦（FOCUS）旋钮，将光迹亮度调到适当，且最清晰。

步骤3　调节CH1位移旋钮及光迹旋转旋钮，将扫描线调到与水平中心刻度线平行。

步骤4　将探极连接到CH1输入端，将$2V_{P-P}$校准信号加到探极上。

步骤5　将AC—DC—GND开关拨到AC，屏幕上将会出现如图3—9所示的波形。

步骤6　调节聚焦（FOCUS）旋钮，使波形达到最清晰。

步骤7　为便于信号的观察，将（VOLT/DIV）开关和水平衰减（TIME/DIV）开关调到适当的位置，使信号波形幅度适中，周期适中。

步骤8　调节垂直位移和水平位移旋钮到适中位置，使显示的波形对准刻度线且电压幅度（V_{P-P}）和周期（T）能方便读出。

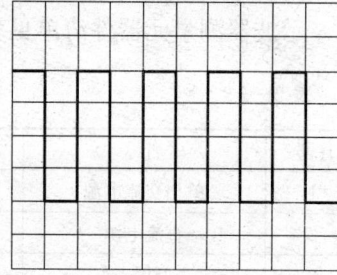

图3—9　示波器波形

上述为示波器的基本操作步骤，CH2单通道的操作方法与CH1类似。

四、注意事项

1. 改变显示波形的垂直方向的大小。调节衰减开关（VOLTAGS/DIV）3（如果是CH1的信号波形）或者4（如果是CH2的信号波形）。

2. 调节波形的垂直位置。调节垂直位移（POSITION）旋钮，8用于移动CH1信号的波形，10用于移动CH2信号的波形。

3. 调节波形在水平方向的个数。调节主扫描时间系数选择开关（TIME/DIV）。

4. 如果波形左右移动。调整与触发有关的各种机件，双踪示波器的使用。

5. 示波器正常使用温度在0～40℃。使用时不要将其他仪器或杂物盖在示波器的通风孔上，以免影响散热，造成仪器过热而损坏。

6. 示波器接通电源后，需预热数分钟后再开始使用。开关电源不要频繁使用。一般在工作开始前就打开示波器，工作结束后才关闭示波器。

7. 示波器使用过程中应避免频繁开关电源，以免损坏示波管。暂时不用时只须将荧光屏的亮度调暗即可。

8. 示波器荧光屏上所显示的亮点或波形的亮度要适当，光点不要长时间停留在一点上，以免损伤荧光屏。

9. 示波器的地端应与被测信号电压的地端接在一起，以避免引入干扰信号，同时应注意输入电压不要超过额定值。

10. 示波器 Y 轴输入的 CH1 与 CH2 其接地端是连通的，若同时使用 Y 轴两路输入时，两个探极的地线必须连接在同一点上或等电位处，不要接错。否则会引起短路烧毁器件或设备。

11. 注意不要用探极来拖拉示波器。

学习单元3　信号发生器的使用

学习目标

1. 了解信号发生器的工作原理。
2. 掌握信号发生器的使用方法。

知识要求

一、信号发生器的结构

信号发生器的结构如图3—10所示。

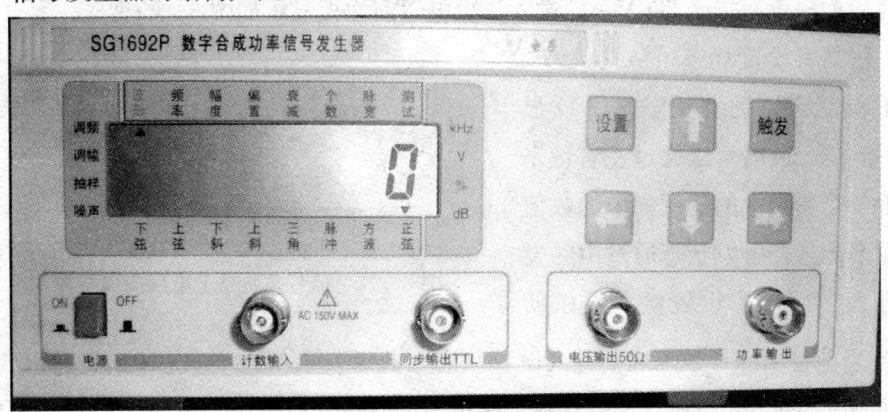

图3—10　信号发生器

二、信号发生器的工作原理

信号发生器部分采用了直接数字合成原理波形,用复杂的数字逻辑来控制波形的幅度、偏置、衰减。包括频率测量功能的所有的数字逻辑由专用大规模可编程逻辑器件实现。信号发生器原理框图如图 3—11 所示。

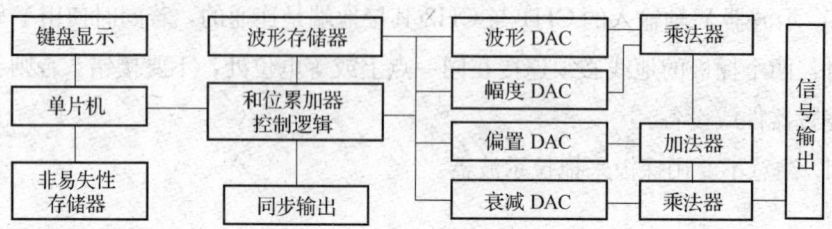

图 3—11 信号发生器原理框图

键盘显示部分提供人机接口界面,实现输出信号各种参数的设置,非易失性存储器用于保存仪器程控校准的参数,其复位看门狗保证仪器可靠工作。单片机控制仪器的所有操作。波形存储器共存储了若干种标准波。相位累加器控制逻辑用于控制输出信号波形的幅度、偏置、衰减、频率、波形等。两者用一片大规模可编程逻辑器件实现。仪器共使了四个 DAC、两个乘法器和一个加法器,以实现 $y(t)=k[A \cdot f(t)+b]$ 信号输出模型。其中 $y(t)$ 为输出信号;k 为衰减系数,由衰减 DAC 产生;A 为波形幅度,由幅度 DAC 产生;$f(t)$ 为波形。波形存储器的数据经波形 DAC 产生;b 为直流偏置,由偏置 DAC 产生。

本仪器采用了 6 个按键,它们分别是设置键、触发键、上移键、下移键、左移键、右移键。显示器采用 LCD 液晶显示模板,有 8 位数据显示及 24 个状态示。前面板有一个电源开关,一个电压输出、一个同步输出、一个功率输出,一个测频输出。后面板仅有一个 220V AC 输入,上电后前面板显示如图 3—12 所示。

仪器有设置状态、触发状态 2 种工作状态。触发状态,LCD 显示不闪烁,此时可以通过左右键来查看 7 个参数中的任意一个的数值或频率测量,触发状态通过由触发键进入。通过按设置键,可以使

图 3—12 信号发生器上电后前面板显示

LCD 当前显示的参数闪烁,进入设置状态,此时左右键改变数据闪烁位置,上下键使当前数据改变 1,在设置状态,输出一个波形,设置的参数最多 7 个,包括波

形、频率、幅度、偏置、衰减。

开机仪器显示"标示字符串",延时几秒后,显示"00"状态指示"波形""正弦";按设置键,数码部分最低位闪烁进入参数设置状态,按上升键5次,数码部分显示"05",状态指示"波形",信号的波形设置完成。如图3—13所示。

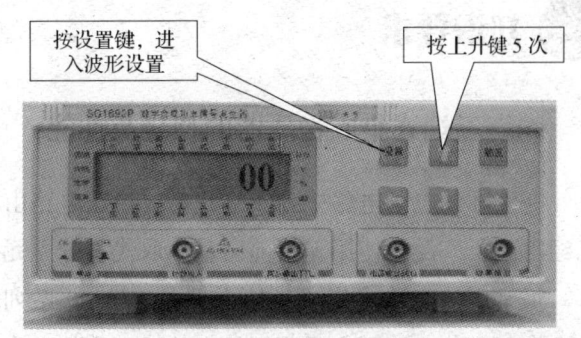

图3—13 信号发生器的波形设置

三、注意事项

1. 接入 220 V/50 Hz 交流电源,开机后预热 10 min,以使仪器产生较稳定的频率,这时再将输出信号引出。

2. 当信号发生器接入被调试的电子线路且与其他电子仪器同时使用时,应注意共地,并同时应特别注意信号发生器的输出信号端不能对地短路,否则会损坏信号发生器。

3. 当信号发生器经衰减器输出时,注意其不能带负载,只能提供电压信号。

第2节 三端稳压电路装调维修

 学习单元1 三端稳压电路概述

 学习目标

1. 了解三端式集成稳压器的型号及性能。
2. 掌握集成稳压电路的应用方法。

一、三端式集成稳压器的型号及性能

在实际的电子电路中,三端式集成稳压电路由于体积小、性能可靠、接线方便已经得到了广泛的使用。目前已基本取代了分立元件的稳压电路。

最常用的三端式集成稳压电路是 W7800 系列（输出正电压）和 W7900 系列（输出负电压）。这两个系列型号中的后两位数字表示输出的电压值。

例如 W7805 表示输出电压是 +5 V,W7912 表示输出电压为 -12 V 等。两个系列输出电压计有 5 V、6 V、9 V、12 V、15 V、18 V、24 V 共七个挡次。

三端式集成稳压电路有两种封装形式：一种是金属壳封装,另一种是塑料封装,如图 3—14 所示。

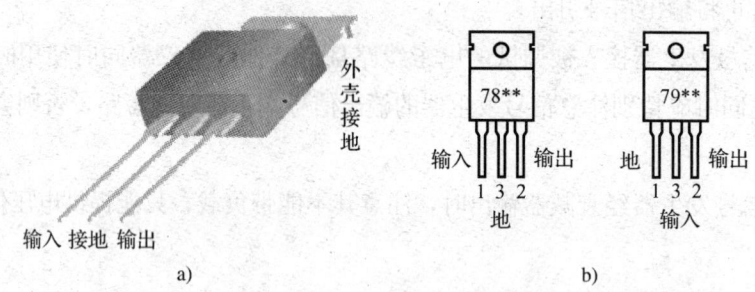

图 3—14　三端式集成稳压电路

a) 三端稳压器的外形　b) 78、79 系列器件的引脚

三端式集成稳压电路的内部结构比较复杂,除了典型的串联式稳压电路外,还有启动电路和三种保护电路,从而使得电路具有过流保护、过热保护和安全区保护（保证调整管工作在安全区内）的功能。W7800 电路只有三个外接端子,分别为输入端 1、输出端 2 和公共端 3,因此使用十分方便。电路的最大输出电流为 1.5 A,为了保证电路的正常工作,要求输入电压至少比输出电压高 2～3 V,但是输入电压最高不得超过 35～40 V。W7900 的管脚与 W7800 不同,其中 1 为公共端、2 为输出端、3 为输入端。

二、集成稳压电路的应用方法

1. 基本接法

三端式集成稳压电源的基本接法如图 3—15 所示,W7800 电路的 1 端接输入电压，2端输出固定的稳定电压，3端接地。W7900电路的3端接输入电压，2端输出固定的稳定电压，1端接地。输入端和输出端接的电容器C是滤波电容器，一般取1 000 μF，而并联在C旁的C1和C2是为了防止电路产生自激振荡、消除输出的高频噪声用的，一般取0.1～1 μF。

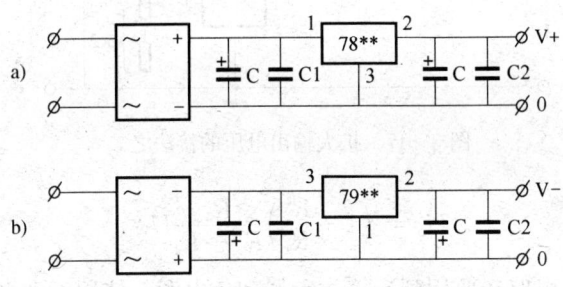

图3—15 三端式集成稳压电路基本接法

2. 扩大输出电压的接法

如果输出电压需要高于型号中的固定值时，可以采用扩大输出电压的接法，如图3—16所示的电路。

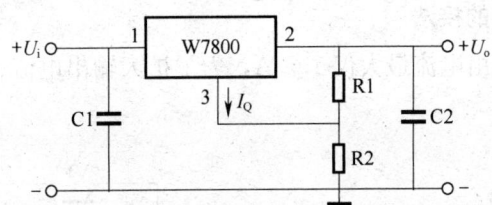

图3—16 三端式集成稳压电路扩大输出电压的接法

电路在输出端接有电阻R1、R2组成的分压电路。设三端稳压电路W78XX的稳定电压是$U_W=XXV$，从集成电路3端流出的静态电流为I_Q时（为8～12 mA），则可得输出电压U_o。

即
$$U_o = \left(1 + \frac{R_2}{R_1}\right)U_W + I_Q R_2 \qquad (3.2-1)$$

由于I_Q的大小与输入电压及负载电流有关，因此输出电压U_o的稳定性比固定电压U_W要差些。在分压电路中如果串入电位器，则输出电压就是可调的了。

为了使I_Q的大小不影响输出电压，可以采用图3—17所示的接法。

图中取样电阻R1、R2和比较放大器A用来调节输出电压，输出电压的大小为

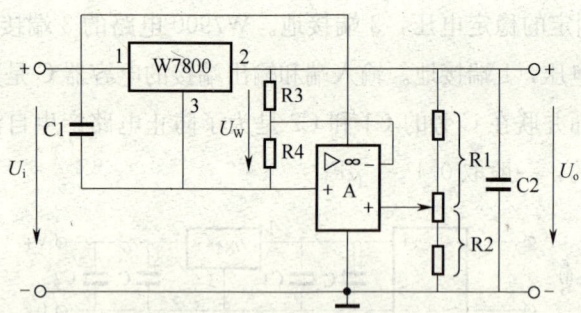

图 3—17 扩大输出电压的接法之二

$$U_\mathrm{o} = \left(1 + \frac{R_2}{R_1}\right)\frac{R_3}{R_3 + R_4}U_\mathrm{W} \qquad (3.2\text{—}2)$$

然而图 3—17 电路还要用到运算放大器和负电源，使用不大方便。其实对于图 3—16 的第一种接法来讲，为了进一步提高输出可调的稳压电源的稳压性能，应该设法减小 I_Q 对稳压性能的影响，这看来就应该把 I_Q 做得很小而且很稳定。事实上目前已经有了这样的专门用于输出电压可调的稳压电源的专用的三端集成稳压电路，其型号为 W117 系列（负电源为 W137 系列），其输出电压的调节范围可达 2～40 V，W117 的基本应用电路如图 3—18 所示。

3. 扩大输出电流的接法

W7800 系列的输出电流最大仅 1.5 A，为了扩大输出电流、可以采用图 3—19 所示的电路。

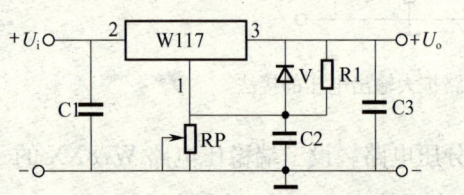

图 3—18 W117 三端式集成稳压电路　　图 3—19 扩大输出电流的电路 1

图中集成电路提供稳定的输出电压与一部分输出电流，另一部分输出电流由大功率三极管 V1 提供，图中 R1、R3 和二极管 V2 用于对大功率管 V1 进行过流保护。

图 3—20 是另一种扩大输出电流的电路，电路中用三极管 V1 扩大输出电流，二极管 V2 用以补偿三极管发射结的压降。

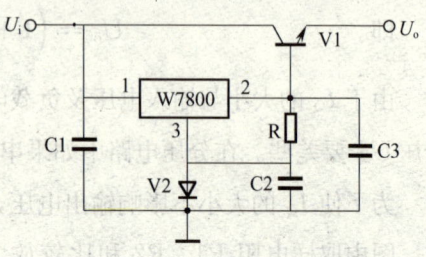

图 3—20 扩大输出电流的电路 2

4. 用三端稳压器输出正、负电压的稳压电路

在实际应用中，经常需要输出正、负电压的稳压电源，图 3—21 是输出正、负电压的典型的稳压电路。该电路由 W7815 和 W7915 系列三端式集成稳压器组成，W7815 系列三端式集成稳压器输出＋15 V 电压，W7915 系列三端式集成稳压器输出－15 V 电压。

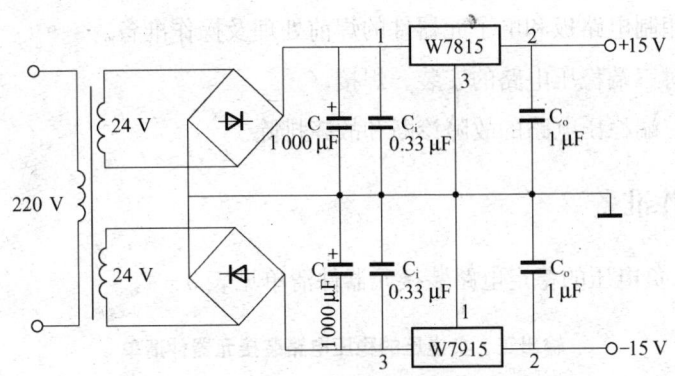

图 3—21 输出正负电压稳压电路

学习单元 2　三端稳压电路安装调试及故障排除

 学习目标

1. 掌握三端稳压电路焊接安装方法。
2. 掌握三端稳压电路故障排除方法。

 知识要求

按图 3—20 所示输出正、负电压的稳压电路进行装接，在搭接电路时一定要断开电源，在所有元件搭接完毕，确认无误才允许通电。

电解电容器极性要正确，不能接反，否则电容器将被反向击穿。

电路中所有的接地端都要共地。

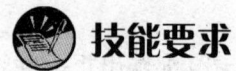 **技能要求**

三端稳压电路焊接安装及故障排除

一、操作要求

1. 熟悉印制电路板和电子元器件的焊前处理及操作准备。
2. 掌握对三端稳压电路的安装、焊接。
3. 掌握三端稳压电路的故障诊断和故障排除。

二、操作准备

输出正、负电压的稳定电路装接元器件清单见表3—4。

表3—4　　　　输出正、负电压的稳压电路装接元器件清单

序号	名称	规格型号	数量	备注
1	单相变压器	～220 V/24 V×2	1台	
2	印制电路板	自选	1块	
3	电子元件（电阻、电容、二极管、稳压管、集成芯片等）	自选	1套	
4	万用表	自选	1台	

三、三端稳压电路焊接安装操作步骤

1. 根据自己画出的电路安装图，照图焊接安装。
2. 焊接前，先要对电路板进行清洁，不允许在电路板上用铅笔、圆珠笔画线条及符号、保证电路板整洁。
3. 焊接元件前，先要对元器件进行检查测试，对二、三极管进行正常与否的判别，对电位器进行阻值变化平滑性的检查。
4. 电阻、小功率三极管、电容、二极管等元件的安装，因为是要进行多次拆装及调整测试，不允许将元器件引脚留得过短、贴板安装，故需要对元件引线脚进行整形，弯折引线脚时，弯折处要距引线端面3 mm或5 mm左右，不能多次弯折，防止引线脚被折断。
5. 焊接元件及连线时，要先将线端头搪锡，方法是铬铁头粘上锡后，把线头

端放在松香里,将铬铁头按住线端,使线头端表面被均匀地镀上一层焊锡,镀上锡的线头为银白色。板子背面的连线贴板焊接。

6. 将镀上锡的线头端或元件引线端放在被焊接处,铬铁头放在其上面,待焊接处的焊锡熔化后,移开铬铁头,引线端或线头端静止不动,待焊锡冷却后,引线端或线头端便被牢固焊上了。通常,线头端搪好锡后再进行焊接,一般不会有假焊、虚焊存在。但不先搪锡进行焊接的电路板,假焊、虚焊是最常有的事,电路安装不成功的可能性极大。

7. 焊接电位器时尤其要注意,不能将连线焊在电位器焊接片的铆钉孔处,连线只能焊在电位器焊接片伸出的接线端处,不然,很容易焊坏电位器,后面根本调试不出电路板。凡是焊接片上的铆钉孔处有焊锡,电位器都要被焊坏。

四、三端稳压电路常见故障诊断和故障排除

稳压电源故障分析与排除见表3—5。

表 3—5 稳压电源故障分析与排除

序号	故障现象	故障分析	排除步骤	注意事项
1	整流后的电压小于输入电压的90%	整流电路中的二极管产生压降引起的	在 W7815、W7915 输入、输出端各并一个二极管,以保护集成稳压器内部的调整管	
2	滤波后的输出电压波形不平滑	滤波电容过小引起的	滤波电容值增大	
3	负载大小变化,输出电压也发生较小的变化	电容滤波,使电路外特性不够硬	将 C 滤波电路改为 LC 滤波电路	

五、注意事项

三端集成稳压器虽然应用电路简单,外围元件很少,但若使用不当,同样会出现稳压器被击穿或稳压效果不良的现象,所以在使用中必须注意以下几个问题。

1. 要防止产生自激振荡

三端集成稳压器内部电路放大级数多,开环增益高,工作于闭环深度负反馈状态,若不采取适当补偿移相措施,则在分布电容、电感的作用下,电路可能产生高频寄生振荡,从而影响稳压器的工常工作。

像图 3—14 中的 C1 及 C2 就是为防止自激振荡而必须加的防振电容器。虽然市电经整流后由容量很大的电容进行滤波，但铝电解电容器的寄生电感和电阻都较大，频率特性差，仅适用于 50～200 Hz 的电路。稳压电路的自激振荡频率都很高，因此只用大容量电容难以对自激信号起到良好的旁路作用，需要用频率特性良好的电容器与之并联才行，千万不可省去。

2. 要防止稳压器损坏

虽然三端稳压器内部电路有过流、过热及调整管安全工作区等保护功能，但在使用中应注意以下几个问题以防稳压器损坏。

(1) 防止输入端对地短路；

(2) 防止输入端和输出端接反；

(3) 防止输入端滤波电路断路；

(4) 防止输出端与其他高电压电路连接；

(5) 稳压器接地端不得开路。

3. 当集成稳压器输出端加装防自激电容器且容量较大时，万一输入端发生短路时，该电容器从输出端向稳压器的放电电流将使稳压器内的调整管损坏。为防止这种现象的发生，可从输出向输入端跨接一个大电流的二极管。

4. 在使用可调式稳压器时，为减小输出电压纹波，应在稳压器调整端与地之间接入一个 10 μF 电容器。

5. 为了提高稳压性能，应注意电路的连接布局。一般稳压电路不要离滤波电路太远，另外，输入线、输出线和地线应分开布设，采用较粗的导线且要焊牢。

6. 三端集成稳压器是一个功率器件，它的最大功耗取决于内部调整管的最大结温。因此，要保证集成稳压器能够在额定输出电流下正常工作，就必须为集成稳压器采取适当的散热措施。稳压器的散热能力越强，它所能承受的功率也就越大。

7. 选用三端集成稳压器时，首先要考虑的是输出电压是否要求可以调整。若不需调整输出电压，则可选用输出固定电压的稳压器；若要调整输出电压，则应选用可调式稳压器。稳压器的类型选定后，就要进行参数的选择，其中最重要的参数就是需要输出的最大电流值，这样大致可确定出集成电路的型号。然后再审查一下所选稳压器的其他参数能否满足使用的要求。

第3节 RC阻容放大电路装调维修

学习单元1 基本放大电路概述

 学习目标

1. 掌握放大电路的调试。
2. 掌握基本放大电路的安装、调试。
3. 掌握示波器、信号发生器等常用电子仪器的正确使用方法。

 知识要求

一、半导体器件的特性、工作原理及简单应用

1. 半导体的导电性能

就物质导电性能的强弱而言，可以把物质分为导体、绝缘体及半导体。半导体除了其电阻率介于导体和绝缘体之间这一特点外，还具有如下特点：

（1）导电性能在受到外界光或热的激发时，会显著增强，即具有光敏性和热敏性。为此半导体可做成光敏元件和热敏元件。

（2）在纯净半导体中如果加入微量特定的杂质元素，导电能力将会急剧地增强。在电子技术中用到的半导体二极管、三极管都是用这种杂质半导体做成的。

2. 国产半导体分立器件型号命名方法（见表3—6）

3. 晶体二极管

晶体二极管又称半导体二极管。按材料可分为硅管（正向导通压降约为0.7 V）；锗管（正向导通压降约为0.2 V）。按结构可分为点接触型、面接触型。按用途分为检波管、整流管、稳压管、开关管、光电管、发光管。

表3—6　　　　　　　　国产半导体分立器件型号命名方法

第一部分		第二部分		第三部分				第四部分	第五部分
数字，表示器件的电极数目		字母，表示器件材料和极性		字母，表示器件类别				数字，表示器件序号	字母，表示规格
符号	意义	符号	意义	符号	意义	符号	意义		
2	二极管	A	N型或PNP型，锗材料	P	普通管	D	低频大功率管		同序号器件按性能分挡
				V	微波管	A	高频大功率管		
				W	稳压管				
		B	P型或NPN型，锗材料	C	参量管				
				Z	整流器	T	半导体晶闸管		
				L	整流堆				
3	三极管	C	N型或PNP型，硅材料	S	隧道管	Y	体效应器件		
				N	阻尼管	B	雪崩管		
				U	光电器件	J	阶跃恢复管		
		D	P型或NPN型，硅材料	K	开关管	CS	场效应器件		
				X	低频小功率管	BT	半导体特殊器件		
		E	化合物材料	G	高频小功率管	FH	复合管		
						PIN	PIN型管		
						JG	激光器件		

晶体二极管的简易测试及管脚判别方法如下：

（1）用指针式万用表的Ω挡测量

万用表（R×1k挡）的黑（－端或＊端）表笔接二极管的一极，红（＋端）表笔接另一极，然后将表笔对调再测一次。在测得阻值小的情况下，可判断黑表笔（表内电池的正极）所接的是二极管的阳极，红表笔所接的是阴极，如图3—22b所示。一般要求正向电阻越小越好，反向电阻越大越好。若正、反向电阻都很小，说明二极管已失去单向导电作用；若正、反向电阻到很大，说明二极管以断路，无法再用。

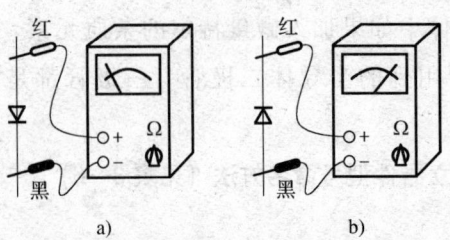

图3—22　用指针示式万用表测量二极管

a）二极管反向电阻测量　b）二极管正向电阻测量

(2) 用数字万用表的 PN 结挡测量

通电情况下的测量，此时主要是测量二极管的管压降。

将万用表的红（V、Ω）表笔接二极管的一极，黑（COM）表笔接另一极。在测得正向压降值小的情况下，红表笔（表内电池的正极）所接的是阳极，黑表笔所接是阴极。一般所显示的二极管正向压降为硅二极管为 0.55～0.70 V，锗二极管为 0.15～0.30 V。若显示"0000"，说明管子已短路；若显示"过载"，说明二极管内部开路或处于反向状态（可对调表笔再测）。

4. 发光二极管（LED）

发光二极管的伏安特性与普通二极管类似，但它的正向压降和正向电阻要大一些，同时在正向电流达到一定值时能发出某种颜色的光。发光二极管发光颜色与在 PN 结中所掺加的材料有关，其发光亮度与所通正向电流大小有关。发光二极管的外形及其图形符号如图 3—23 所示。

使用发光二极管时注意：若用直流电源电压驱动时，在电路中要串接限流电阻，以防通过 LED 的电流过大而烧毁管子；若用交流信号驱动时，可在两端反极性并联整流二极管，以防止 LED 被反向击穿；若用逻辑芯片输出的 TTL 电平驱动，则可直接连接。发光二极管管脚及其好坏的判别与普通二极管相同。

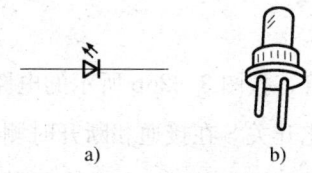

图 3—23 发光二极管的图形符号及外形图

a）图形符号 b）外形图

5. 晶体三极管（半导体三极管）

(1) 外形结构。三极管的外形结构如图 3—24 所示。

(2) 从外形结构判断管脚。从外形结构判断三极管的管脚如图 3—25 所示。

(3) 简易测试方法及管脚判别

用指针式万用表的 Ω 挡进行测量。

1) 估测穿透电流 I_{CEO}。用万用表的 R×100 挡。如果测 PNP 型管，按图 3—26a 进行测量；如果是测 NPN 型管，则将红、黑表笔对调。一般测得阻值在几十至几百千欧以上较正常；若阻值较小，表明 I_{CEO} 大，稳定性差；若阻值接近零，表明晶体管已经击穿；若阻值无穷大，表明晶体管内部断路。

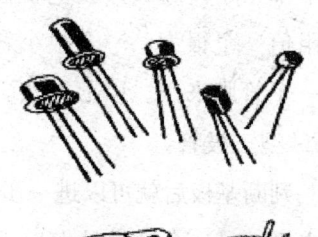

图 3—24 三极管的外形结构

2) 估测电流放大系数 β。用万用表的 R×1 k（或者 R×100）挡。如果测 PNP

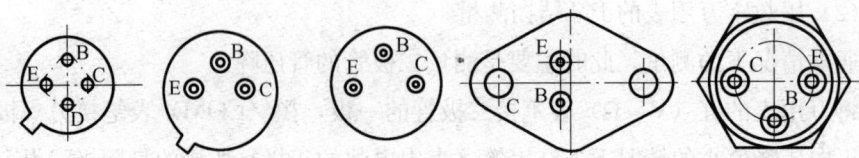

图 3—25 从外形结构判断三极管的管脚

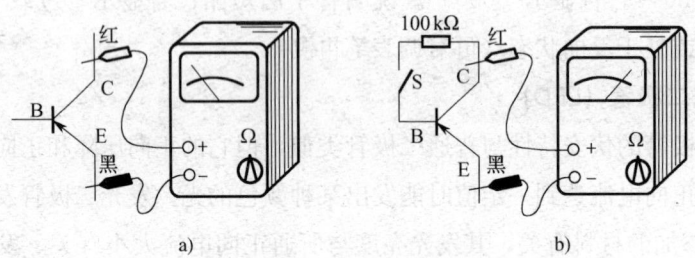

图 3—26 用指针式万用表测三极管参数
a) 测穿透电流 I_{CEO} b) β 值测量

型管，按图 3—26b 所示的电路连接。如果是测 NPN 型管，则将红、黑表笔对调。对比开关 S 在接通和断开时测得的电阻值，两个读数相差越大，表明三极管的 β 值越高。图中的 100 kΩ 的电阻和开关 S，可以用潮湿的手指捏住电极和基极代替。注意不要让集电极和基极碰在一起，以免损坏三极管。

3) 判别三极管管脚及极性。用万用表的 R×1 k（或者 R×100）挡。用黑表笔接三极管的某一个管脚，用红表笔分别接其他两脚。如果表针指示的两个阻值都很大，那么黑表笔所接的那一个管脚是 PNP 型的基极，如果表针指示的两个阻值都很小，那么黑表笔所接的那个一个管脚是 NPN 型的基极；如果表针指示的阻值一个很大，一个很小，那么黑表笔所接的那一个管脚不是基极。这就要另换一个管脚来试。以上方法，不但可以判断基极，而且可以判断是 PNP 型还是 NPN 型三极管。

判断基极后就可以进一步判断集电极和发射极。先假定除基极外的某个管脚是集电极，另一个管脚是发射极，按照附图 3—26b 的方法估测 β 值。然后反过来，把原先假定的管脚对调一下，再估测 β 值，其中，β 值大的那次是对的。这样就把集电极及发射极都判断出来了。

4) 判断硅管和锗管。用万用表 R×1 k 挡，测量三极管两个 PN 结的正向和反向电阻，就可以判断是硅管或是锗管。硅管 PN 结的正向电阻为 3~10 kΩ，反向电阻大于 500 kΩ；锗管 PN 结的正向电阻为 500~2 000 Ω，反向电阻大于 100 kΩ。

使用的万用表不同，测得的数值也不同。可以测量一下已知的硅管，用来作为比较的标准。

二、基本放大电路的组成

在生产和科学试验中，往往要求用微弱的信号去控制较大功率的负载，这就需要使用放大电路对信号进行放大。三极管的主要用途之一就是利用其放大作用来组成放大电路。放大电路的应用十分广泛，是电子设备中最普遍的一种基本单元。本节主要介绍由分立元件组成的各种常用基本放大电路。

图 3—27 所示是共发射极接法的基本交流放大电路。

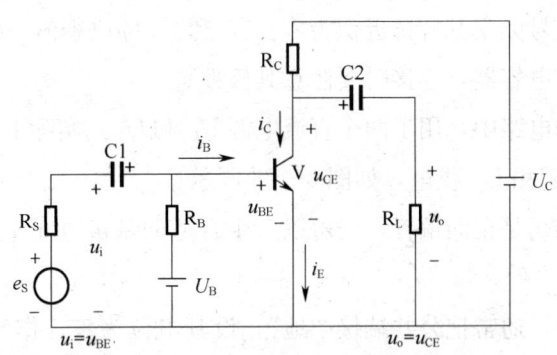

图 3—27 基本交流放大电路

图 3—27 中，输入端接交流信号源（通常可用一个电动势 e_s 与电阻 R_S 串联的电压源等效表示），输入电压为 u_i；输出端接负载电阻 R_L，输出电压为 u_o。电路中各个元件的作用分别如下：

三极管 V：三极管是放大电路中的放大元件，利用它的电流放大作用，在集电极电路获得放大了的电流，这电流受输入信号的控制。如果从能量观点来看，输入信号的能量是较小的，而输出的能量是较大的，但这不是说放大电路把输入的能量放大了。能量是守恒的，不能放大，输出的较大能量是来自直流电源 U_C。也就是说能量较小的输入信号通过三极管的控制作用，去控制电源 U_C 所供给的能量，以在输出端获得一个能量较大的信号。这就是放大作用的实质，而三极管也可以说是一个控制元件。

集电极电源 U_C。电源 U_C 除为输出信号提供能量外，它还保证集电极处于反向偏置，以使晶体管起到放大作用。U_C 一般为几伏到几十伏。

集电极负载电阻 R_C。集电极负载电阻简称集电极电阻，它主要是将集电极电流的变化变换为电压的变化，以实现电压放大。R_C 的阻值一般为几千欧到几十千欧。

基极电源 E_B 和基极电阻 R_B。它们的作用是使发射结处于正向偏置,并提供大小适当的基极电流 I_B,以使放大电路获得合适的工作点。R_B 的阻值一般为几十千欧到几百千欧。

耦合电容 C1 和 C2。它们一方面起到隔直作用。C1 用隔断放大电路与信号源之间的直流通路,而 C2 则用来隔断放大电路与负载之间的直流通路,使三者之间无直流联系,互不影响。另一方面又起到交流耦合作用,保证交流信号畅通无阻地经过放大电路,沟通信号源,放大电路和负载三者之间的交流通路。通常要求耦合电容上的交流压降小到可以忽略不计,即对交流信号可视做短路;因此电容值要取得较大,对交流信号频率其容抗近似为零。C1 和 C2 的电容值一般为几微法到几十微法,用的是极性电容器,连接时要注意其极性。

在图 3—27 的电路中,用了两个直流电源 U_C 和 U_B。实际上 U_B 可以省去,再把 R_B 改接一下,只由 U_C 供电,如图 3—28 所示。

这样,发射结仍是正向偏置,仍可以产生合适的基极电流 I_B(R_B 的阻值要相应调整)。

在放大电路中,通常把公共端接"地",设其电位为零,作为电路中其他各点电位的参考点。同时为了简化电路的画法,习惯上常不画电源 U_C 的符号,而只在连接其正极的一端标出它对"地"的电压值 U_{CC} 和极性("+"或"-"),如图 3—29所示。如忽略电源 U_C 的内阻,则 $U_{CC}=U_C$。

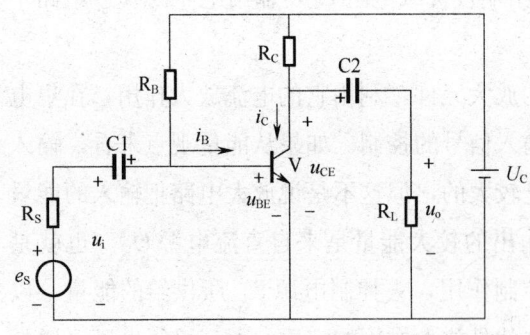 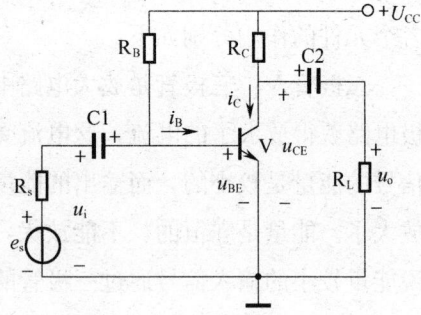

图 3—28 集电极电源供电的基本放大电路　　图 3—29 基本放大电路

三、基本放大电路的原理分析

对放大电路可分静态和动态两种情况来分析。

静态是当放大电路没有输入信号时的工作状态。静态分析是要确定放大电路的静态值（直流值）I_B、I_C、U_{BE} 和 U_{CE}，放大电路的质量与其静态值的关系甚大。

动态是有输入信号时的工作状态。动态分析是要确定放大电路的电压放大倍数 A_u、输入电阻 r_i 和输出电阻 r_o 等。

1. 放大电路静态分析

（1）用放大电路的直流通路确定静态值

静态值既然是直流，可用基本放大电路的直流通路来分析。图 3—30 是基本放大电路的直流通路。

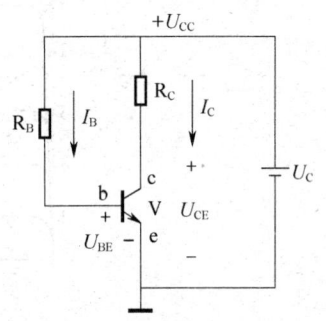

图 3—30　基本放大电路的直流通路

其静态时的基极电流 $I_B = \dfrac{(U_{CC} - U_{BE})}{R_B} \approx \dfrac{U_{CC}}{R_B}$

由于 U_{BE}（硅管约为 0.6 V）比 U_{CC} 小得多，可忽略不计。

由 I_B 得出静态时的集电极电流

$$I_C = \bar{\beta} I_B + I_{CEO} \approx \bar{\beta} I_B \approx \beta I_B \tag{3.3—1}$$

其静态时的集－射极电压为

$$U_{CE} = U_{CC} - I_C R_C \tag{3.3—2}$$

（2）用图解法确定静态值

静态值也可以用图解法来确定，并能直观地分析和了解静态值的变化对放大电路工作的影响。在图 3—30 的直流通路中，三极管与集电极负载电阻 R_C 串联后接于电源 U_{CC}，可列出

$$I_C = -\dfrac{1}{R_C} U_{CE} + \dfrac{U_{CC}}{R_C} \tag{3.3—3}$$

这是一个直线方程，其斜率为 $\mathrm{tg}\alpha = -\dfrac{1}{R_C}$，在横轴上的截距为 U_{CC}，在纵轴上的截距为 $\dfrac{U_{CC}}{R_C}$。这一直线在图 3—31 上作出。因为它是由直流通路得出，并与集电极负载电阻 R_C 有关，故称之为直流负载线。

负载线与三极管的某条（由 I_B 确定）输出特性曲线的交点 Q，称为放大电路的静态工作点，由它确定放大电路的电压和电流的静态值。

由此可见，基极电流 I_B 的大小不同，静态工作点在负载线上的位置也就不同。根据对三极管工作状态的要求不同，要有一个相应不同的合适的工作点，这可由改变 I_B 的大小获得。因此，I_B 很重要，它确定三极管的工作状态，通常称它为偏置电流，简称偏流。产生偏流的电路，称为偏置电路，在图 3—30 中，其路径为

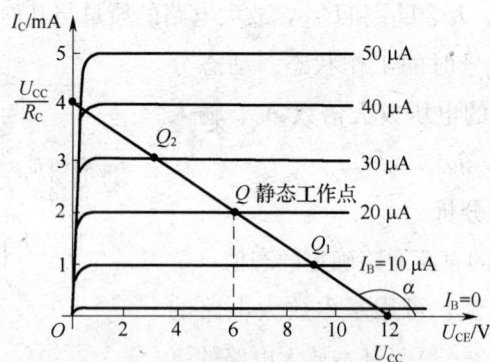

图 3—31　用图解法确定放大电路静态工作点

U_{CC}→R_B→发射结→"地"。R_B 称为偏置电阻。通常是改变 R_B 的阻值来调整偏流 I_B 的大小。

用图解法求静态值的一般步骤如下：给出三极管的输出特性曲线组→作出直流负载线→由直流通路求出偏流 I_B→得出的静态工作点→找出静态值。

2. 放大电路的动态分析

当放大电路有输入信号时，三极管的各个电流和电压都含有直流分量和交流分量。直流分量一般即为静态值，由静态分析来确定。动态分析是在静态值确定后，分析信号的传输情况，考虑的只是电流和电压的交流分量（信号分量）。下面主要介绍微变等效电路法。

所谓放大电路的微变等效电路，就是把非线性元件三极管所组成的放大电路等效为一个线性电路，也就是把三极管线性化，等效为一个线性电路。这样，就可像处理线性电路那样来处理三极管放大电路。线性化的条件就是三极管在小信号（微变量）情况下工作。这才能在静态工作点附近的小范围内用直线段近似地代替三极管的特性曲线。

（1）三极管的微变等效电路

把三极管线性化，可用一个等效电路（也称为线性模型）来代替。下面可从共发射极接法三极管的输入特性和输出特性两方面来分析。

图 3—32 是三极管的输入特性曲线，属非线性。

当输入信号很小时，在静态工作点 Q 附近的工作段可视为是直线。

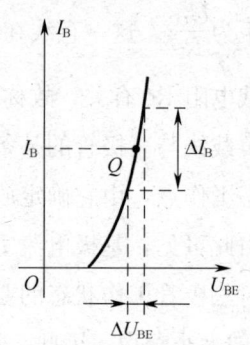

图 3—32　三极管输入特性曲线

当 U_{CE} 为常数时，ΔU_{BE} 与 ΔI_B 之比 $r_{be}=\dfrac{\Delta U_{BE}}{\Delta I_B}=\dfrac{u_{be}}{i_b}$ 称为三极管输入电阻，它表示三极管的输入特性。在小信号情况下，r_{be} 是一常数，由它确定 u_{be} 和 i_b 之间的关系。因此，三极管的输入电路可用 r_{be} 等效代替，如图 3—33 所示。

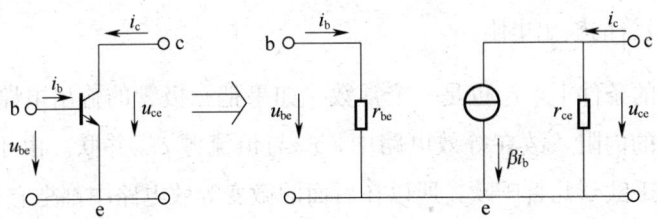

图 3—33　三极管及其微变等效电路

低频小功率晶体管的输入电阻常用下式估算：

$$r_{be} = 300\ \Omega + (\beta+1)\dfrac{26(\text{mV})}{I_E(\text{mA})}$$

式中，I_E 是发射极电流的静态值。r_{be} 一般为几百欧到几千欧。它是对交流而言的一个动态电阻。

图 3—34 是三极管的输出特性曲线组，在线性工作区是一组近似等距离的平行直线。

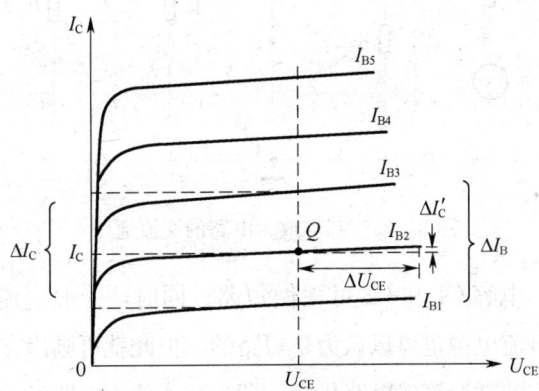

图 3—34　三极管的输出特性曲线组

当 U_{CE} 为常数时，ΔI_C 与 ΔI_B 之比 $\beta=\dfrac{\Delta I_C}{\Delta I_B}\big|_{U_{ce}}=\dfrac{i_c}{i_b}\big|_{U_{ce}}$ 即为三极管的电流放大系数。

在小信号的条件下 β 是一常数，可由它确定 i_c 受 i_b 控制的关系。因此，三极管的输出电路可用等效恒流源 $i_c=\beta i_b$ 代替，以表示晶体管的电流控制作用。

当 $i_b=0$ 时,βi_b 不复存在,所以它不是一个独立电源,而是受输入电流 i_b 控制的受控电源。β 值一般在 20~200。此外,在图 3—33 中还可见到,三极管的输出特性曲线不完全与横轴平行,当 I_B 为常数时,ΔU_{CE} 与 ΔI_C 之比 $r_{ce}=\dfrac{\Delta U_{CE}}{\Delta I_C}\big|_{I_B}=\dfrac{u_{ce}}{i_c}\big|_{I_B}$ 称为三极管的输出电阻。

在小信号的条件下,r_{ce} 也是一个常数。如果把三极管的输出电路看做电流源,r_{ce} 也就是电源的内阻,故在等效电路中,r_{ce} 与恒流源 βi_b 并联。由于 r_{ce} 的阻值很高,约为几十千欧到几百千欧,所以在后面的微变等效电路中都把它忽略不计。图 3—32 就是三极管微变等效电路。

(2) 放大电路的微变等效电路

由三极管的微变等效电路和基本放大电路的交流通路可得出放大电路的微变等效电路。如上所述,静态值可由直流通路确定,而交流分量则由相应的交流通路来分析计算。图 3—35 即为图 3—28 所示基本放大电路的交流通路。

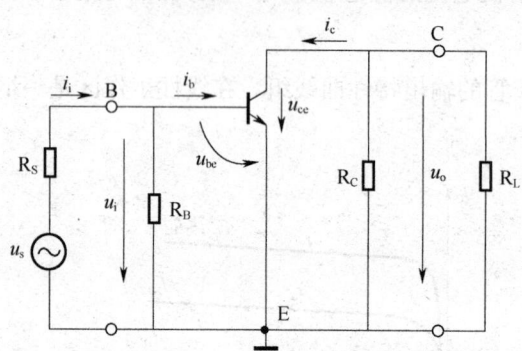

图 3—35 基本放大电路的交流通路

对交流分量讲,电容 C1 和 C2 可视做短路;同时,一般直流电源的内阻很小,可以忽略不计,故直流电源也可以认为是短路的。据此就可画出交流通路。再把交流通路中的三极管用它的微变等效电路代替,即为基本放大电路的微变等效电路,如图 3—35 所示。电路中的电压和电流都是交流分量,箭标表示正方向。

(3) 电压放大倍数的计算

在图 3—35 所示微变等效电路中,设输入 u_i 为正弦信号。根据图 3—36 可列出:

$$\dot{U}_i = \dot{I}_b r_{be}$$

$$\dot{U}_o = -\dot{I}_C R'_L = -\beta \dot{I}_b R'_L$$

式中,$R'_L = R_C /\!/ R_L$。

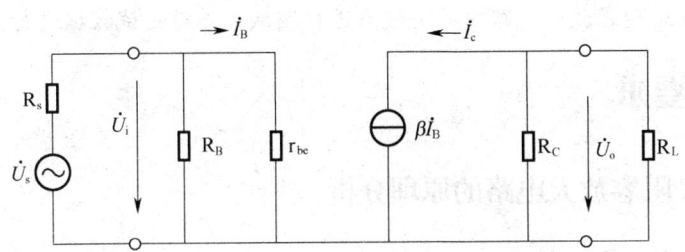

图 3—36 基本放大电路的微变等效电路

故放大电路的电压放大倍数

$$A_u = \frac{\dot{U}_o}{\dot{U}_i} = -\beta \frac{R'_L}{r_{be}} \qquad (3.3\text{—}4)$$

上式中的负号表示输出电压 $\dot{U}_o$ 与输入电压 $\dot{U}_i$ 的相位相反。

当放大电路输出端开路（未接 R_L）时

$$A_u = -\beta \frac{R_C}{r_{be}} \qquad (3.3\text{—}5)$$

此电压放大倍数要比接 R_L 时为高。由此可见 R_L 越小，则电压放大倍数道倍数越低。

A_u 除与 R'_L 有关外，还与 β 和 r_{be} 有关。在保持静态发射极电流 I_E 一定的条件下，β 大的管子其 r_{be} 也大，但两者不是成正比地增大，而是随着 β 的增大，$\frac{\beta}{r_{be}}$ 值也在增大，但是增大得越来越少。也就是随着 β 的增大，电压放大倍数增大得越来越少。当 β 增大到一定程度时，电压放大倍数几乎与 β 无关。但是，在 β 一定时，只要稍把 I_E 增大一些，却能使电压放大倍数在一定范围内有明显的提高，而选用 β 较高的三极管，反而往往达不到这个效果。但应注意 I_E 的增大是有限制的。

 学习单元 2　RC 阻容放大电路安装调试及故障排除

 学习目标

1. 掌握 RC 阻容放大电路的设计方法。
2. 能对电路参数进行选择。

3. 能对 RC 阻容放大电路中的关键点进行测试，并对测试数据进行分析、判断。

 知识要求

一、RC 阻容放大电路的原理分析

一个两级的阻容耦合放大器电路如图 3—37 所示。

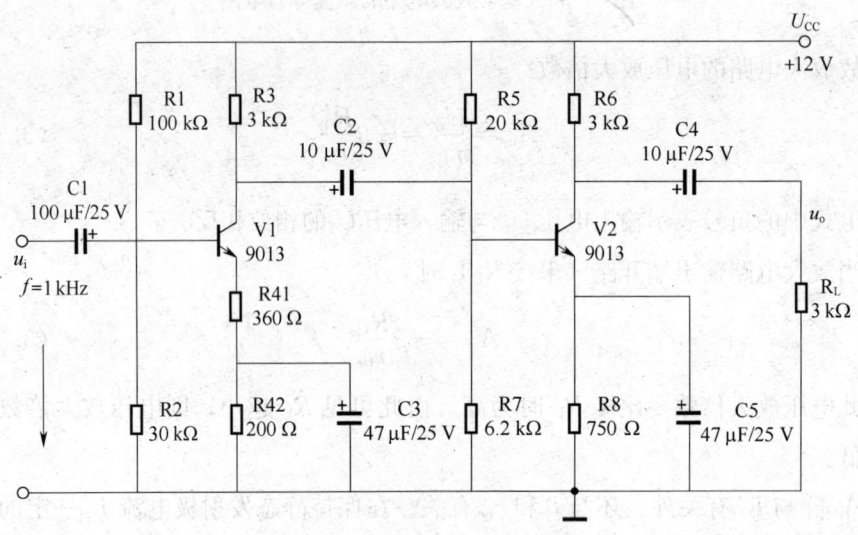

图 3—37　两级阻容耦合放大器电路

图 3—37 所示是一个典型的两级三极管阻容耦合放大器电路。由于耦合电容 C1、C2 和 C4 的隔直流作用，各级之间的直流工作状态是完全独立的，因此可分别单独调整。但是，对于交流信号，各级之间有着密切的联系，前级的输出电压就是后级的输入信号，因此两级放大器的总电压放大倍数等于各级放大倍数的乘积 $A_u = A_{u1} \times A_{u2}$，同时后级的输入阻抗也就是前级的负载。

二、RC 阻容放大电路的装调要求

1. 检测电子元件，判断是否合格。
2. 按 RC 阻容放大电路图，在已经焊有部分元器件的印制电路板上完成安装、焊接。
3. 安装后，通电调试，测三极管 V1、V2 的静态电压，用示波器实测并画出波形图。

技能要求

RC 阻容放大电路的安装调试及故障排除

一、操作要求

1. 熟悉印制电路板和电子元器件的焊前处理及操作准备。
2. 掌握 RC 阻容放大电路的安装、焊接和调试。
3. 掌握 RC 阻容放大电路的故障诊断和故障排除。

二、操作准备

RC 阻容放大电路装调维修元器件清单见表 3—7。

表 3—7　　　　　RC 阻容放大电路装调维修元器件清单

序号	名称	规格型号	数量	备注
1	单相交流电源	~220V		
2	直流电源	自选	1 台	
3	印制电路板	自选	1 块	
4	电子元件（电阻器、电容器、二极管、稳压管、集成芯片等）	自选	1 套	
5	万用表	自选	1 台	
6	双踪示波器	自选	1 台	
7	函数信号发生器	自选	1 台	

三、操作步骤

1. 对配套元器件进行测量

检查电路中所用电阻、电容及三极管数值与质量。

步骤 1　二极管极性及性能的检查。

步骤 2　三极管极性及放大倍数的测量。

步骤 3　电阻器、电容器标称容量的测量。

步骤 4　变压器一、二次侧绕组电阻的测量，二次侧电压值的测量。

2. 对基本放大电路板的焊接、安装

装调 RC 阻容放大电路的印制电路板如图 3—38 所示。电路板上在安装元器件处均铆有空心铆钉。放大电路的安装、焊接分两道工序：先按布线图将铆钉板焊接面连

线焊好,再按排列图将元器件从铆钉板另一面插入焊盘,在连线面进行安装焊接。

步骤1 焊接面布线

将上好锡的 0.43 mm 单芯铜导线拉直后,按布线图将焊盘之间连线焊好,连线不能交叉,应平行或成直角形布线,焊点要焊成圆点,无毛刺且大小一致。连线应无、虚焊、错焊、漏焊现象。

步骤2 元器件焊接、安装

将上好锡的元件按排列图插入相应焊盘,并按从左到右、先上后下的顺序进行焊接。变压器用紧固件紧固在铆钉板上,再将一、二次侧引线端插入焊盘焊接。元器件焊接完需经检查无误后,再进行调试。

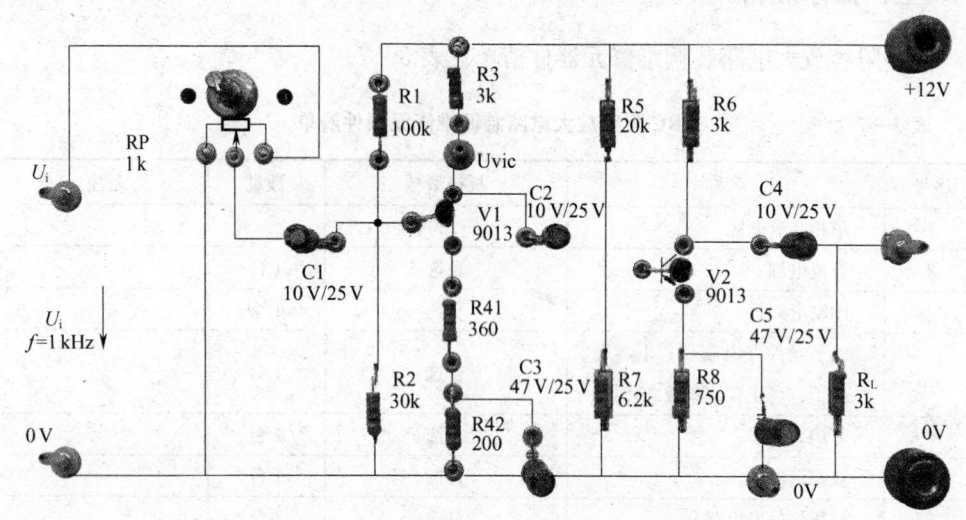

图 3—38 RC 阻容放大电路印制电路板

3. 接通电源并进行调试

电路安装完成后,需经调试方能达到规定的技术指标。调试分通电前用仪表测试与通电调试两大步骤。通电调试时用函数信号发生器在电路的输入端加上正弦波信号。要正确掌握调试技能,必须掌握电路工作原理,做好调试准备工作,制定调试内容,记录调试数据与测试波形。

4. 用万用表测量电路各主要点数据

测三极管 V1、V2 的静态电压,填入空格处:

U_{V1C}_____、U_{V1E}_____、U_{V2C}_____、U_{V2E}_____。

5. 用示波器观察电路各主要点的波形

用示波器观察电路中输入电压 u_i、第一级输出电压 u_{o1}(即三极管 V1 集电极对地电压）及负载 RL 上的输出电压波形 u_o。逐渐增大信号发生器输出正弦波信号的幅值，直到输出电压即将出现失真为止，此时的输出电压称为最大不失真输出电压。将 u_i、u_{o1} 及最大不失真输出电压 u_o 绘制在图 3—39 中，并在波形图中标出信号的周期和幅值。

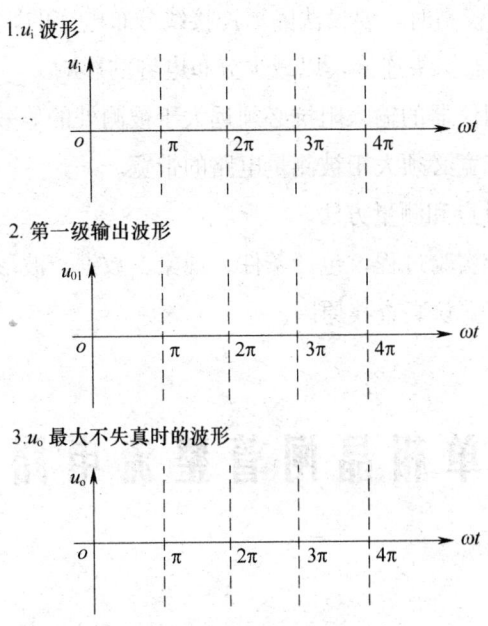

1. u_i 波形

2. 第一级输出波形

3. u_o 最大不失真时的波形

图 3—39 RC 阻容放大电路波形测绘

四、常见故障诊断和故障排除

RC 阻容放大电路故障分析与排除见表 3—8。

表 3—8　　　　　　　　RC 阻容放大电路故障分析与排除

序号	故障现象	故障分析	排除步骤	注意事项
1	V1 输出无信号	由于第一级放大器不能正常工作，无输出信号加到第二级放大器中，故整个电路不工作	1. 检查 V1 管是否正常 2. 检查第一级放大电路各元件是否正常	
2	U_o 输出无信号，但 V1 输出信号正常	由于第二级放大器不能正常工作，故整个电路不工作	1. 检查 V2 管是否正常 2. 检查 C3 元件是否正常 3. 检查第二级放大电路各元件是否正常	

五、注意事项

1. 正确使用测量仪器的接地端，仪器的接地端与电路的接地端要可靠连接。
2. 在信号较弱的输入端，尽可能使用屏蔽线连线，屏蔽线的外屏蔽层要接到公共地线上，在频率较高时，要设法隔离连接线分布电容的影响，例如用示波器测量时，应该使用示波器探头连接，以减少分布电容的影响。
3. 测量电压所用仪器的输入阻抗必须远大于被测处的等效阻抗。
4. 测量仪器的带宽必须大于被测量电路的带宽。
5. 正确选择测量点和测量方法。
6. 认真观察记录实验过程，包括条件、现象、数据、波形、相位等。
7. 出现故障时，要认真查找原因。

第4节 单相晶闸管整流电路装调维修

学习单元1 晶闸管和单结晶体管

学习目标

1. 掌握单结晶体管和晶闸管的简易测试方法。
2. 能够正确选用元器件。
3. 掌握单结晶体管同步触发电路的工作原理及调试方法。

知识要求

一、晶闸管

晶闸管包括普通晶闸管、双向晶闸管、快速晶闸管等。由于普通晶闸管应用最广泛，故本单元着重介绍普通晶闸管。

1. 晶闸管的结构

晶闸管是一种 PNPN 四层半导体元件，它有三个引出的电极，如图 3—40a 所示。由 P1 引出的是阳极 A，P2 引出的是门极 G（亦称控制极），N2 引出是阴极 K。晶闸管的符号如图 3—40b 所示。

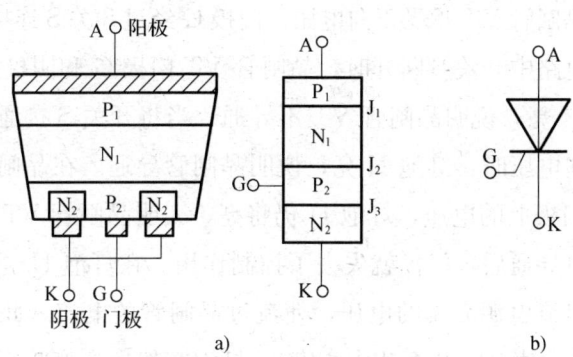

图 3—40　晶闸管的内部结构及符号
a）内部结构　b）符号

晶闸管元件有螺旋式、平板式和塑封式等三种形式，如图 3—41 所示。图 3—41c 为大功率螺栓式晶闸管，工作时发热较大，必须安装散热器，使用时把螺栓式晶闸管紧紧拧在散热器上。图 3—41d 为平板式晶闸管，它的两端是阳极 A 和阴极 K，中间金属环是门极 G，使用时两个相互绝缘的散热器把晶闸管紧紧夹在中间，散热效果好。目前电流在 200 A 以上的晶闸管，通常多采用平板式。

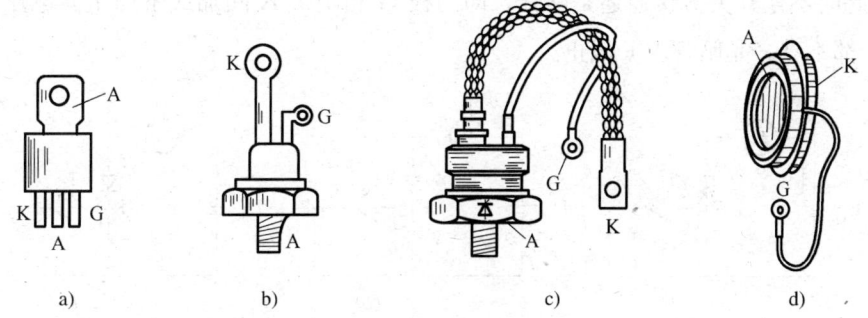

图 3—41　晶闸管的外形
a）塑封式　b）小功率螺旋式　c）大功率螺旋式　d）平板式

2. 晶闸管的工作原理

（1）晶闸管导通与关断条件

晶闸管是 PNPN 四层结构，具有三个 PN 结，为了说明晶闸管的导通和关断的条件，先通过一个试验来观察与分析晶闸管的导通和关断现象及其规律。

试验电路如图 3—42 所示。

图 3—42a 电路中，晶闸管 VT 的阳极 A 和灯泡 H 串联后再接到可调直流电源 U_{AK} 的正极，VT 阴极 K 接到电源的负极。加在晶闸管阳极和阴极之间的电压称为阳极电压，此时晶闸管 VT 承受正向电压。门极 G 经过开关 S 连接到门极电源 U_{GK} 的正极。当门极电路中开关 S 断开时，晶闸管 VT 门极 G 和阴极 K 之间未加上正向电压，灯泡 H 不亮，说明晶闸管 VT 不导通。当将开关 S 接通时，晶闸管门极 G 和阴极加上正向电压时，灯泡 H 亮，说明晶闸管导通。在晶闸管导通后，将开关 S 断开即去掉门极上的电压，灯泡 H 仍将亮，表明晶闸管 VT 继续导通。这说明晶闸管 VT 一旦导通后，门极就失去了控制作用。在灯泡 H 亮，晶闸管导通情况下，降低可调直流电源 U_{AK} 的电压，使流过晶闸管的电流（此电流称阳极电流 I_a）减小接近于某一值时（几至几十毫安），灯泡突然由亮变暗，晶闸管阳极电流突然降到零，晶闸管关断。在门极断开时，维持晶闸管导通所需要的最小阳极电流叫维持电流 I_H。

图 3—42b 电路和图 3—42a 电路的不同之处是门极电源 U_{GK} 的正极接晶闸管 VT 的阴极 K，负极经开关 S 连接晶闸管 VT 的门极 G。此时晶闸管的阳极和阴极间仍加上正向电压，当开关 S 接通时，门极 G 和阴极 K 加上反向电压。在这种情况下，不论开关 S 接通还是断开，灯泡 H 都不亮，即晶闸管 VT 截止。

图 3—42c 电路与图 3—42a 电路不同之处是晶闸管的阳极和阴极间加上反向电压。此时不论开关 S 接通还是断开，即门极 G 和阴极 K 间加或不加正向电压，灯泡 H 都不亮，晶闸管 VT 截止。

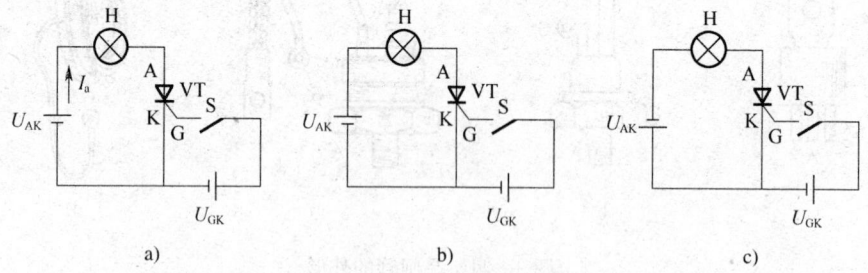

a)　　　　　　　　b)　　　　　　　　c)

图 3—42　晶闸管导通与关断试验电路图
a) 正向阳极电压　b) 反向门极电压　c) 反向阳极电压

从上述试验可以看出，晶闸管和整流二极管一样具有单向导电特性，电流只能从阳极流向阴极，但晶闸管又不同于整流二极管，还具有正向导通的可控特性。当晶闸管阳极和阴极间加上正向电压时，晶闸管还不能导通，处于正向阻断状态，只有在晶闸管阳极和阴极间加上正向电压，同时门极和阴极间加上适当的正向门极电压与电流时，晶闸管才能导通，门极起到控制作用。综上所述，晶闸管导通的条件为：

1) 晶闸管的阳极 A 和阴极 K 间加上正向阳极电压。
2) 晶闸管的门极 G 和阴极 K 间加上适当足够大的正向电压。

晶闸管关断的条件为晶闸管的阳极电流小于维持电流。在实际应用中，可以在晶闸管阳极和阴极间加上反向电压或将晶闸管阳极电压断开，使晶闸管的阳极电流小于维持电流而关断。

（2）晶闸管的工作原理

晶闸管是一个具有三个 PN 结的 PNPN 四层半导体元件，从内部结构上看，可以把它看成两个三极管 V1、V2 的组合，其中 V1 是 PNP 管、V2 是 NPN 管，如图 3—43a 所示。

由图 3—43b 可知，V2 的集电极电流 I_{C2} 是 V1 的基极电流 I_{B1}，V1 的集电极电流 I_{C1} 是 V2 的基极电流 I_{B2}。当合上开关 S 加上足够的正向门极电压，V2 流过基极电流 I_{B2}，经三极管 V2 放大，集电极电流 $I_{C2}=\beta_2 I_{B2}$，由于 I_{C2} 又是三极管 V1 的基极电流 I_{B1}，因此 I_{C2} 又经三极管 V1 再次放大，集电极电流 $I_{C1}=\beta_1 I_{C2}=\beta_1\beta_2 I_{B2}$，$I_{C1}$ 继续经三极管 V2 再次放大，使得 I_{C2} 急剧增大……如此交替放大将产生一个强烈的正反馈。这个正反馈过程可表示为 $I_g\uparrow\rightarrow I_{B2}\uparrow\rightarrow I_{C2}\uparrow\rightarrow I_{B1}\uparrow\rightarrow I_{C1}\uparrow\rightarrow I_{B2}\uparrow$，使得两个三极管都很快地饱和导通，即晶闸管导通。在晶闸管导通后，阳极电流大小由电源电压和负载决定。

当晶闸管导通后，它的导通状态完全依靠管子的本身的正反馈作用来维持，即使取消门极电压（电流），晶闸管仍处于导通状态，这时门极已失去了控制作用，要想使晶闸管关断，可以在晶闸管的阳极和阴极间加上反向电压或将晶闸管的阳极电压断开，使阳极电流小于维持电流而关断。

3. 晶闸管的伏安特性

晶闸管的伏安特性是以阴极 K 为参考点，阳极 A 与阴极 K 间的阳极电压 U_{AK} 和阳极电流 I_a 之间的关系。晶闸管的伏安特性曲线如图 3—44 所示。

由图 3—44 可知，晶闸管伏安特性可分为第 I 象限正向特性和第 III 象限的反向特性。在第 I 象限正向特性区域，当门极断开，即门极电流 $I_g=0$ 时，只要元件两端正向阳极电压 $U_{AK}<U_{BO}$（对应于曲线 A 点的电压）时，元件只有很小的正向漏电流，晶闸管处于正向阻断状态。当 U_{AK} 大于 U_{BO} 时，元件立即由正向阻断状态转

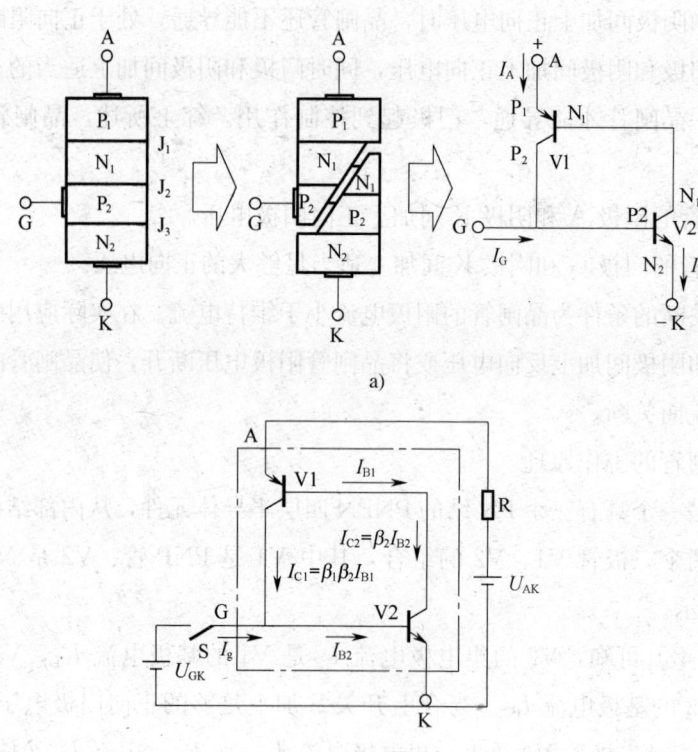

图 3—43 晶闸管的工作原理
a) 两个三极管 V1、V2 的组合 b) 工作原理

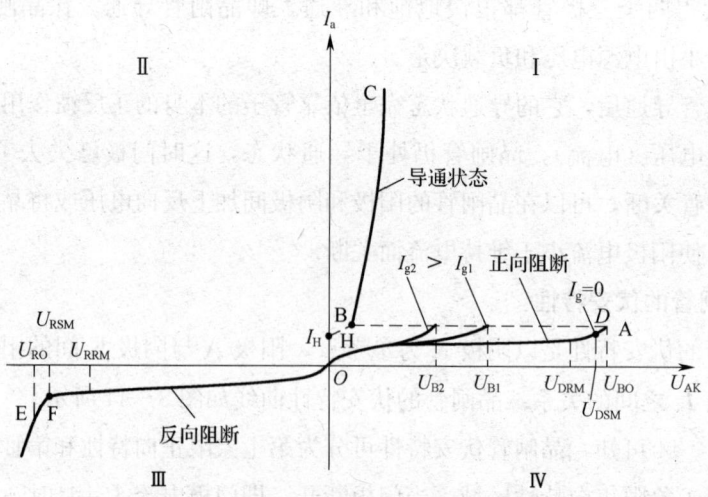

图 3—44 晶闸管的伏安特性曲线

为正向导通状态，即由曲线 A 点突变到 B 点，对应于 A 点的电压 U_{BO} 称为元件的正向转折电压。上述不用门极控制而依靠加大阳极电压使管子导通的现象称为硬开通，多次硬开通会损坏管子，故晶闸管通常不允许这样工作。对应于曲线拐点 D 点的电压 U_{DSM} 称为断态正向不重复峰值电压。当门极电流 $I_g>0$ 时，元件的正向转折电压 U_{BO} 随着门极电流 I_g 增大而迅速降低，当门极电流 I_g 足够大时，元件的正向转折电压非常小。因此只要在门极加上足够的触发电流，就可以使晶闸管在任意正向阳极电压下导通。在正常工作时，就是采用门极触发电流（电压）使晶闸管导通的。

正向导通特性对应于曲线 BC 段，与整流二极管元件正向导通特性相同，此时元件正向电压降很小，为 0.6~1.2 V。晶闸管一旦导通后，门极就失去控制作用，阳极电流 I_a 大小取决于外电路特性（电源电压和负载）。当元件阳极电路 I_a 小于元件维持电流 I_H（对应于曲线 H 点的电流）时，元件又从正向导通状态转为正向阻断状态。

在第Ⅲ象限反向特性区域，元件反向特性与整流二极管元件相同，当反向阳极电压 $U_{AK}<U_{RO}$（对应于曲线 E 点的电压）时，元件反向漏电流很小，元件处于反向阻断状态。当反向阳极电压 U_{AK} 大于 U_{RO} 时，元件反向击穿，U_{RO} 称为反向击穿电压。对应于曲线拐点 F 点的电压 U_{RSM} 称为反向不重复峰值电压。

由上分析可知，晶闸管元件实际上是一种理想的无触点开关元件。在日常晶闸管应用中，人们正是利用上述正向特性中可控单向导电性，当晶闸管元件加上正向阳极电压时，控制门极电流 I_g 使元件从正向阻断状态转为正向导通状态，使晶闸管成为一个可控的无触点开关元件。

4. 晶闸管的主要参数

（1）额定电流（额定通态平均电流）I_T（AV）

额定通态平均电流是指在 40℃环境温度和标准散热冷却条件下，元件在单相工频正弦半波，导通角不小于 170°的电阻性电路中，当结温稳定且不超过额定结温时所允许通过的最大平均电流。简单来说，额定电流是允许通过的工频正弦半波电流的平均值。

由于管子发热是由有效值决定的，而管子的额定电流却是正弦半波电流的平均值，因此在选择晶闸管的额定电流时，应该从有效值的概念出发，具体应考虑到两个方面的因素：

1) 晶闸管额定电流是正弦半波电流的平均值，正弦半波电流的波形系数 K_f 为 1.57，为此相对应的额定电流的有效值是 $1.57 I_{T.AV}$。例如一只额定电流为

200A 的晶闸管元件，其额定电流有效值为 1.57×200＝314 A。

2）通过管子的电流因负载性质不同、导通角不同等原因，基本上都不是正弦半波，可控整流电路中直流电流的大小往往总是用平均值来表示的，在计算管子上的电流有效值时，必须考虑管子实际的电流波形，按照波形系数的大小求得有效值，才能作为选择晶闸管额定电流的依据。由于晶闸管的过载能力较小，因此选用晶闸管额定电流时，取实际电流有效值 I_T 的 1.5～2 倍，使其有一定的电流余量。综上所述，选择晶闸管应满足下式：

$$1.57 I_{T \cdot AV} \geqslant (1.5 \sim 2) I_T \qquad (3.4-1)$$

在实际应用中还要注意环境温度、散热冷却条件。当元件实际使用时不能满足标准散热冷却条件和环境温度时，为了保证元件正常工作必须相应降低元件的允许工作电流。

(2) 额定电压 U_{TN}（重复峰值电压）

在图 3—43 所示的伏安特性曲线中，对应于第Ⅰ象限正向特性曲线中 D 点的电压称为断态正向不重复峰值电压 U_{DSM}。标准中规定断态正向重复峰值电压 U_{DRM} 为断态正向不重复峰值电压 U_{DSM} 的 90%。对应于第Ⅲ象限反向特性曲线中 F 点的电压称之为反向不重复峰值电压 U_{RSM}，标准中规定反向重复峰值电压 U_{RRM} 为反向不重复峰值电压 U_{RSM} 的 90%。

通常取元件断态正向重复峰值电压 U_{DRM} 和反向重复峰值电压 U_{RRM} 两者中较小的值，并按标准取相应的电压等级作为元件额定电压。如某晶闸管断态正向重复峰值电压值为 830 V，反向重复峰值电压为 660 V，取两者中较小者 660 V 并按相应标准电压等级，取该晶闸管额定电压为 600 V。

在选择晶闸管的额定电压时，应考虑到电路中瞬时过电压，因此必须留有较大的安全系数，通常选择晶闸管的额定电压为晶闸管上可能出现的最高瞬时电压 U_{TM} 的 2～3 倍。即应该满足公式：

$$U_{TN} \geqslant (2 \sim 3) U_{TM} \qquad (3.4-2)$$

(3) 通态平均电压

通态平均电压 $U_{T \cdot AV}$ 是通以额定通态平均电流时所对应的阳极、阴极之间电压平均值（简称管压降）。根据通态平均电压大小，可分成 A、B、C、D……I 共计 9 个组别，见表 3—9。

表 3—9　　　　　　　　　晶闸管通态平均电压的组别

组别	A	B	C	D	E	F	G	H	I
通态平均电压（V）	$U_T \leqslant 0.4$	$0.4 < U_T \leqslant 0.5$	$0.5 < U_T \leqslant 0.6$	$0.6 < U_T \leqslant 0.7$	$0.7 < U_T \leqslant 0.8$	$0.8 < U_T \leqslant 0.9$	$0.9 < U_T \leqslant 1.0$	$1.0 < U_T \leqslant 1.1$	$1.1 < U_T \leqslant 1.2$

通态平均电压越小，说明晶闸管导通时的功耗越小。在选用元件时，一般应选择通态平均电压 $U_{T(AV)}$ 较小的元件。

(4) 触发电流 I_g 和门极触发电压 U_g

门极触发电流 I_g 是指元件在室温条件下，元件两端施加 6 V 正向阳极电压时，使元件完全开通所需的最小门极电流。对应于门极触发电流时的门极电压称之为门极触发电压 U_g，在实际应用中应注意元件门极触发电压，触发电流参数分散性，同一型号的元件门极参数相差很大。触发电流太小容易导致元件误导通，触发电流太大，会造成触发困难，元件不易开通，因而选用时，应选用实测门极参数相接近的元件。

(5) 维持电流 I_H 和擎住电流 I_L

维持电流 I_H 是指元件在室温下、门极开路时，维持晶闸管导通所需的最小阳极电流。擎住电流 I_L 是指元件加上触发脉冲，从阻断状态刚转为导通状态后，触发脉冲消失仍能使元件保持继续导通的最小阳极电流。维持电流 I_H 和擎住电流 I_L 是不同概念的参数。维持电流是用以描述元件由全开通转入阻断的参数，而擎住电流是用以描述元件由阻断进入全导通的参数，两者不可混淆，一般 I_L 比 I_H 大 2～4 倍。I_H 和 I_L 的值均随温度下降而升高。

(6) 断态电压临界上升率 du/dt 和电流上升率 di/dt

晶闸管在断态时，如正向电压上升过快，会使得管子误导通，因此规定了"断态正向电压临界上升率"。为了避免电压上升过快，晶闸管在实际应用时，经常在管子两端并联阻容吸收支路。

晶闸管在刚导通时，如电流上升过快，易使管子损坏，因此规定了"通态电流临界上升率"。限制电流上升过快的方法是在晶闸管电路中串联空芯电感器。

5. 晶闸管的型号

晶闸管的类型主要有普通型、快速型和双向型。晶闸管元件型号及其含义如下：

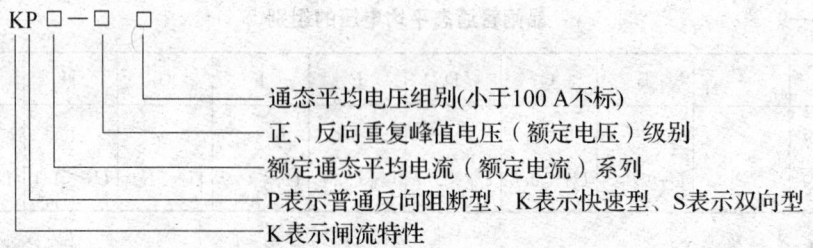

通态平均电压组别见表3—10。如KP—200—15—G表示额定电流为200 A，额定电压为1 500 V，通态平均电压为0.8 V的普通型晶闸管元件。

常用晶闸管元件型号及其主要技术参数见表3—10。

表3—10　　　　　　　晶闸管元件型号及其主要参数表

参数	KP5	KP20	KP100	KP200	KP300	KP500	KP800	KP1000
通态平均电流/A	5	20	100	200	300	500	800	1 000
断态（反向）重复峰值电压/V	100~3 000	100~3 000	100~3 000	100~3 000	100~3 000	100~3 000	100~3 000	100~3 000
门极触发电压/V	≤3.5	≤3.5	≤4	≤4	≤5	≤5	≤5	≤5
门极触发电流/mA	≤70	≤100	≤250	≤250	≤300	≤300	≤400	≤400
断态电压临界上升率/V/μs	25~1 000							
通态平均电压/V	1.2	1.2	1.2	0.8	0.8	0.8	0.8	0.8
额定结温/℃	100	100	115	115	115	115	115	115

二、单结晶体管

要使晶闸管导通，除了加上正向阳极电压外，还必须在门极和阴极之间加上适当的正向触发电压与电流。为门极提供触发电压与电流的电路称为触发电路。对晶闸管触发电路来说，首先它的触发信号应该具有足够的触发功率（触发电压与触发电流），以保证晶闸管可靠导通。其次触发脉冲应有一定的宽度，脉冲的前沿要陡峭，最后触发脉冲必须与主电路晶闸管的阳极电压同步，并能根据电路要求在一定的移相范围内移相。触发电路有很多种类，本单元介绍小功率可控整流电路中常用的单结晶体管触发电路。

1. 单结晶体管的结构

单结晶体管的结构与等效电路如图3—45所示。

单结晶体管有三个电极：发射极e、第一基极b_1与第二基极b_2。由图3—45a

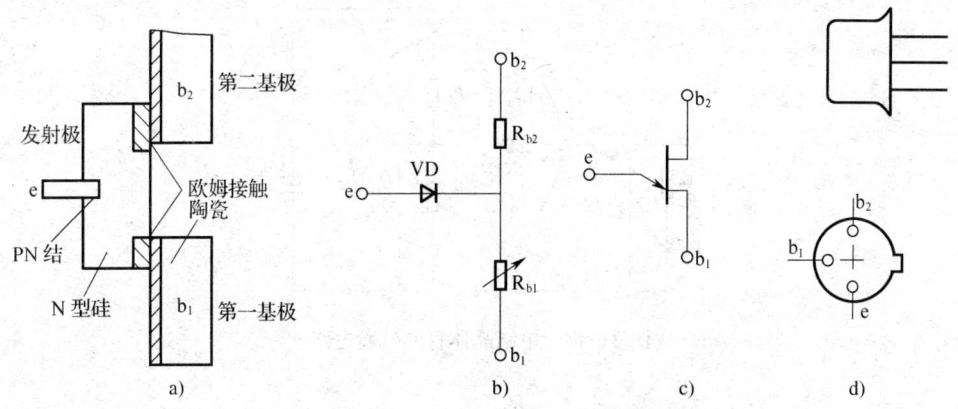

图 3—45 单结晶体管
a) 结构 b) 等效电路 c) 符号 d) 管脚

可见，在一块高电阻率的 N 型硅片上引出两个基极 b_1 和 b_2，两个基极之间的电阻就是硅片本身的电阻，一般为 2～12 kΩ。在两个基极之间靠近 b_2 的地方用合金法或扩散法掺入 P 型杂质并引出电极，成为发射极 e。它是一种特殊的半导体器件，有三个电极，只有一个 PN 结，因此称为"单结晶体管"，又因为管子有两个基极，所以又称为"双基极二极管"。

单结晶体管的等效电路如图 3—45b 所示，两个基极之间的电阻 $R_{bb}=R_{b1}+R_{b2}$，其中 R_{b2} 为 e 极与 b_2 之间的电阻，R_{b1} 为 e 极与 b_1 之间的电阻，在正常工作时，R_{b1} 是随发射极电流大小而变化，相当于一个可变电阻。PN 结可等效为二极管 VD，它的正向电压降通常为 0.7V。单结晶体管的符号如图 3—45c 所示、管脚如图 3—45d 所示。

2. 单结晶体管的伏安特性

单结晶体管的伏安特性如图 3—46 所示。

单结晶体管的伏安特性就是在 b_1、b_2 之间加上恒定的直流电压 U_{bb} 时，发射极 e 与基极 b_1 端口上的伏安特性，曲线如图 3—46 所示。图 3—47 是测量单结晶体管的伏安特性的试验电路，U_{bb} 为基极电压，U_e 为发射极电压。

当 S1 断开、S2 接通时，即发射极不加电压，直流电压 U_{bb} 加在 b_1、b_2 之间，A 电位取决于电阻 R_{b2} 和电阻 R_{b1} 上的分压为

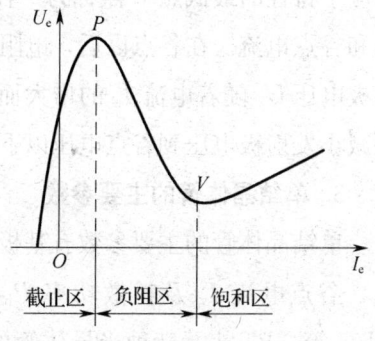

图 3—46 单结晶体管的伏安特性

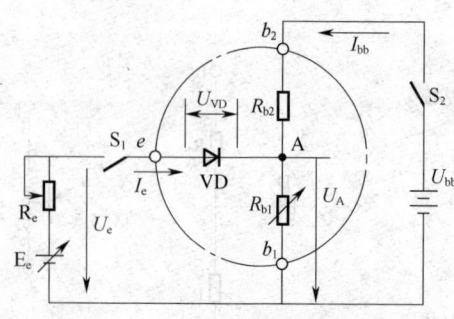

图3—47 单结晶体管的试验电路

$$U_A = \frac{R_{b1}}{R_{b1}+R_{b2}}U_{bb} = \eta U_{bb} \qquad (3.4\text{—}3)$$

式中，η称为单结晶体管的"分压系数"，其大小显然取决于R_{b1}和R_{b2}电阻的大小，也就是说取决于管子的结构，一般为0.3～0.9，是单结晶体管的一个重要的参数。

将S1接通时，调节R_e使发射极电压U_e增加，如果发射极电压U_e小于ηU_{bb}，则PN结因承受反向电压而截止，发射极只有极小的反向漏电流流过。随着U_e增加，反向漏电流增加，这一段的特性称为"截止区"。当电压U_e达到$\eta U_{bb}+U_{VD}$时，PN结导通，发射极电流I_e突然增大，对应于特性上的突变点P点称为"峰点"。对应于P点的电压与电流分别称为"峰点电压U_P与峰点电流I_P，峰点电压$U_P=\eta U_{bb}+U_{VD}$，U_{VD}为单结晶体管中PN结VD的正向压降，一般取0.7V。导通以后，由于多数载流子的大量扩散，使得电阻R_{b1}急剧减小，从而使得分压比η也迅速减小，导通所需要的电压U_e也就随之减小，这就使得在发射极电流I_e增大的同时，发射极电压U_e反而减小了，在这一段特性曲线的动态电阻为负值，故这一段特性称为"负阻区"。当发射极电流I_e增大到一定值后，电压U_e下降到最低点，对应于特性的最低点V点称为"谷点"。对应谷点V的电压和电流分别称为谷点电压和谷点电流。在谷点以后，电阻R_{b1}不再减小，特性的动态电阻又成为正值，发射极电压U_e随着电流I_e的增大而增大，对应的特性区域称为"饱和区"。此时如果减小发射极电压到谷点电压以下，则管子将回到截止区工作。

3. 单结晶体管的主要参数

单结晶体管的主要参数有基极间电阻R_{bb}、分压比η、峰点电流I_P、谷点电压U_v、谷点电流I_v及耗散功率P_{b2}等。国产单结晶体管的型号有BT31、BT33、BT35等，BT表示特种半导体管的意思，其耗散功率分别为100 mW、300 mW、500 mW。表3—11列出了部分常用单结晶体管型号及其主要参数。

表3—11　　　　　常用单结晶体管型号及其主要参数

参数名称	基极间电阻 $R_{bb}/k\Omega$	分压比 η	峰点电流 $I_P/\mu A$	谷点电流 I_V/mA	谷点电压 U_V/V	耗散功率 P_{b2}/mW
测试条件	$U_{bb}=3\ V$ $I_e=0$	$U_{bb}=20\ V$	$U_{bb}=20\ V$	$U_{bb}=20\ V$	$U_{bb}=20\ V$	
BT33A	2～4.5	0.45～0.9	<4	>1.5	<3.5	300
B	2～4.5	0.45～0.9	<4	>1.5	<3.5	300
BT33C	>4.5～12	0.3～0.9	<4	>1.5	<4	300
D	>4.5～12	0.3～0.9	<4	>1.5	<4	300
BT35A	2～4.5	0.45～0.9	<4	>1.5	<3.5	500
B	2～4.5	0.45～0.9	<4	>1.5	<3.5	500
BT35C	>4.5～12	0.3～0.9	<4	>1.5	<4	500
D	>4.5～12	0.3～0.9	<4	>1.5	<4	500

学习单元2　单相晶闸管整流电路安装调试及故障排除

学习目标

1. 了解并熟知单相半波可控整流电路的电路结构、工作原理、波形、电气性能、分析方法。

2. 了解并熟知单相全控桥式整流电路的电路结构、工作原理、波形、电气性能、分析方法。

3. 熟悉在电阻、电感负载下单相半控桥式整流电路的波形与特性，掌握单相半搭桥式整流电路的调试方法。

4. 了解单结晶体管触发电路的电路结构及调试中应注意问题。

知识要求

一、单相半波可控整流电路

1. 电阻性负载

（1）工作原理和波形

单相半波可控整流电路带电阻性负载的电路图和波形图如图3—48所示。

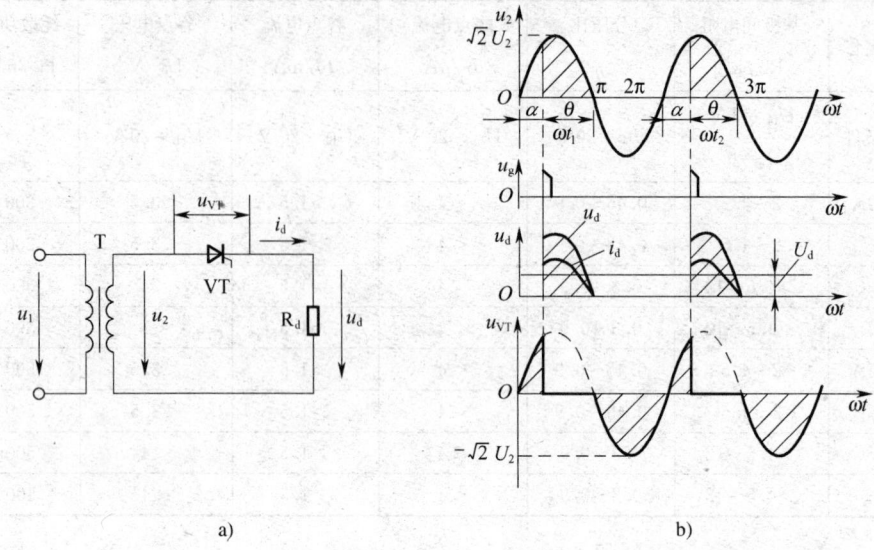

图3—48 单相半波可控整流电路带电阻性负载的电路图和波形图
a) 电路图 b) 波形图

图3—48a是带电阻性负载的单相半波可控整流电路的电路图。变压器二次侧交流电压 u_2、触发脉冲 u_g、直流输出电压（即负载电压）u_d 及晶闸管两端电压 u_{VT} 的波形图如图3—48b所示。由于是电阻性负载，因此负载直流电流 i_d 的波形与直流输出电压波形的相位是相同的，又因为晶闸管与负载是串联的，所以流过晶闸管的电流 i_{VT} 就是负载直流电流 i_d。

由图3—48可见，在 $0 \sim \omega t_1$ 的这段时间内，尽管交流电压 u_2 处于正半周，晶闸管受到正向电压，但是因为门极没有触发脉冲 u_g，晶闸管处于正向阻断状态，负载电压 $u_d = 0$。在 ωt_1 时刻门极加上触发脉冲，晶闸管被触发导通，u_2 电压输出到负载 R_d 上，如略去管子的正向压降，直流输出电压（负载电压）$u_d = u_2$。

在 $\omega t = \pi$ 时，电压 u_2 下降为零，晶闸管的阳极电流小于维持电流，而使晶闸管关断。在交流电压 u_2 的负半周，晶闸管由于受到反向电压，继续保持反向阻断状态，负载上的电压、电流始终为零。直到下一个周期的 ωt_2 时，门极加上触发脉冲晶闸管再次导通，这样，负载 R_d 上就得出如图3—48b所示的电压波形。

在可控整流电路中，把晶闸管开始承受正向电压到触发导通的这段时间所对应的电角度称为控制角（移相角），用符号 α 表示。晶闸管在一周内导通的电角度称为导通角，用符号 θ 表示。在单相半波可控整流电路中，显然 $\theta = 180° - \alpha$，控制角 α 越小，则导通角 θ 就越大，直流输出电压的平均值 U_d（即 u_d 波形阴影部分在一个周期内的平均值）就越大。由此可见，只要改变控制角 α 的大小，就能改变直流输出电压平均值 U_d 的大小。

晶闸管两端电压波形 u_{VT} 如图 3—48b 所示。当晶闸管处于导通状态时，如忽略管压降，晶闸管两端电压为零。当晶闸管处于正向和反向阻断状态时，晶闸管两端电压等于交流电压 u_2。

（2）直流输出电压平均值 U_d 的计算

$$U_d = 0.45 U_2 \frac{1+\cos\alpha}{2} \qquad (3.4\text{—}4)$$

当 $\alpha=0°$ 时，直流输出电压平均值 U_d 最大，即 $U_d=0.45U_2$，与二极管半波整流电路直流输出电压平均值相同。随着 α 的增大，直流输出电压平均值 U_d 逐渐减小，当 $\alpha=180°$ 时，输出电压 $U_d=0$。在可控整流电路中，使直流输出电压平均值 U_d 从最大值调整到 0 V 时，控制角 α 的变化范围称为"移相范围"。故带电阻性负载时，单相半波可控整流电路的移相范围为 $0°\sim180°$。

$$I_d = \frac{U_d}{R_d} = 0.45 \frac{U_2}{R_d} \cdot \frac{1+\cos\alpha}{2} \qquad (3.4\text{—}5)$$

（3）晶闸管电流与电压的计算

因为晶闸管和负载串联，因此流过晶闸管上的电流显然就是负载电流。晶闸管电流平均值 I_{dT} 为：$I_{dT}=I_d$。晶闸管电流有效值 I_T 为

$$I_T = K_f \times I_{dT} = K_f \times I_d \qquad (3.4\text{—}6)$$

式中，K_f 为电流波形系数。单相半波可控整流电路带电阻负载时，直流负载电流波形就是直流输出电压（负载电压）波形，它是缺角的正弦半波波形。电流波形系数与电流的波形、控制角 α 的大小有关，计算比较复杂，一般可以查曲线或表格得出，单相半波可控整流的波形系数见表 3—12。

表 3—12　　　　　　　单相半波可控整流的波形系数

控制角 α	0°	30°	60°	90°	120°	150°
波形系数 K_f	1.57	1.66	1.88	2.22	2.78	3.99

由表可知，当 $\alpha=0°$ 时，电流波形系数 K_f 为 1.57。

由图 3—48b 中 u_{VT} 波形图可见，晶闸管两端可能出现的最大正向和反向电压 U_{TM} 就是电源电压 U_2 的峰值电压，即

$$U_{TM} = \sqrt{2}U_2 \qquad (3.4\text{—}7)$$

2. 电感性负载与续流二极管

在实际应用中，除了上述电阻性负载外，经常遇到的是电感性负载，如各种电

动机的励磁绕组，各种电感线圈等。电感性负载既有电感，又有电阻，因而可用串联的电感 L 和电阻 R 表示。在"电工基础"已学过，电感对电流的变化有阻碍作用，电感中的电流不能突变，当流过电感中的电流变化时，在电感两端要产生感应电动势，阻止电流变化。当电流增加时，感应电动势的极性阻止电流增加，当电流减小时，感应电势的极性阻止电流减小。故可控整流电路带电感性负载和带电阻性负载的工作情况大不相同。

(1) 工作原理和波形

单相半波可控整流电路带电感负载时的电路图和波形图如图 3—49 所示。

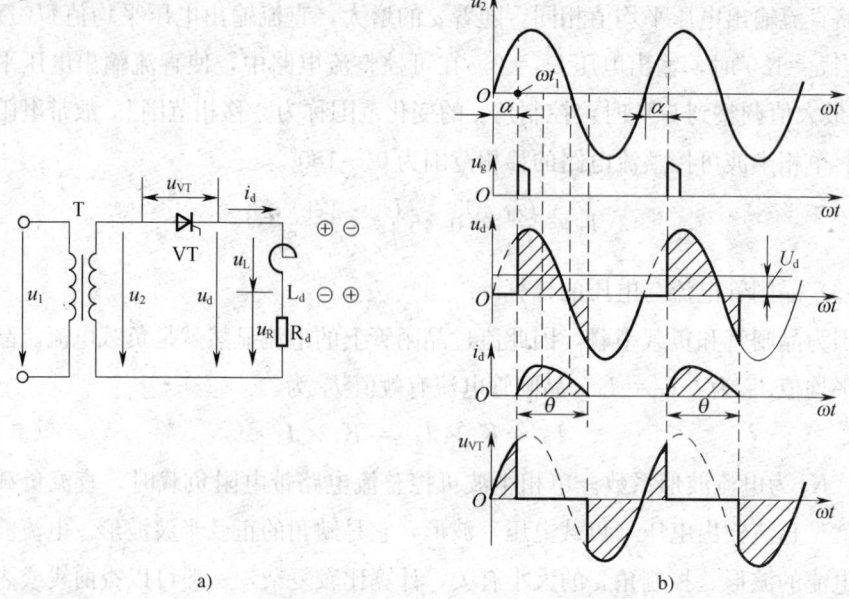

图 3—49 单相半波可控整流电路带电感负载的电路图和波形图
a) 电路图 b) 波形图

当 $\omega t_1 = \alpha$ 时，晶闸管 VT 被触发导通，u_2 电压立即加到负载（L_d 和 R_d）上，在负载上立即出现输出直流电压 u_d，但由于电感 L_d 作用，产生阻碍电流变化的感应电动势（其极性在图 3—49 中为上正下负），电感中电流（即负载电流）不能突变，只能从零逐步上升。当电流上升到最大值时，感应电动势为零，然后在电流减小时，感应电动势也就改变极性（在图 3—49 中为上负下正）。当电源电压 u_2 下降到零，由于电感的感应电动势的作用，晶闸管 VT 仍受正向电压而导通，即使交流电压 u_2 由零变负，只要 $|e_L|$ 大于 $|u_2|$，晶闸管 VT 仍受正向电压，晶闸管将继续导通，负载上输出电压 u_d 出现负值，到晶闸管电流小于维持电流时，晶闸管

VT 关断，并立即承受反向电压。

由图 3—49 的波形图可见，带电感性负载时，输出电压 u_d 和电流 i_d 的波形与电阻性负载大不相同，由于电感 L_d 作用，输出直流电压 u_d 将出现一段时间的负电压，使输出电压平均值 U_d 减小。电感 L_d 越大，负电压部分越大，使输出电压平均值 U_d 下降越多。当电感 L_d 很大，满足 $\omega L_d \gg R_d$ 的条件（通常 $\omega L_d > 10 R_d$ 即可）时，负载上输出直流电压 u_d 的正、负面积接近相等，输出直流电压的平均值 U_d 近似等于零。由此可见，单相半波可控整流电路用于大电感负载时，不管 α 如何调节，U_d 电压总是很小，因此这种电路实际上并不采用。实际的单相半波可控整流电路在带有电感性负载时，都在负载两端并联有续流二极管。

(2) 续流二极管的作用

为了去掉输出电压的负值部分，可以在负载两端并联一个二极管 VD，如图 3—50a 所示，这个二极管称为"续流二极管"。当交流电压 u_2 为正时，晶闸管触发导通，此时负载两端电压为正，续流二极管受反压不通，负载上电压波形与不加续流二极管相同。当交流电压 u_2 由过零值变负时，二极管因受到正向电压而导通，晶闸管由于受到负电压而关断，负载电流此时在感应电动势作用下，将通过二极管形成回路，沿着负载与二极管继续流通，此时负载两端电压近似为零。

当电感 L_d 很大时（$\omega L_d > 10 R_d$），即所谓大电感负载时，此时由于电感的滤波作用，使得负载电流 i_d 基本趋于平直，可以看成是一条平行于横轴的直线。负载电流由流过晶闸管电流 i_{VT} 和续流二极管电流 i_{VD} 两部分组成。负载电流的流通路径为：在晶闸管导通时，通过晶闸管流通，波形图中晶闸管的导通角用 θ_{VT} 表示；当晶闸管关断时，负载电流是通过续流二极管流通的，续流二极管的导通角用 θ_{VD} 表示，如图 3—50b 所示。从图 3—50b 的波形图可见，大电感负载的负载电流 i_d 基本上是一条水平线，而晶闸管电流 i_{VT} 与续流二极管电流 i_{VD} 则是矩形波。

(3) 带续流二极管的大电感负载电路的计算

由于电路输出电压波形已经去掉了负值部分，因此输出电压波形与带电阻性负载时相同，输出直流电压平均值的计算公式也与带电阻性负载时相同。即

$$U_d = 0.45 U_2 \frac{1 + \cos\alpha}{2}$$

移相范围与带电阻性负载时相同为 $0° \sim 180°$。

负载直流电流的平均值为

$$I_d = \frac{U_d}{R_d}$$

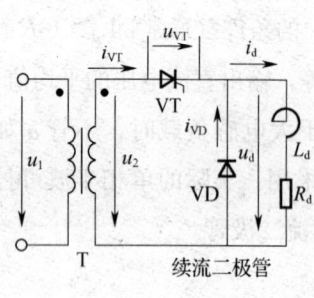
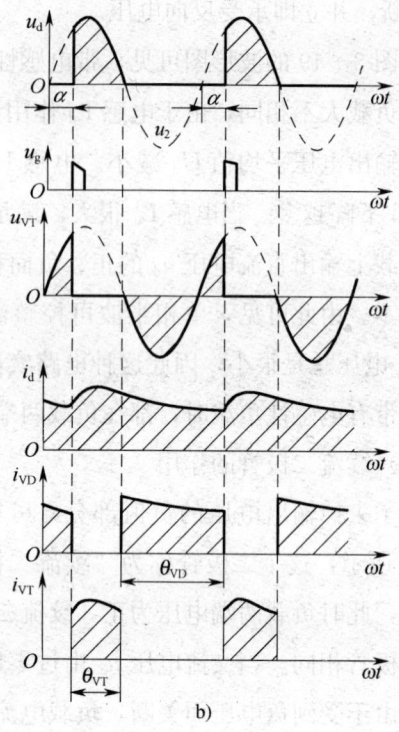

a)　　　　　　　　　　b)

图 3—50　大电感负载带续流二极管的电路图和波形图
a) 电路图　b) 波形图

由上可知，这一负载直流电流是由晶闸管与续流二极管两条路径提供的，晶闸管电流的平均值 I_{dT} 与有效值 I_T 分别为

$$I_{dT} = \frac{\theta_{VT}}{360°}I_d = \frac{180°-\alpha}{360°}I_d \tag{3.4—8}$$

$$I_T = \sqrt{\frac{180°-\alpha}{360°}}I_d \tag{3.4—9}$$

续流二极管电流的平均值 I_{dVD} 与有效值 I_{VD} 分别为

$$I_{dVD} = \frac{\theta_{VD}}{360°}I_d = \frac{180°+\alpha}{360°}I_d \tag{3.4—10}$$

$$I_{VD} = \sqrt{\frac{180°+\alpha}{360°}}I_d \tag{3.4—11}$$

晶闸管和续流二极管上的最大电压均为交流电压的峰值 $\sqrt{2}U_2$。

虽然单相半波可控整流电路线路简单，但存在带电阻性负载时，输出直流电压脉动大，整流变压器二次绕组中存在直流电流分量造成铁心直流磁化等缺点，因而单相半波可控整流电路只适用于小容量，要求不高的场合。在单相可控整流电路中应用得较为广泛的是单相全控桥式整流电路和单相半控桥式整流电路。

二、单相全控桥式整流电路

1. 电阻性负载

(1) 工作原理和波形

单相全控桥式整流电路带电阻性负载时的电路图和波形图如图 3—51 所示。

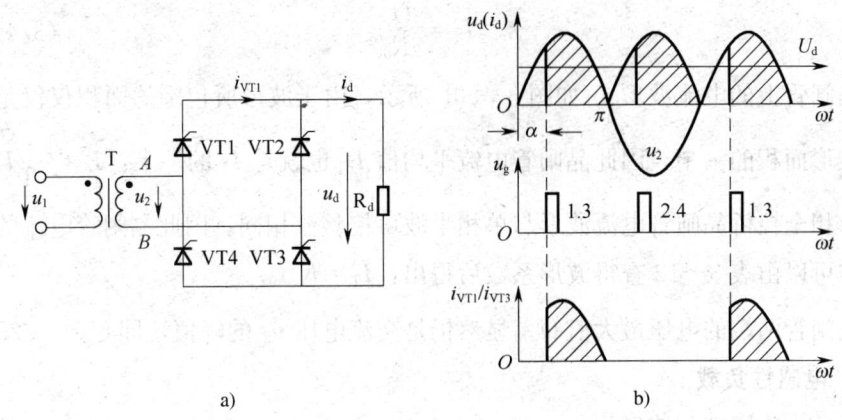

图 3—51　单相全控桥式整流电路带电阻性负载的电路图和波形图
a）电路图　b）波形图

在交流电压 u_2 的正半周时（即 A 端为正，B 端为负），晶闸管 VT1 和 VT3 受正向电压，α 时刻同时触发 VT1、VT3，使其导通。电流通路从 $A \to$ VT1$\to R_d \to$ VT3$\to B$，回到变压器，输出直流电压 $u_d = u_2$。$0 \sim \pi$ 期间，晶闸管 VT2、VT4 均受反向电压而截止。当 $\omega t = \pi$ 时，交流电压 u_2 减小到零，使晶闸管 VT1、VT3 因电流小于维持电流而关断。在交流电压 u_2 的负半周时（即 A 端为负，B 端为正），仍在 α 时刻同时触发 VT2、VT4，使其导通。电流从 $B \to$ VT2$\to R_d \to$ VT4$\to A$ 回到变压器。当交流电压 u_2 再次过零时，晶闸管 VT2、VT4 关断。如此周而复始，只要在门极上每隔 180°轮流触发晶闸管 VT1、VT3 和 VT2、VT4，在负载上就得到了由控制角 α 控制的输出直流电压 u_d。输出电压和电流波形图如图 3—50b 所示。

(2) 输出直流电压平均值 U_d 的计算

由波形图可见，全控桥的输出直流电压比半波可控整流电路多了一倍的波形面积，因此输出直流电压平均值 U_d 显然也比半波可控整流要多一倍，输出直流电压平均值 U_d 可按下列公式计算

$$U_d = 0.9 U_2 \frac{1 + \cos\alpha}{2} \qquad (3.4-12)$$

当 $\alpha=0°$ 时，输出电压最大，$U_d=0.9U_2$；

当 $\alpha=180°$ 时，输出电压 U_d 为 0。

带电阻性负载时，电路的移相范围为 $0°\sim180°$。

(3) 晶闸管电流与电压的计算

电阻负载的电流波形与电压波形是完全一致的，输出直流电流平均值 I_d 可由输出直流电压平均值 U_d 得出

$$I_d = \frac{U_d}{R_d} \qquad (3.4-13)$$

晶闸管上的电流波形 i_{vT} 如图 3—50b 所示，由于波形所包围的面积仅仅是负载电流波形面积的一半，因此晶闸管电流平均值 I_{dT} 也就是 I_d 的一半：$I_{dT}=\frac{1}{2}I_d$。

单相全控桥晶闸管电流波形与单相半波可控整流相同，因此晶闸管电流的有效值同样可以由表 3—13 查得波形系数后得出：$I_T=K_fI_{dT}$。

晶闸管两端的电压最大值 U_{TM} 显然仍是交流电压 u_2 的峰值，即 $U_{TM}=\sqrt{2}U_2$。

2. 电感性负载

(1) 工作原理和波形

单相全控桥式整流电路带大电感负载时的电路图和波形图如图 3—52 所示。

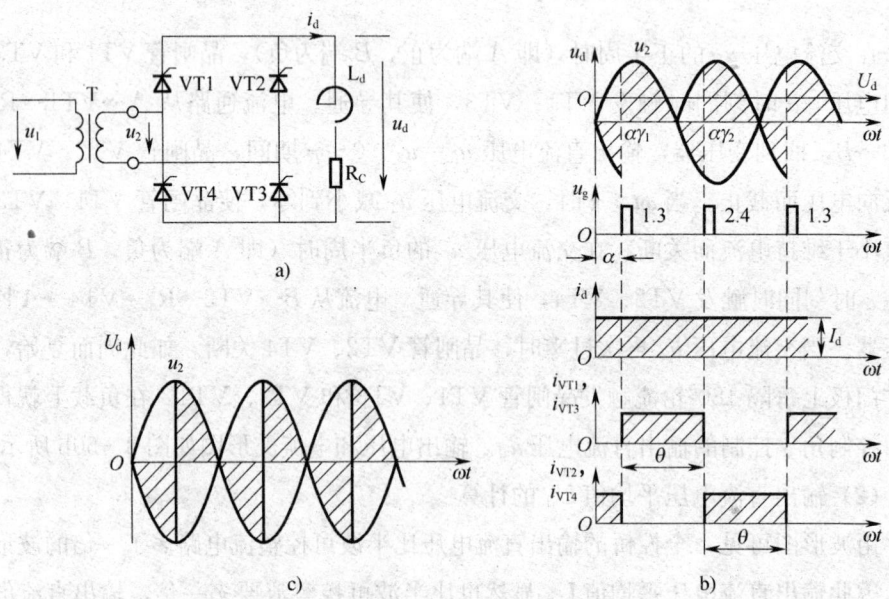

图 3—52 单相全控桥式整流电路带大电感负载
a) 电路图 b) 波形图 c) $\alpha=90°$ 时 u_d 的波形

从图3—52b所示波形图上可以看出，与电阻性负载相比较，有两个不同之处：

1) 输出电压u_d的波形不同，大电感负载时，输出电压u_d波形出现负值。在u_2正半周的$\omega t1$时，晶闸管VT1和VT3被同时触发导通，交流电压u_2加于负载上，此时VT2和VT4受到反向电压而关断。当u_2过零变负时，由于电感上感应电动势的作用，使晶闸管VT1、VT3继续导通，输出电压u_d就出现负值部分，直至u_2负半周同一控制角α所对应的$\omega t2$时刻，触发VT2、VT4导通，使VT1和VT3受到反向电压而关断，从而使电流i_d从晶闸管VT1和VT3转换到另外一对晶闸管VT2和VT4上去。同样VT2和VT4的关断也是由于VT1和VT3的触发导通受到反向电压而关断。

2) 晶闸管的导通角θ始终是180°，与控制角α的大小无关。晶闸管电流的波形是半个周期导通，半个周期截止的矩形波。这是由于一对晶闸管的关断，依赖于另一对晶闸管的触发导通，而触发脉冲是每隔180°触发一次。

(2) 输出直流电压平均值U_d的计算

单相全控桥式整流电路带大电感负载时，由于输出电压出现了负值，因此当控制角α相同时，电路的输出电压比带电阻性负载时要低，输出直流电压平均值U_d的大小可由下式求得：$U_d = 0.9U_2\cos\alpha$。

当$\alpha=0°$，输出直流电压平均值U_d最大为$0.9U_2$，当$\alpha=90°$，输出直流电压平均值U_d为0，如图3—52c所示，当$\alpha=90°$时，输出电压u_d波形的正负面积正好抵消，输出直流电压平均值U_d为0。

故单相全控桥式整流电路带大电感负载时，移相范围为0°～90°。

(3) 晶闸管电流与电压的计算

负载直流电流的平均值

$$I_d = \frac{U_d}{R_d}$$

晶闸管电流平均值I_{dT}和有效值I_T分别为

$$I_{dT} = \frac{I_d}{2} \text{ 和 } I_T = \frac{I_d}{\sqrt{2}}$$

晶闸管两端的最大电压U_{TM}为电源电压u_2的峰值：$U_{TM} = \sqrt{2}U_2$

单相桥式全控整流电路要用四个晶闸管，线路较复杂，技术性能指标好，主要应用于要求较高或要求逆变的小功率单相可控整流电路。

三、单相半控桥式整流电路

单相桥式全控电路中，须要两个串联的晶闸管（如VT1，VT3）同时导通，才能形成电流回路,而实际上一条支路的导通只要用一个晶闸管就可以进行控制了,因此将图 3—51 全控桥电路中的两个晶闸管 VT3 和 VT4 可改为二极管 VD1 和 VD2,如图 3—53 所示。电路也可以正常进行工作,这种电路就称为"单相桥式半控整流电路",简称"半控桥"。由于半控桥电路比全控桥电路线路简单、费用低,因此在一般桥式可控整流电路中得到了较广泛的应用。

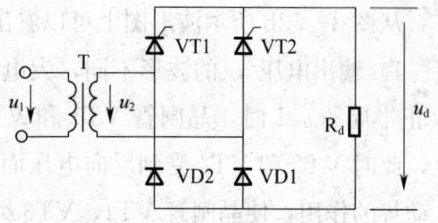

图 3—53 单相半控桥带电阻性负载

1. 电阻性负载

单相半控桥电路带电阻性负载时,其工作情况与单相全控桥电路完全相同。在电源电压 u_2 的正半周,当触发脉冲 u_{g1} 到来时,晶闸管 VT1 触发导通,电流经过 VT1、负载 R_d、VD1 流通,此时 VT2、VD2 均承受反向电压而截止,到交流电压 u_2 过零时,晶闸管 VT1 关断。在电源电压 u_2 的负半周,当触发脉冲 u_{g2} 到来时,晶闸管 VT2 触发导通,电流经过 VT2、负载 R_d、VD2 流通,到交流电压 u_2 过零时,晶闸管 VT2 关断。电路的输出电压 u_d 的波形、晶闸管电流 i_{VT} 的波形也与图 3—51b 完全一样。因此电路计算与单相全控桥相同。

2. 电感性负载

(1) 工作原理和波形

单相半控桥带大电感负载的电路图和波形图如图 3—54 所示。

分析该电路工作原理时,应注意到二极管只要受正向阳极电压就可导通,而晶闸管不仅要受正向阳极电压且门极需施加正向触发脉冲才能导通。电路的工作过程如下:

当电感足够大时,负载电流 i_d 的波形是一根水平线,在交流电压 u_2 的正半周,当 $\omega t = \alpha$ 时,晶闸管 VT1 被触发导通,电流经 VT1、R_d、VD1 流通,电源电压 u_2 加到负载上。当电源电压 u_2 下降到零开始变负时,由于电感 L_d 作用,晶闸管 VT1 继续导通,但此时 A 点电位比 B 点电位低,因而二极管 VD2 导通,二极管 VD1 受反向电压而截止,负载电流 I_d 经 VD2、VT1 流通。这时二极管 VD2 和晶闸管 VT1 起到续流二极管作用,输出电压 $u_d = 0$。

在交流电压 u_2 的负半周,晶闸管 VT2 受正向电压,当 $\omega t = \pi + \alpha$ 时,晶闸管 VT2 被触发导通。VT2 导通后,电流经 VT2、R_d、VD2 流通,而 VT1 受反向电压而关断。当电压 u_2 上升到零开始变正时,由于电感 L_d 作用,晶闸管 VT2 继续导通,但此时 B 点电位比 A 点电位低,因而 VD1 导通,VD2 受反向电压而截止。

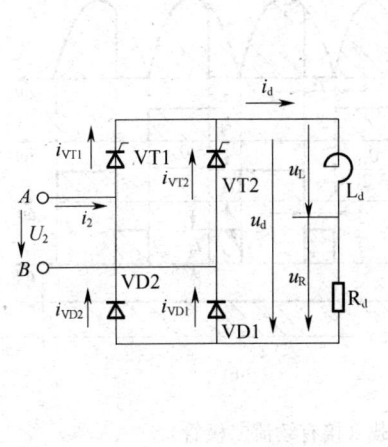 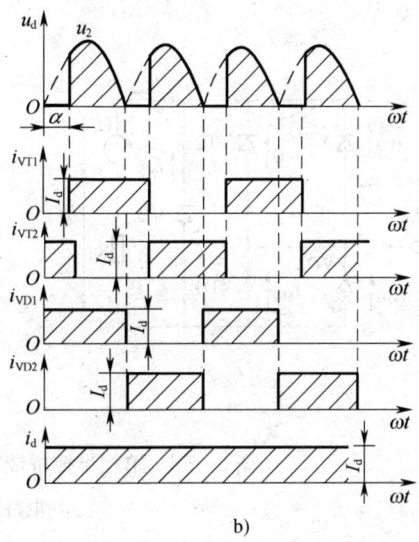

a)　　　　　　　　　　　　b)

图 3—54　单相半控桥带大电感负载
a) 电路图　b) 波形图

这时 VT2 和 VD1 起到续流二极管的作用，输出电压 $u_d = 0$。输出电压 u_d、负载电流 i_d 的波形如图 3—54b 所示。

虽然单相桥式半控电路带大电感负载时具有自然续流作用，不接续流二极管也能工作，但在突然切断触发脉冲时，电路将可能发生正在导通的晶闸管一直导通而两个二极管轮流导通的失控现象。例如在 VT1 和 VD1 导通时，突然切断触发脉冲，当电压 u_2 过零变负时，由于电感 L_d 的作用，晶闸管 VT1 继续导通，而 VD1 和 VD2 自然续流，负载电流将通过 VD2、VT1 进行续流，只要电感足够大，这一续流过程完全可以延续到整个负半周，当 u_2 又进入正半周时，晶闸管 VT1 因为始终有电流，一直继续导通，而 VD1 和 VD2 换流，电路将由 VT1、VD1 导通输出完整的正弦正半周波形，电压 u_2 过零以后又通过 VD2、VT1 进行续流，如此就产生晶闸管 VT1 一直导通，二极管 VD1、VD2 轮流导通的失控现象，此时，电路输出将是完整的正弦半波波形，这在实际使用中是不允许。故单相半控桥整流电路在带大电感负载时，必须在负载两端并联续流二极管，如图 3—55 所示。

接上续流二极管后，当电源电压 u_2 过零时，负载电流经续流二极管 VD 续流，使直流输出端只有 1 V 左右的压降，使晶闸管 VT1 的电流小于维持电流而关断，这样就不会出现上述失控现象。接续流二极管的电路的输出电压、电流波形如图 3—55b 所示。

(2) 输出电压平均值 U_d 的计算

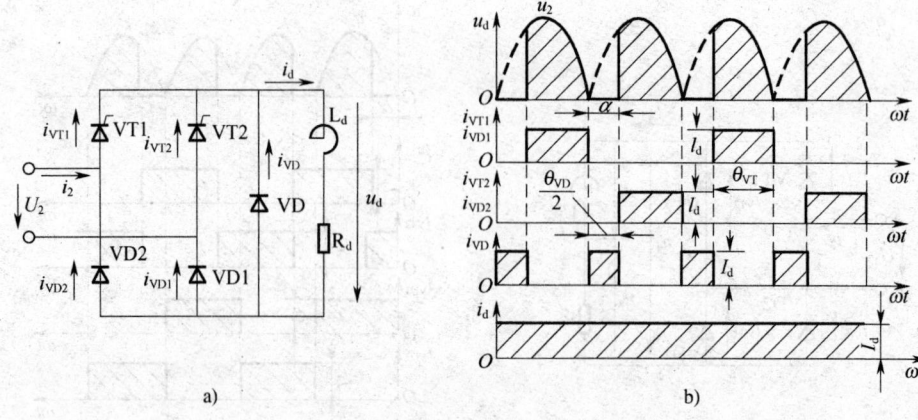

图 3—55 单相半控桥带大电感负载（接有续流二极管）
a）电路图 b）波形图

由上分析可知，大电感负载带有续流二极管时，输出电压 u_d 的波形与带电阻性负载时的输出电压 u_d 波形完全相同，因此对于单相半控桥来讲，无论是连接哪种负载，输出电压平均值的计算公式为

$$U_d = 0.9 U_2 \frac{1+\cos\alpha}{2} \tag{3.4—14}$$

单相半控桥的移相范围与负载性质无关，均为 0°～180°。

(3) 晶闸管电流与电压的计算

负载平均电流为

$$I_d = \frac{U_d}{R_d} = 0.9 \frac{U_d}{R_d} \cdot \frac{1+\cos\alpha}{2} \tag{3.4—15}$$

由图 3—54 可知，晶闸管和整流二极管电流均为矩形波，若控制角为 α，则晶闸管和整流二极管导通角均为 $\theta = 180° - \alpha$，因此晶闸管电流平均值和有效值分别为：

$$I_{dT} = \frac{\theta}{360°} I_d = \frac{180° - \alpha}{360°} I_d$$

$$I_T = \sqrt{\frac{180° - \alpha}{360°}} I_d$$

整流二极管电流平均值和有效值与晶闸管相同。

续流二极管电流为每 180°导通一次，当导通角为 α 时，续流二极管电流平均值和有效值分别为

$$I_{dD} = \frac{\alpha}{180°} I_d$$

$$I_D = \sqrt{\frac{\alpha}{180°}} I_d \tag{3.4—16}$$

晶闸管和整流二极管上的最大电压 U_{TM} 为电源电压的峰值,即

$$U_{TM} = \sqrt{2}U_2$$

3. 单相半控桥的其他接法

单相半控桥除了图 3—55 的接法以外,还有图 3—56 所示的接法。

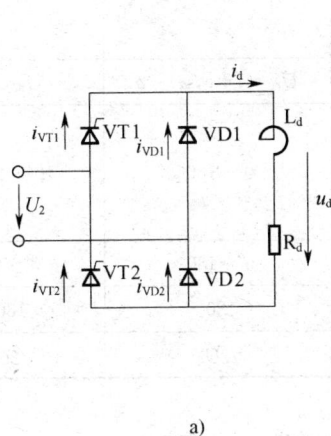 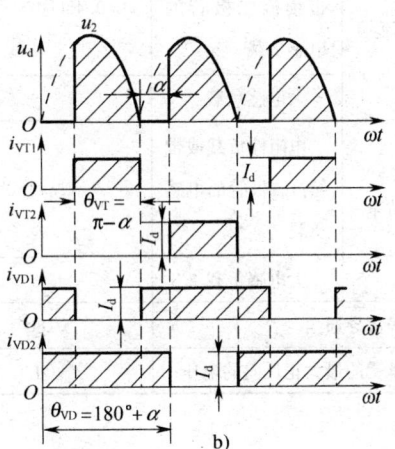

图 3—56 单相半控桥的其他接法
a) 电路图　b) 波形图

在图 3—56 的接法中,优点是两个串联二极管除整流作用外还可以起到续流二极管的作用,从而省却了一个续流二极管。缺点是两个晶闸管这样连接没有了公共阴极,两个晶闸管的触发脉冲必须彼此隔离。图 3—56 中晶闸管的导通角与以前一样为 $180°-\alpha$,但二极管的导通角扩大为 $180°+\alpha$。

单相桥式半控整流电路线路较简单,技术性能指标较好,应用较广泛,但该电路不能应用于逆变工作状态。

单相可控整流电路的主要参数见表 3—13。

四、单结晶体管触发电路

1. 单结晶体管弛张振荡电路

利用单结晶体管的负阻特性和 RC 电路的充放电特性,可组成单结晶体管自激振荡电路,产生频率可变的脉冲。此电路也被称为弛张振荡电路,其电路如图 3—57a 所示。

表3—13　　　　　常用单相可控整流电路的主要特性参数

参数名称		单相半波可控整流电路	单相桥式半控电路	单相桥式全控电路
$\alpha=0°$时，空载直流输出电压U_{d0}		$0.45U_2$	$0.9U_2$	$0.9U_2$
$\alpha\neq0°$时，空载直流输出电压U_d	电阻性负载或带续流二极管的电感负载	$0.45U_2\dfrac{1+\cos\alpha}{2}$	$0.9U_2\dfrac{1+\cos\alpha}{2}$	$0.9U_2\dfrac{1+\cos\alpha}{2}$
	大电感负载	—	$U_{d0}(1+\cos\alpha)/2$	$U_{d0}\cos\alpha$
移相范围	电阻性负载或带续流二极管的电感负载	$0°\sim180°$	$0°\sim180°$	$0°\sim180°$
	大电感负载	—	$0°\sim180°$	$0°\sim90°$
元件最大导通角		$180°$	$180°$	$180°$
元件承受的最大正反向的电压		$\sqrt{2}U_2$	$\sqrt{2}U_2$	$\sqrt{2}U_2$

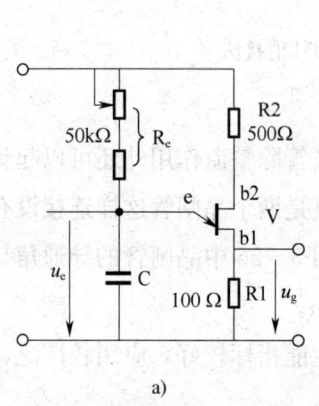
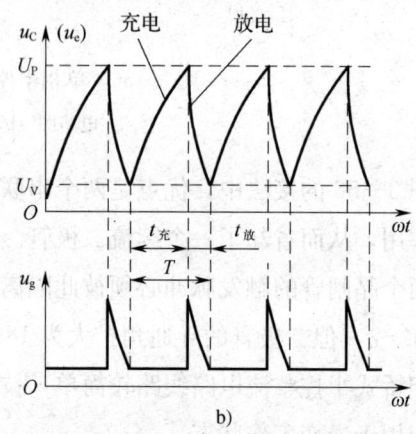

a)　　　　　　　　　　　　　　b)

图3—57　单结晶体管弛张振荡电路
a) 电路图　b) 波形图

当加上直流电压U后，一路经R2、R1在单结晶体管两个基极之间按分压比η分压；另一路通过R_e对电容C充电，发射极电压u_e为电容器两端电压u_c，按指数曲线渐渐上升，如图3—57b所示。当$u_e<U_P$时，单结晶体管e、b1之间处于截止状态，随着$u_c(u_e)$值增大，电容电压u_c充到刚开始大于U_P的瞬间，单结晶体管e、b1间的电阻突然变小（降为20Ω左右）而开始导通。电容器上的电荷通过e、b1迅速向电阻R1放电。由于放电回路电阻很小，放电时间很短，所以在R1上得到很窄的尖脉冲。当$u_c(u_e)$小于谷点电压U_V时，单结晶体管从导通又转为截止，

电容器 C 又开始充电，电路不断振荡，在电容器上形成锯齿波电压，在电阻 R1 上输出前沿很陡的尖脉冲。振荡频率为：$f = 1/[ReC\ln(1/1-\eta)]$，改变 Re 即可改变振荡频率。

2. 单结晶体管触发电路

上述单结晶体管自激振荡电路输出的尖脉冲是可以用来触发晶闸管，但不能直接用做触发电路，还必须解决触发脉冲与主电路同步问题。单结晶管触发电路实际上就是由同步电路和单结晶体管自激振荡电路两部分组成。典型的单结晶体管触发电路如图 3—58 所示。

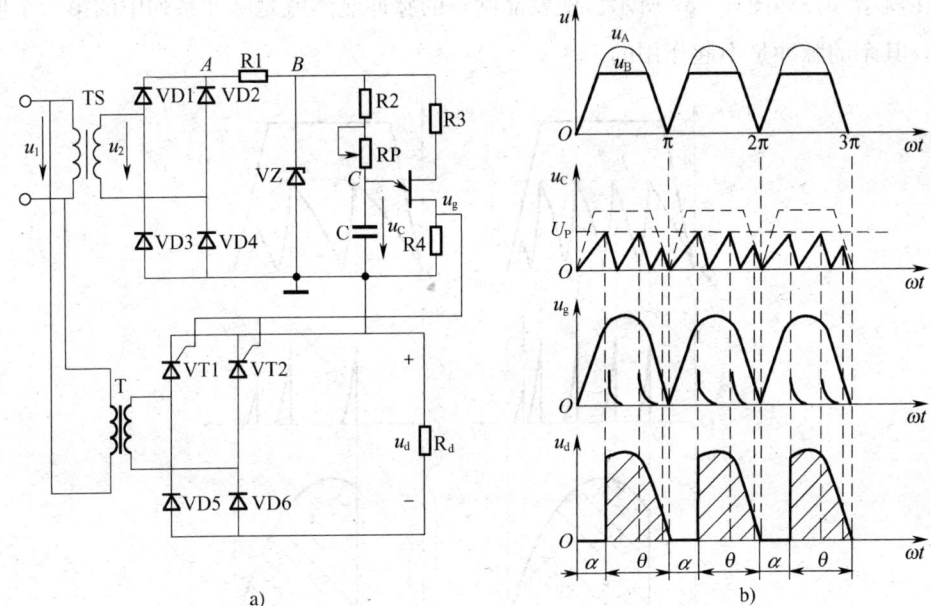

图 3—58 单结晶体管触发电路
a) 电路图　b) 波形图

单结晶体管触发电路由同步电路和脉冲移相与形成二大部分组成。

（1）同步电路

同步电路由同步变压器 TS、桥式整流电路 VD1～VD4 及电阻 R1、稳压管 VZ 组成。交流电压经同步变压器降压、单相桥式整流后再经过稳压管 VZ 稳压削波形成一梯形波电压 u_B，此电压既作为同步电压又作为单结晶体管触发电路的供电电压。同步变压器（TS）一次绕组与晶闸管整流电路接在同一相电源上，使得晶闸管的阳极电压为正时，某一区间内被触发。梯形波电压零点与晶闸管阳极电压过零点一致。每当 u_2 过零时，u_B 也同时过零，使电容器 C 上电荷迅速放电到接近 0 V。电容器 C 在每半周之初都能从零开始充电,从而实现触发电路与整流主电路的同步。

(2) 脉冲移相与形成电路

单结晶体管触发脉冲移相与形成电路实际上就是单结晶体管自激振荡电路。改变自激振荡电路中电容器 C 的充电电阻的阻值,就可以改变充电的时间常数,图 3—58 中用电位器 RP 来实现这一变化,如增大 RP 的阻值,也就使电容器 C 的充电时间常数增加,使电容电压 u_C 到达单结晶体管峰值电压 U_P 的时间增加,即每半周出现第一个脉冲的时间后移,从而使晶闸管控制角 α 增大,主电路输出的直流电压就会下降,反之减小电位器 RP 的阻值,控制角 α 就减小,主电路输出的直流电压就增大。如图 3—59 所示。触发晶闸管的脉冲显然就是脉冲系列中的第一个脉冲,其余的脉冲是不起作用的。

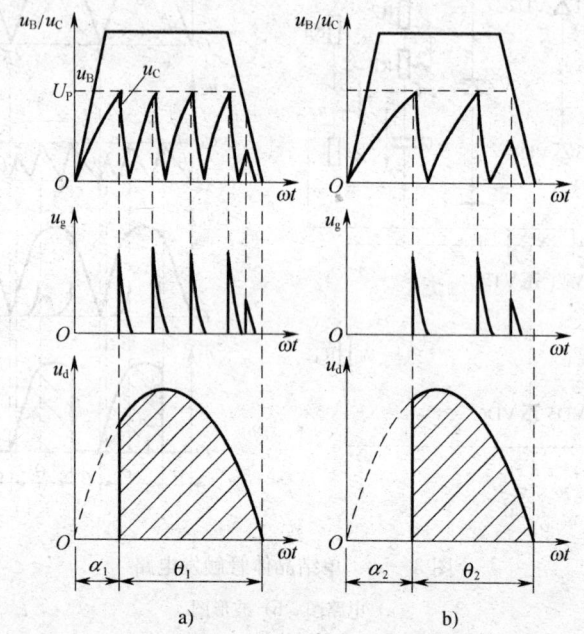

图 3—59 改变 RP 的阻值时控制角 α 及输出直流电压的波形
a) 减小电位器 RP 的阻值 b) 增大电位器 RP 的阻值

触发电路输出的尖脉冲 u_g 用于触发单相桥式半控整流电路中的晶闸管 VT1 和 VT2。这一尖脉冲 u_g 同时加到了两个晶闸管上,但是只有其中一个受到正向电压的晶闸管才能导通,另一个晶闸管因为受到反向电压,即使有了触发脉冲,也是不会导通的。此电路完全可以正常工作,即每半个周期触发一次,使晶闸管换相。

单结晶体管触发电路线路简单,但只能产生窄脉冲,输出功率小,移相范围也较小,常用于 50 A 以下单相可控整流电路。

单结晶体管触发电路主要元件选择与调试中应注意问题:

1) 单结晶体管选择。由表3—12可知,不同单结晶体管的η和谷点电压U_V和谷点电流I_V都不相同,在单结晶体管触发电路中应选用η大些,U_V低些和I_V大些的单结晶体管。

2) 同步变压器二次侧电压和稳压管VZ的选择。单结晶体管触发电路的触发脉冲幅度主要取决于同步电路电压和单结晶体管分压比η,稳压管VZ一般选用18～24V范围。为了提高触发电路移相范围,要求同步梯形波电压U_Z的两腰边尽量接近垂直,因而在实际应用中尽可能提高同步变压器二次侧电压,一般选用40～60V。

3) 触发脉冲宽度主要取决于电容器C的放电时间常数R_4C,一般选用$C=0.1\sim1\ \mu F$,$R4=50\sim100\ \Omega$。

4) R2+RP的阻值不可太小,否则在单结晶体管导通后,电源经R2+RP提供的电流较大,流过单结晶体管的电流不能降到谷点电流I_V之下,电容电压始终大于谷点电位,使单结晶体管无法关断,造成电路工作不正常,只产生一只脉冲甚至无法产生脉冲。当然阻值也不能太大,否则使充电电流太小,移相范围减小。

5) R2电阻是作温度补偿用,一般取300～510Ω。

6) 本触发电路触发脉冲直接从电阻R4输出,触发电路和主电路没有电气隔离,不安全。实际应用中,有些场合是不允许从R4电阻上直接输出脉冲,经常采用脉冲变压器TP输出方式。如图3—60所示。此时电路中原来与第一基极b1相连的电阻可以用脉冲变压器来代替,当电容放电时,脉冲变压器一次绕组通过脉冲电流,二次绕组也会感应出脉冲电压,用来触发主电路的晶闸管。该电路中V1是NPN管、V2是PNP管,V1、V2组成直接耦合放大电路。V2相当于一个可变电阻,随输入电压U_i的大小来改变它的阻值,对输出脉冲起移相作用。这和图3—59中改变电位器RP的阻值作用相同。脉冲变压器除了起电气隔离作用外,还可起阻

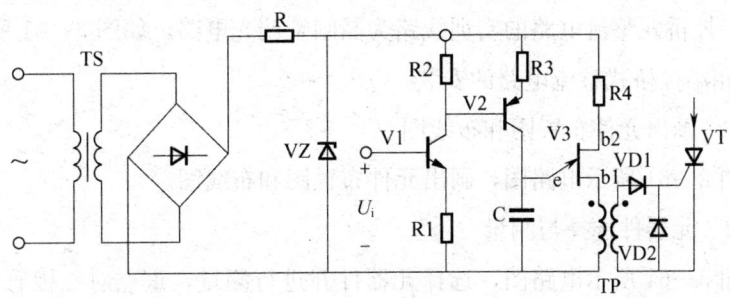

图3—60 带有脉冲变压器的单结晶体管触发电路

抗匹配作用，降低脉冲电压幅值，增大输出电流，还可改变脉冲正、负极性或同时送出两组及以上的独立脉冲。

 **技能要求**

单相半控桥式整流电路装调维修

一、操作要求

1. 识别晶闸管、单结晶体管及检测它们的性能。
2. 单相半控桥式整流电路的安装。
3. 使用双踪示波器对单结晶体管触发电路进行调试。
4. 使用示波器测量单相半控桥式整流电路的主电路和触发电路的工作波形、绘制并分析。

二、操作准备

单相半控桥式整流电路装调所需设备和器件见表3—14。

表3—14　　　　单相半控桥式整流电路装调所需设备和器件

序号	名称	规格型号	数量	备注
1	单相半控桥式整流电路板		1块	
2	单结晶体管触发电路板		1块	
3	双踪示波器	YB43020D	1台	
4	单相变压器	220 V/50 V/24 V	1台	
5	万用表	指针式万用表或数字式万用表	1台	

三、操作步骤

单相半控桥式整流电路的实训线路为晶闸管调光电路，如图3—61所示。

1. 单相半控桥式整流电路的安装

步骤1　画出元件布置图和布线图

根据图3—61所示电路图，画出元件布置图和布线图。

步骤2　元器件选择与测量

根据图3—61所示电路图，选择元器件并进行测量，重点对二极管、稳压管、单结晶体管、晶闸管等元器件的性能、极性、管脚等进行测量和区分。可采用万用表的电阻挡（或用数字万用表二极管挡）对单结晶体管和晶闸管进行简易测试。

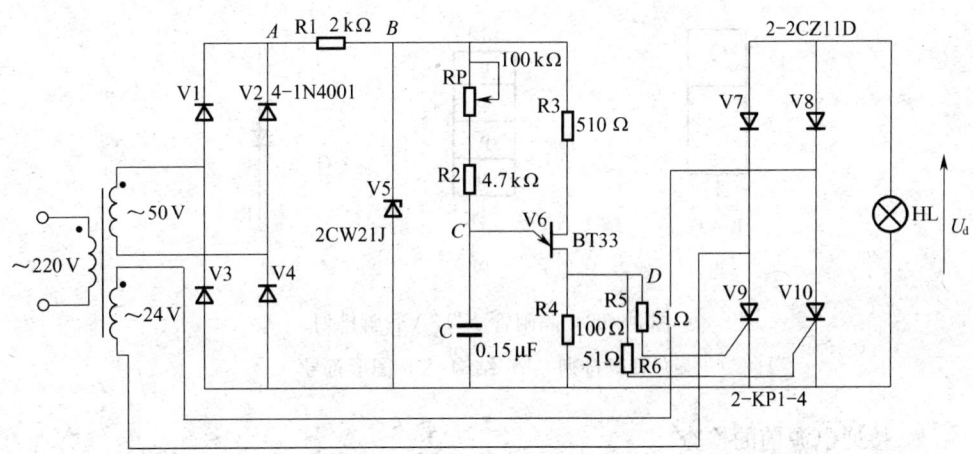

图 3—61　晶闸管调光电路

（1）图 3—62 为单结晶体管 BT33 的管脚排列及图形符号。好的单结晶体管 PN 结正向电阻 R_{EB1}、R_{EB2} 均较小，且 R_{EB1} 稍大于 R_{EB2}，PN 结的反向电阻 R_{B1E}、R_{B2E} 均应很大，根据所测阻值，即可判断出各管脚及单结晶体管的质量优劣。

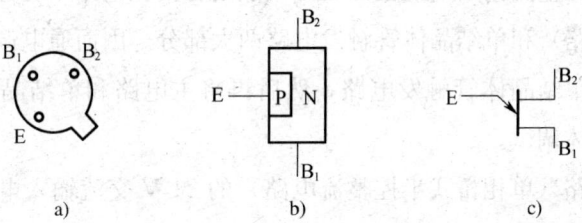

图 3—62　单结晶体管 BT33 管脚排列
a) 管脚排列　b) 结构　c) 图形符号

（2）图 3—63 为晶闸管 3CT3A 管脚排列。晶闸管阳极（A）与阴极（K）及阳极（A）与门极（G）之间的正、反向电阻 R_{AK}、R_{KA}、R_{AG}、R_{GA} 均应很大，而 G 与 K 之间为一个 PN 结，PN 结正向电阻应较小，反向电阻应很大，根据所测阻值，即可判断出各管脚及晶闸管的质量优劣。

步骤 3　元器件焊接、安装

焊接前准备工作，将元器件按布置图在电路底板上焊接位置作引线成形。弯脚时，切忌从元件根部直接弯曲，应将根部留有 5～10 mm 长度以免断裂。引线端在去除氧化层后涂上助焊剂，上锡备用。

根据电路布置图和布线图将元器件进行焊接、安装。焊接应无虚焊、错焊、漏焊、焊点应圆滑无毛刺。焊接时应重点注意二极管、稳压管、晶闸管等元件的管脚。

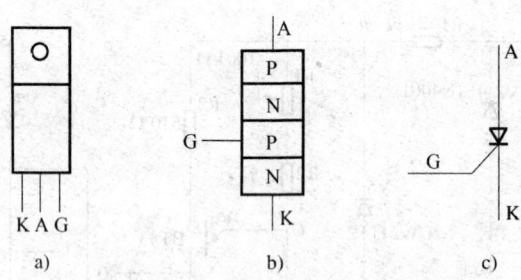

图3—63 晶闸管3CT3A管脚排列
a) 管脚排列 b) 结构 c) 图形符号

2. 接通电源前的检查

对已焊接安装完毕的电路板,根据图3—61所示电路进行详细检查。重点检查二极管、稳压管、单结晶体管、晶闸管等管脚是否正确。单相桥式整流电路输入、输出端有无短路现象。给定电位器RP调节在中间位置。

3. 单结晶体管触发电路的调试,用双踪示波器观察触发电路各主要点的波形

单相桥式半控整流电路带电阻性负载(晶闸管调光电路)可分成主电路(单相桥式半控整流电路)和单结晶体管触发电路两大部分。因而通电调试亦可分成两个步骤,首先调试单结晶体管触发电路,然后再将主电路和单结晶体管触发电路连接,进行综合整体调试。

首先将主电路(单相桥式半控整流电路)的24 V交流输入电源接线断开,即主电路不送电。然后合上交流电源,接通触发电路,观察单结晶体管触发电路板有无异常现象,如有异常现象,立即断开交流电源,并进行检查。在单结晶体管触发电路板无异常现象情况下,可进行如下操作:

(1) 用万用表测量变压器二次侧50 V电压和单相桥式半控整流电路直流输出电压和稳压管(V5)两端直流电压是否正常。

(2) 用示波器逐一观察并记录单结晶体管触发电路中整流输出、梯形波、电容C两端锯齿波电压及输出脉冲波形,如图3—59b波形图所示。

(3) 改变给定电位器RP上的输入给定电压,用示波器观察并记录电容C两端锯齿波电压及单结晶体管输出脉冲波形及其移相范围。

4. 单相半控桥式整流电路整体调试,用双踪示波器观察主电路在电阻负载情况下,电路的输出电压和晶闸管两端的电压波形

单结晶体管触发电路调试正常后,断开220 V交流电源,将主电路(单相桥式半控整流电路)的24V交流电源连线接上,给定电位器RP调至中间。合上交流电

源，观察晶闸管调光电路板有无异常现象。如有异常现象，应立即断开交流电源并进行检查。在正常情况下，改变给定电位器 RP，可使白炽灯从暗到亮进行调节，用示波器逐一观察并记录单结晶体管触发电路中整流输出、梯形波、电容器 C 两端锯齿波电压、单结晶体管输出脉冲 u_g 及白炽灯两端电压波形。晶闸管调光电路波形如图 3—58b 所示。

四、常见故障的分析和排除

晶闸管调光电路在安装、调试及运行中，因元器件及焊接等原因会产生故障，为此可根据故障现象，用万用表、示波器等仪表、仪器进行检查测量，并根据电路原理进行分析，找出故障原因并进行处理，现举例如下：

1. 当改变给定电位器 RP 时，单结晶体管触发电路触发脉冲移相范围较小。此时用示波器测量、观察电容器 C 两端锯齿波电压如图 3—64 所示。由图 3—64 分析，说明电阻 R4 阻值太大，使电容器 C 充电时间常数太大（即充电电流太小），使触发脉冲不能前移。此时应减小电阻 R4 的阻值，但电阻 R4 阻值不可太小，否则可能使单结晶体管无法关断，

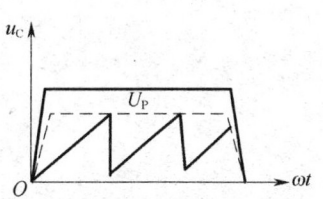

图 3—64 触发脉冲移相范围小的故障分析

造成触发电路工作不正常，只产生一只脉冲甚至无法产生脉冲。另一方面也可能由于电容器 C 充电时间常数太小，使产生的尖脉冲幅度较小，难以触发晶闸管导通。

2. 当改变给定电位器 RP 时，白炽灯亮度较暗且变化不大。用万用表测量单相桥式半控整流电路输出直流电压较小，且调节范围不大，此时用示波器测量、观察白炽灯两端电压 u_d 及电容器 C 两端锯齿波电压波形如图 3—65 所示。由图 3—65 分析，说明电阻 R4 阻值太大，使电容器 C 充电时间常数太大（即充电电流太小），使触发脉冲不能前移，触发脉冲移相较小，从而使单相桥式半控整流电路输出直流电压较小且调节范围不大，此时应减小电阻 R4 的阻值。

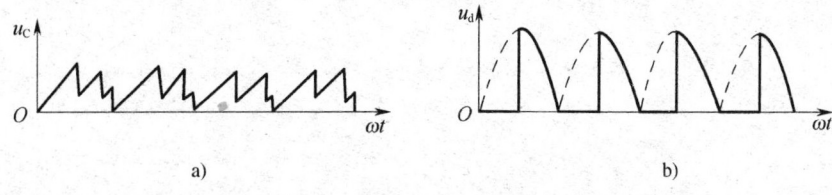

图 3—65 白炽灯亮度较暗且变化不大的故障分析
a) 电容 C1 两端电压波形 b) 白炽灯两端电压波形